新世纪高职高专
电气自动化技术类课程规划教材

工控组态设计与应用

新世纪高职高专教材编审委员会 / 组 编
李智明 / 主 编
王 超 张 晖 / 副主编
丁锦宏 / 主 审

U0245142

 大连理工大学出版社

图书在版编目(CIP)数据

工控组态设计与应用 / 李智明主编. — 大连 ：大
连理工大学出版社，2014.8(2021.3 重印)
新世纪高职高专电气自动化技术类课程规划教材
ISBN 978-7-5611-9456-0

Ⅰ．①工… Ⅱ．①李… Ⅲ．①工业－自动控制系统－
应用软件－高等职业教育－教材 Ⅳ．①TP273

中国版本图书馆 CIP 数据核字(2014)第 185377 号

大连理工大学出版社出版
地址:大连市软件园路 80 号　邮政编码:116023
发行:0411-84708842　邮购:0411-84708943　传真:0411-84701466
E-mail:dutp@dutp.cn　URL:http://dutp.dlut.edu.cn
大连雪莲彩印有限公司印刷　　大连理工大学出版社发行

幅面尺寸:185mm×260mm　　印张:17.25　　字数:417 千字
2014 年 8 月第 1 版　　2021 年 3 月第 7 次印刷

责任编辑:唐　爽　　　　　　　　　责任校对:张恩成
封面设计:张　莹

ISBN 978-7-5611-9456-0　　　　　　定　价:42.00 元

本书如有印装质量问题,请与我社发行部联系更换。

总　序

　　我们已经进入了一个新的充满机遇与挑战的时代,我们已经跨入了21世纪的门槛。

　　20世纪与21世纪之交的中国,高等教育体制正经历着一场缓慢而深刻的革命,我们正在对传统的普通高等教育的培养目标与社会发展的现实需要不相适应的现状作历史性的反思与变革的尝试。

　　20世纪最后的几年里,高等职业教育的迅速崛起,是影响高等教育体制变革的一件大事。在短短的几年时间里,普通中专教育、普通高专教育全面转轨,以高等职业教育为主导的各种形式的培养应用型人才的教育发展到与普通高等教育等量齐观的地步,其来势之迅猛,发人深思。

　　无论是正在缓慢变革着的普通高等教育,还是迅速推进着的培养应用型人才的高职教育,都向我们提出了一个同样的严肃问题:中国的高等教育为谁服务,是为教育发展自身,还是为包括教育在内的大千社会? 答案肯定而且唯一,那就是教育也置身其中的现实社会。

　　由此又引发出高等教育的目的问题。既然教育必须服务于社会,它就必须按照不同领域的社会需要来完成自己的教育过程。换言之,教育资源必须按照社会划分的各个专业(行业)领域(岗位群)的需要实施配置,这就是我们长期以来明乎其理而疏于力行的学以致用问题,这就是我们长期以来未能给予足够关注的教育目的问题。

　　众所周知,整个社会由其发展所需要的不同部门构成,包括公共管理部门如国家机构、基础建设部门如教育研究机构和各种实业部门如工业部门、商业部门,等等。每一个部门又可作更为具体的划分,直至同它所需要的各种专门人才相对应。教育如果不能按照实际需要完成各种专门人才培养的目标,就不能很好地完成社会分工所赋予它的使命,而教育作为社会分工的一种独立存在就应受到质疑(在市场经济条件下尤其如此)。可以断言,按照社会的各种不同需要培养各种直接有用人才,是教育体制变革的终极目的。

新世纪

随着教育体制变革的进一步深入，高等院校的设置是否会同社会对人才类型的不同需要一一对应，我们姑且不论，但高等教育走应用型人才培养的道路和走研究型（也是一种特殊应用）人才培养的道路，学生们根据自己的偏好各取所需，始终是一个理性运行的社会状态下高等教育正常发展的途径。

高等职业教育的崛起，既是高等教育体制变革的结果，也是高等教育体制变革的一个阶段性表征。它的进一步发展，必将极大地推进中国教育体制变革的进程。作为一种应用型人才培养的教育，它从专科层次起步，进而应用本科教育、应用硕士教育、应用博士教育……当应用型人才培养的渠道贯通之时，也许就是我们迎接中国教育体制变革的成功之日。从这一意义上说，高等职业教育的崛起，正是在为必然会取得最后成功的教育体制变革奠基。

高等职业教育还刚刚开始自己发展道路的探索过程，它要全面达到应用型人才培养的正常理性发展状态，直至可以和现存的（同时也正处在变革分化过程中的）研究型人才培养的教育并驾齐驱，还需要假以时日；还需要政府教育主管部门的大力推进，需要人才需求市场的进一步完善发育，尤其需要高职教学单位及其直接相关部门肯于做长期的坚忍不拔的努力。新世纪高职高专教材编审委员会就是由全国100余所高职高专院校和出版单位组成的、旨在以推动高职高专教材建设来推进高等职业教育这一变革过程的联盟共同体。

在宏观层面上，这个联盟始终会以推动高职高专教材的特色建设为己任，始终会从高职高专教学单位实际教学需要出发，以其对高职教育发展的前瞻性的总体把握，以其纵览全国高职高专教材市场需求的广阔视野，以其创新的理念与创新的运作模式，通过不断深化的教材建设过程，总结高职高专教学成果，探索高职高专教材建设规律。

在微观层面上，我们将充分依托众多高职高专院校联盟的互补优势和丰裕的人才资源优势，从每一个专业领域、每一种教材入手，突破传统的片面追求理论体系严整性的意识限制，努力凸现高职教育职业能力培养的本质特征，在不断构建特色教材建设体系的过程中，逐步形成自己的品牌优势。

新世纪高职高专教材编审委员会在推进高职高专教材建设事业的过程中，始终得到了各级教育主管部门以及各相关院校相关部门的热忱支持和积极参与，对此我们谨致深深谢意，也希望一切关注、参与高职教育发展的同道朋友，在共同推动高职教育发展、进而推动高等教育体制变革的进程中，和我们携手并肩，共同担负起这一具有开拓性挑战意义的历史重任。

新世纪高职高专教材编审委员会
2001 年 8 月 18 日

前　言

　　《工控组态设计与应用》是新世纪高职高专教材编审委员会组编的电气自动化技术类课程规划教材之一。

　　工控组态软件是用计算机语言编写的能将各种控制硬件组合到一起，形成一个大的能进行实时监控的应用软件。工控组态软件将复杂的工控技术，特别是将繁重而冗长的编程简单化，使得工控开发变得简单而高效，且大幅度缩短了开发时间。

　　目前工控组态技术在各行各业得到了广泛应用且发展迅速，广大工程技术人员和高等院校学生迫切需要一本以工作过程为线索、以工程项目为引导的"理实一体化"教材，为他们提供工控组态技术方面的理论和实践指导，以增强他们的工程实践经验，为他们能尽快适应工作岗位奠定基础。本书正是为满足这一需求，在总结作者多年理论教学和长期工程实践的基础上编写而成的。

　　本书以北京昆仑通态自动化软件科技有限公司的最新版本工控组态软件 MCGS 嵌入版 V7.6 为背景，从工程应用角度出发，通过几个典型工程应用案例，详细介绍了 MCGS 的组态过程和实际应用。本书的总体设计思路是以学生为主体，按照"教、学、做一体化"的教学模式，在"理实一体化"实训环境中体现本课程的教学思想，以完成工控组态系统设计、安装调试与运行的工作流程（环节）为主线，按照工作过程对教学内容进行序化，将陈述性知识和过程性知识融合、理论知识学习与实践技能训练融合、专业技能培养与职业素养培养融合、工作过程与学生认知心理过程融合，通过项目教学法组织教学。因此本书在内容安排和组织形式上做了新的尝试，突破了常规按章节顺序编写知识与训练内容的结构形式，以工程设计为主线，按项目教学的特点组织教材内容。

　　按职业能力的成长过程和认知规律，并遵循由浅入深、由简到难、循序渐进的学习过程，本书编排了 5 个工程训练项目，每个项目又按引导项目和自主项目两个指导层次安排，从而使学生从"学着做"向"独立做"逐步过渡。项目载体均来自于真实工程项目或设备控制系统，根据其技术复杂程度和设计难度等进行了教学化处理，使学习情境符合学生的认知规律。

新世纪

　　本书由江苏工程职业技术学院李智明任主编,淮安信息职业技术学院王超和南通航运职业技术学院张晖任副主编。具体编写分工如下:项目1由张晖编写;项目2由王超编写;项目3～项目5、附录由李智明编写。全书由李智明负责统稿和定稿。江苏工程职业技术学院丁锦宏教授审阅了全书,并提出了许多宝贵的意见和建议,在此深表感谢! 另外,本书在编写过程中得到了北京昆仑通态自动化软件科技有限公司无锡分公司相关技术人员的大力支持,他们对教材的框架体系及内容安排提出了许多宝贵意见,另编者在编写过程中还参阅了相关资料,在此对这些技术人员以及相关资料的作者一并表示衷心的感谢!

　　由于编者水平所限,书中仍可能有不足之处,敬请使用本书的师生与读者批评指正,以便修订时改进。如读者在使用本书的过程中有其他意见或建议,也请及时反馈给我们。

编　者

2014 年 8 月

所有意见和建议请发往:dutpgz@163.com

欢迎访问教材服务网站:http://www.dutpbook.com

联系电话:0411-84707424　84706676

目　录

项目1 电动机运行监控系统

学习目标

通过本项目的学习,应达到以下目标:

(1)认识 MCGS 嵌入版组态软件;

(2)熟悉用 MCGS 建立监控系统的整个过程;

(3)学习使用 MCGS 建立组态控制工程的方法和步骤;

(4)掌握 TPC7062K 与主流 PLC 的通信连接方法;

(5)会使用 MCGS 设计简单系统控制工程。

 **1.1 项目描述及设计要求**

1.1.1 项目描述

某拖动系统由一台三相异步电动机和一台单相风机组成,它们均由各自的启动和停止按钮通过 PLC 进行控制。其中电动机为正反转循环运行,正转运行时间为 10 s,反转运行时间为 6 s。为了防止电动机因频繁正反转启动造成过热,在电动机正转结束后,间歇 2 s 再反转,同样,在反转结束后,也间歇 2 s 再正转。风机为运行、停止断续运行,运行时间为 8 s,间歇时间为 5 s。

1.1.2 设计要求

利用 MCGS 和 PLC 设计电动机运行监控系统。具体要求如下:

(1)MCGS 监控画面能够实时监控电动机和风机的运行状态。

(2)电动机和风机均能够用按钮和触摸屏两地控制。

(3)电动机正反转运行时间以及风机的运行、间歇时间能够在上位机(触摸屏)调节、显示,所有时间的调整范围均为 5~120 s。

 **1.2 认识 MCGS 嵌入版组态软件**

MCGS(Monitor and Control Generated System)嵌入版组态软件是北京昆仑通态自动化软件科技有限公司专门开发的用于 mcgsTpc 快速构造和生成监控系统的组态软件,通过对现场数据的采集处理,以动画显示、报警处理、流程控制和报表输出等多种方式向用户提供解决实际工程问题的方案,在自动化领域有着广泛的应用。

1.2.1 MCGS 嵌入版组态软件的功能和特点

1. MCGS 嵌入版组态软件的主要功能

(1)简单灵活的可视化操作界面:MCGS 嵌入版组态软件采用全中文、可视化、面向窗口的开发界面,符合中国人的使用习惯和要求。以窗口为单位,构造用户运行系统的图形界面,使得 MCGS 嵌入版组态软件的操作既简单直观,又灵活多变。用户可以使用系统的缺省构架,也可以根据需要自己组态配置,生成各种类型和风格的图形界面。

(2)实时性强、有良好的并行处理性能:MCGS 嵌入版组态软件是真正的 32 位系统,充分利用了多任务、按优先级分时操作的功能,以线程为单位对在工程作业中实时性强的关键任务和实时性不强的非关键任务进行分时并行处理,使嵌入式 PC 机广泛应用于工程测控领域成为可能。例如,MCGS 嵌入版组态软件在处理数据采集、设备驱动和异常处理等关键任务时,可在主机运行周期时间内插空进行如打印数据一类的非关键性工作,实现并行处理。

(3)丰富、生动的多媒体画面:MCGS 嵌入版组态软件以图像、图符、报表、曲线等多种形式,为操作员及时提供系统运行中的状态、品质及异常报警等相关信息;用大小变化、颜色改变、明暗闪烁、移动翻转等多种手段,增强画面的动态显示效果;对图元、图符对象定义相应的状态属性,实现动画效果。MCGS 嵌入版组态软件还为用户提供了丰富的动画构件,每个动画构件都对应一个特定的动画功能。

(4)完善的安全机制:MCGS 嵌入版组态软件提供了良好的安全机制,可以为多个不同级别用户设定不同的操作权限。此外,MCGS 嵌入版组态软件还提供了工程密码,以保护组态开发者的成果。

(5)强大的网络功能:MCGS 嵌入版组态软件具有强大的网络通信功能,支持串口通信、Modem 串口通信、以太网 TCP/IP 通信,不仅可以方便快捷地实现远程数据传输,还可以通过 Web 浏览功能,在整个企业范围内浏览监测到的生产信息,实现设备管理和企业管理的集成。

(6)多样化的报警功能:MCGS 嵌入版组态软件提供多种不同的报警方式,具有丰富的报警类型,方便用户进行报警设置,并且系统能够实时显示报警信息,对报警数据进行存储与应答,为工业现场安全可靠地生产运行提供有力的保障。

(7)实时数据库为用户分步组态提供极大方便:MCGS 嵌入版组态软件由主控窗口、设备窗口、用户窗口、实时数据库和运行策略五个部分构成。其中实时数据库是一个数据处理中心,是系统各个部分及其各种功能性构件的公用数据区,是整个系统的核心。各个部件独立地向实时数据库输入和输出数据,并完成自己的差错控制。在生成用户应用系统时,每一部分均可分别进行组态配置,独立建造,互不相干。

(8)支持多种硬件设备,实现"设备无关":MCGS 嵌入版组态软件针对外部设备的特征,设立设备工具箱,定义多种设备构件,建立系统与外部设备的连接关系,赋予相关的属性,实现对外部设备的驱动和控制。用户在设备工具箱中可方便选择各种设备构件。不同的设备对应不同的构件,所有的设备构件均通过实时数据库建立联系,而建立时又是相互独立的,即对某一构件的操作或改动,不影响其他构件和整个系统的结构,因此 MCGS 嵌入版组态软件是一个"设备无关"的系统,用户不必因外部设备的局部改动,而影响整个系统。

(9)方便控制复杂的运行流程:MCGS 嵌入版组态软件开辟了运行策略,用户可以选用系统提供的各种条件和功能的策略构件,用图形化的方法和简单的类 Basic 语言构造多分支的应用程序,按照设定的条件和顺序,操作外部设备,控制窗口的打开或关闭,与实时数据库进行数据交换,自由、精确地控制运行流程,同时也可以由用户创建新的策略构件,扩展系统的功能。

(10)良好的可维护性:MCGS 嵌入版组态软件系统由五大功能模块组成,主要的功能模块以构件的形式来构造,不同的构件有着不同的功能,且各自独立。三种基本类型的构件(设备构件、动画构件、策略构件)完成了 MCGS 嵌入版组态软件系统的三大部分(设备驱动、动画显示和流程控制)的所有工作。

(11)用自建文件系统来管理数据存储,系统可靠性更高:由于 MCGS 嵌入版组态软件不再使用 Access 数据库来存储数据,而是使用了自建的文件系统来管理数据存储,所以与 MCGS 通用版组态软件相比,MCGS 嵌入版组态软件的可靠性更高,在异常掉电的情况下也不会丢失数据。

(12)设立对象元件库,组态工作简单方便:对象元件库实际上是分类存储各种组态对象的图库。组态时,可把制作完好的对象(包括图形对象、窗口对象、策略对象乃至位图文件等)以元件的形式存入图库中,也可把元件库中的各种对象取出,直接为当前的工程所用,随着工作的积累,对象元件库将日益扩大和丰富。这样解决了组态结果的积累和重新利用问题,组态工作将会变得越来越简单方便。

2. MCGS 嵌入版组态软件的特点

(1)容量小:整个系统最低配置只需要 2 MB 的存储空间,可以方便地使用各种存储设备。

(2)速度快:系统的时间控制精度高,可以方便地完成各种高速采集系统,满足实时控制系统要求。

(3)成本低:系统最低配置只需要主频为 24 MB 的 386 单板计算机、4 MB 内存,大大降低设备成本。

(4)稳定性高:无硬盘,内置"看门狗",上电重启时间短,可在各种恶劣环境下稳定、长时间运行。

(5)功能强大:提供中断处理,定时扫描精度可达到毫秒级,提供对计算机串口、内存、端口的访问,并可以根据需要灵活组态。

(6)通信方便:内置串行通信功能、以太网通信功能、Web 浏览功能和 Modem 远程诊断功能,可以方便地与各种设备进行数据交换、远程采集和 Web 浏览。

(7)操作简便:MCGS 嵌入版组态软件不但继承了 MCGS 通用版与网络版组态软件简单易学的优点,还增加了灵活的模块操作,以流程为单位构造用户控制系统,使得 MCGS 嵌入版组态软件的操作既简单直观,又灵活多变。

(8)支持多种设备:提供了所有常用的硬件设备的驱动。

(9)有助于建造完整的解决方案:MCGS 嵌入版组态软件具备与 MCGS 通用版和网络版组态软件相同的组态环境界面,可有效帮助用户建造从嵌入式设备、现场监控工作站到企业生产监控信息网在内的完整解决方案,并有助于用户开发的项目在这三个层次上的平滑迁移。

1.2.2　MCGS 嵌入版组态软件的体系结构

MCGS 嵌入版组态软件的体系结构分为组态环境、模拟运行环境和运行环境三部分。

组态环境和模拟运行环境相当于一套完整的工具软件,可以在 PC 机上运行。用户可根据实际需要裁减其中内容。它帮助用户设计和构造自己的组态工程并进行功能测试。

运行环境是一个独立的运行系统,它按照组态工程中用户指定的方式进行各种处理,完成用户组态设计的目标和功能。运行环境本身没有任何意义,必须与组态工程一起作为一个整体,才能构成用户应用系统。一旦组态工作完成,并且将组态好的工程通过 USB 通信或以太网下载到下位机的运行环境中,组态工程就可以离开组态环境而独立运行在下位机上,从而实现了控制系统的可靠性、实时性、确定性和安全性。

MCGS 嵌入版组态软件由主控窗口、设备窗口、用户窗口、实时数据库和运行策略五部分组成,如图 1-1 所示。

(1)主控窗口:确定工业控制中工程作业的总体轮廓,以及运行流程、特性参数和启动特性等项内容,是应用系统的主框架。

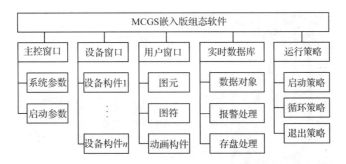

图 1-1 MCGS 嵌入版组态软件的组成

（2）设备窗口：专门用来放置不同类型和功能的设备构件，实现对外部设备的操作和控制。设备窗口通过设备构件把外部设备的数据采集进来，送入实时数据库，或把实时数据库中的数据输出到外部设备。

（3）用户窗口：实现数据和流程的"可视化"。通过在用户窗口内放置不同的图形对象，用户可以构造各种复杂的图形界面，用不同的方式实现数据和流程的"可视化"。

（4）实时数据库：是 MCGS 嵌入版组态软件的核心，它将 MCGS 工程的各个部分连接成有机的整体。从外部设备采集来的实时数据送入实时数据库，系统其他部分操作的数据也来自于实时数据库。

（5）运行策略：是对系统运行流程实现有效控制的手段，其里面放置由策略条件构件和策略构件组成的"策略行"，通过对运行策略的定义，使系统能够按照设定的顺序和条件操作任务，实现对外部设备工作过程的精确控制。

1.2.3 MCGS 嵌入版组态软件的安装

（1）从 www.mcgs.com.cn 网站下载 MCGS 嵌入版组态软件安装包，解压缩后，双击"autorun.exe"文件 ，会出现如图 1-2 所示的 MCGS 嵌入版组态软件安装程序主对话框。

图 1-2 MCGS 嵌入版组态软件安装程序主对话框

（2）在安装程序主对话框中单击"安装组态软件"，弹出如图 1-3 所示的安装程序对话框。单击"下一步"按钮，启动安装程序。

（3）按提示步骤操作，随后，安装程序将提示指定安装目录，用户不指定时，系统缺省安

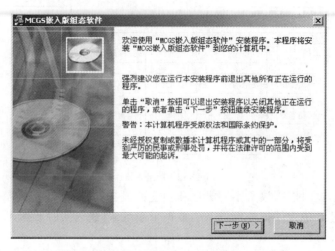

图 1-3　MCGS 嵌入版组态软件安装程序对话框

装到 D:\MCGSE 目录下,建议使用缺省目录,如图 1-4 所示。安装大约需要几分钟。

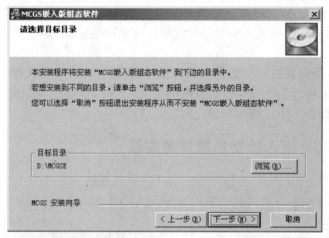

图 1-4　MCGS 组态软件安装目录选择对话框

(4)MCGS 嵌入版组态软件主程序安装完成后,会出现如图 1-5 所示的驱动安装询问对话框,单击"是"按钮,出现如图 1-6 所示的对话框。

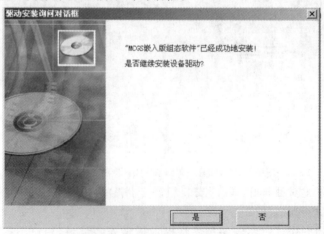

图 1-5　驱动安装询问对话框

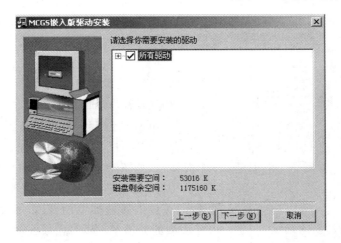

图 1-6   驱动选择对话框

（5）选择"所有驱动"，单击"下一步"按钮进行安装。按提示操作，安装大约需要几分钟。安装完成后，系统将弹出对话框提示安装完成，询问是否重新启动计算机，选择重启后，完成安装。

图 1-7   MCGS 快捷图标

安装完成后，Windows 操作系统的桌面上添加了如图 1-7 所示的两个快捷图标，分别用于启动 MCGS 组态环境和模拟运行环境。

1.2.4   MCGS 嵌入版组态过程

使用 MCGS 嵌入版组态软件（以下简称"MCGS"）完成一个实际的应用系统，首先必须在 MCGS 组态环境下进行系统的组态生成工作，然后将系统放在 MCGS 的模拟运行环境下运行。在 MCGS 组态环境下构造一个用户应用系统，一般包括以下几个过程：

1. 工程整体规划

在实际工程项目中，使用 MCGS 构造应用系统之前，应进行工程的整体规划，保证项目的顺利实施。

对工程设计人员来说，首先要了解整个工程的系统构成和工艺流程，清楚监控对象的特征，明确主要的监控要求和技术要求等问题。在此基础上，拟定组建工程的总体规划和设想，主要包括系统应实现哪些功能，控制流程如何实现，需要什么样的用户窗口界面，实现何种动画效果以及如何在实时数据库中定义数据变量等环节，同时还要分析工程中设备的采集及输出通道与实时数据库中定义的变量的对应关系，分清哪些变量是要求与设备连接的，哪些变量是软件内部用来传递数据及用于实现动画显示的等问题。做好工程的整体规划，在项目的组态过程中能够尽量避免一些无谓的劳动，有助于快速有效地完成工程项目。

完成工程的规划以后，就可以进行工程的建立工作。

2. 工程建立

MCGS 中用"工程"来表示组态生成的应用系统，创建一个新工程就是创建一个新的用户应用系统，打开工程就是打开一个已经存在的应用系统。工程文件的命名规则和 Windows 系统相同，MCGS 自动给工程文件名加上后缀".MCE"。每个工程都对应一个组态结果数据库文件。

在 Windows 系统桌面上，通过以下三种方式中的任何一种，都可以进入 MCGS 组态环境：

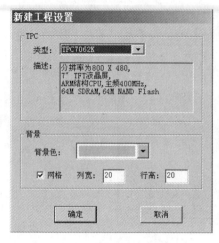

图 1-8　"新建工程设置"对话框

（1）双击 Windows 桌面上的"MCGS 组态环境"快捷图标；

（2）选择"开始"→"程序"→"MCGS 嵌入版组态软件"→"MCGSE 组态环境"命令；

（3）按快捷键"Ctrl＋Alt＋E"。

进入 MCGS 组态环境后，单击工具条上的"新建"按钮，或选择"文件"菜单中的"新建工程"选项，会弹出一个对话框，如图 1-8 所示，包括两方面内容：

（1）TPC 类型选择：在类型中列出所有 TPC 类型供选择，并提供所选类型的 TPC 相关信息描述，包括 TPC 类型的分辨率、显示器、系统结构等。

（2）工程背景选择：

①背景色：新建工程时所有用户窗口的背景颜色，用户在组态工程过程中如果需要可以在对应的窗口属性中更改颜色，不受影响。

②网格：新建工程时所有用户窗口的背景中是否使用网格。只针对组态环境下所有用户窗口，在运行环境下不显示，数值范围 3～160。

也可以通过工具栏中的 ▦ 按钮设置/取消网格。如果此按钮处于按下状态，则用户窗口中使用风格；否则不使用。单击此按钮可以切换网格使用状态。

在如图 1-8 所示对话框中单击"确定"按钮后，系统自动创建一个名为"新建工程 X.MCE"的新工程（"X"为数字，表示建立新工程的顺序，如 1、2、3 等）。由于尚未进行组态操作，新工程只是一个"空壳"，一个包含五个基本组成部分的结构框架，如图 1-9 所示。

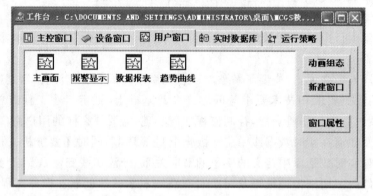

图 1-9　工作台

MCGS 用工作台来管理构成用户应用系统的五个部分，工作台上的五个标签——主控窗口、设备窗口、用户窗口、实时数据库和运行策略，对应于五个不同的选项卡，每一选项卡负责管理用户应用系统的一个部分，用鼠标单击不同的标签可选取不同选项卡，对应用系统的相应部分进行组态操作。

在保存新工程时，可以随意更换工程文件的名称。缺省情况下，所有的工程文件都存放在 MCGS 安装目录下的"Work"子目录里，用户也可以根据自身需要指定存放工程文件的目录。

3. 构造实时数据库

实时数据库是 MCGS 系统的核心,也是应用系统的数据处理中心,系统各部分均以实时数据库为数据公用区,进行数据交换、数据处理和实现数据的可视化处理。

(1)定义数据对象

数据对象是实时数据库的基本单元。在 MCGS 生成应用系统时,应对实际工程问题进行简化和抽象化处理,将代表工程特征的所有物理量作为系统参数加以定义,定义中不只包含了数值类型,还包括参数的属性及其操作方法,这种把数值、属性和方法定义成一体的数据就称为数据对象。构造实时数据库的过程,就是定义数据对象的过程。在实际组态过程中,一般无法一次全部定义所需的数据对象,而是根据情况需要逐步增加。当需要添加大量相同类型的数据对象时,可选择成组增加进行设置;当需要统一修改相同类型数据对象属性时,可选中相同类型对象后,选择对象属性,进行设置;当选中单个或多个对象时,下方的状态条可动态显示选中项目的统计信息,包括选中个数、第一个被选中变量的行数。

在运行数据库显示属性列中增加"报警"、"存盘"字段,"报警"用来显示数据对象的报警属性,显示格式为:报警类型 1:报警值为:报警参数 1;报警类型 2:报警值为:报警参数 2。"存盘"用来显示数据对象的存盘属性,只有组对象可设置存盘。

MCGS 中定义的数据对象的作用域是全局的,像通常意义的全局变量一样,数据对象的各个属性在整个运行过程中都保持有效,系统中的其他部分都能对实时数据库中的数据对象进行操作处理。

(2)数据对象属性设置

MCGS 把数据对象的属性封装在对象内部,作为一个整体,由实时数据库统一管理。对象的属性包括基本属性、存盘属性和报警属性。按钮基本属性则包含对象的名称、类型、初值、界限(最大最小)值、工程单位和对象内容注释等项内容。

①基本属性设置:单击"对象属性"按钮或双击对象名,显示"数据对象属性设置"对话框的"基本属性"选项卡,用户按所列项目分别设置。数据对象有开关型、数值型、字符型、事件型、组对象五种类型,在实际应用中,数字量的输入/输出对应于开关型数据对象;模拟量的输入/输出对应于数值型数据对象;字符型数据对象是记录文字信息的字符串;事件型数据对象用来表示某种特定事件的产生及相应时刻,如报警事件、开关量状态跳变事件;组对象用来表示一组特定数据对象的集合,以便于系统对该组数据统一处理。

②存盘属性设置:MCGS 把数据的存盘处理作为一种属性或者一种操作方法,封装在数据内部,作为整体处理。运行过程中,实时数据库自动完成数据存盘工作,用户不必考虑这些数据如何存储以及存储在什么地方。用户的存盘要求在"存盘属性"选项卡中设置,存盘方式只有一种:定时存盘。组对象以定时的方式来保存相关的一组数据,而非组对象存盘属性不可用。

③报警属性设置:在 MCGS 中,报警被作为数据对象的属性,封装在数据对象内部,由实时数据库统一处理,用户只需按照"报警属性"选项卡中所列的项目正确设置,如数值量的报警界限值、开关量的报警状态等。运行时,由实时数据库自动判断有没有报警信息产生、什么时候产生、什么时候结束、什么时候应答,并通知系统的其他部分。也可根据用户的需要,实时存储这些报警信息。

④数据对象批量属性修改:选择多个同类型的数据对象,然后用鼠标单击"对象属性"按

钮或双击选中的对象名,在弹出的"数据对象属性设置"对话框中进行属性修改。单击"确认"按钮后,修改的属性应用到所有选择的数据对象上。不同类型的数据对象不能进行属性的批量修改。

4.组态用户窗口

MCGS以窗口为单位来组建应用系统的图形界面,创建用户窗口后,通过放置各种类型的图形对象,定义相应的属性,为用户提供漂亮、生动、具有多种风格和类型的动画画面。

(1)图形界面的生成

用户窗口本身是一个"容器",用来放置各种图形对象(图元、图符和动画构件),不同的图形对象对应不同的功能。通过对用户窗口内多个图形对象的组态,可生成漂亮的图形界面,为实现动画显示效果做准备。

生成图形界面的基本操作步骤如下:

①创建用户窗口

选择组态环境工作台中的"用户窗口"选项卡,所有的用户窗口均位于该选项卡内,如图1-10所示。

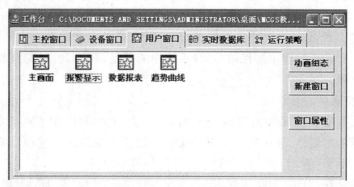

图1-10　"用户窗口"选项卡

按"新建窗口"按钮,或选择菜单中的"插入"→"用户窗口"选项,即可创建一个新的用户窗口,以图标形式显示,如"窗口0"。开始时,新建的用户窗口只是一个空窗口,用户可以根据需要设置窗口的属性和在窗口内放置图形对象。

②设置用户窗口属性

选择待定义的用户窗口图标,单击鼠标右键选择属性,也可以单击工作台中的"窗口属性"按钮,或者单击工具条中的"显示属性"按钮[图标],或者按快捷键"Alt+Enter",弹出"用户窗口属性设置"对话框,按所列款项设置有关属性。

用户窗口的属性包括基本属性、扩充属性和脚本控制(启动脚本、循环脚本、退出脚本),由用户选择设置。

窗口的基本属性包括窗口名称、窗口标题、窗口背景、窗口位置、窗口边界等项内容,其中窗口位置、窗口边界不可用。

窗口的扩充属性:用鼠标单击"扩充属性"标签,进入用户窗口的"扩充属性"选项卡,完成对窗口的位置进行精确定位。显示滚动条设置无效。在"扩充属性"选项卡中的"窗口外观"选项中,MCGS提供了分批绘制和整体绘制两种窗口打开方式。选择"逐步打开窗口"选项,为分批绘制窗口;不选择此项则为整体绘制窗口。"扩充属性"选项卡中的"窗口视区"

是指实际用户窗口可用的区域,在显示器屏幕上所见的区域称为可见区,一般情况下两者大小相同,但是可以把"窗口视区"设置成大于可见区,此时在用户窗口侧边附加滚动条,操作滚动条可以浏览用户窗口内所有图形。打印窗口时,按"窗口视区"的大小来打印窗口的内容。还可以选择打印方向,是指按打印纸张的纵向打印还是按打印纸张的横向打印。

脚本控制包括启动脚本,循环脚本和退出脚本。启动脚本在用户窗口打开时执行脚本;循环脚本是在窗口打开期间以指定的间隔循环执行脚本;退出脚本则是在用户窗口关闭时执行。

③创建图形对象

MCGS 提供了三类图形对象供用户选用,即图元对象、图符对象和动画构件。这些图形对象位于"常用图符"工具箱和绘图工具箱内,用户从工具箱中选择所需要的图形对象,配置在用户窗口内,可以创建各种复杂的图形。

④编辑图形对象

图形对象创建完成后,要对图形对象进行各种编辑工作,如改变图形的颜色和大小,调整图形的位置和排列形式,图形的旋转及组合分解等项操作,MCGS 提供了完善的编辑工具,使用户能快速制作各种复杂的图形界面,以图形方式精确表示外部物理对象。

(2)定义动画连接

定义动画连接,实际上是将用户窗口内创建的图形对象与实时数据库中定义的数据对象建立对应连接关系,通过对图形对象在不同的数值区间内设置不同的状态属性(如颜色、大小、位置移动、可见度、闪烁效果等),用数据对象的值的变化来驱动图形对象的状态改变,使系统在运行过程中,产生形象逼真的动画效果。因此,动画连接过程就归结为对图形对象的状态属性设置的过程。

(3)图元图符对象连接

在 MCGS 中,每个图元、图符对象都可以实现 11 种动画连接方式。可以利用这些图元、图符对象来制作实际工程所需的图形对象,然后再建立起与数据对象的对应关系,定义图形对象的一种或多种动画连接方式,实现特定的动画功能。这 11 种动画连接方式如下:

①填充颜色连接;

②边线颜色连接;

③字符颜色连接;

④水平移动连接;

⑤垂直移动连接;

⑥大小变化连接;

⑦显示输出连接;

⑧按钮输入连接;

⑨按钮动作连接;

⑩可见度连接;

⑪闪烁效果连接。

(4)动画构件连接

为了简化用户程序设计工作量,MCGS 将工程控制与实时监测作业中常用的物理器件,如按钮、操作杆、显示仪表和曲线表盘等,制成独立的图形存储于图库中,供用户调用,这些能实现不同动画功能的图形称为动画构件。

在组态时,只需要建立动画构件与实时数据库中数据对象的对应关系,就能完成动画构件的连接。例如,对实时曲线构件,需要指明该构件运行时记录哪个数据对象的变化曲线;对报警显示构件,需要指明该构件运行时显示哪个数据对象的报警信息。

5. 组态主控窗口

主控窗口是用户应用系统的主窗口,也是应用系统的主框架,展现工程的总体外观。

主控窗口属性设置:选中"主控窗口"图标,用鼠标单击工作台中的"系统属性"按钮,或者单击工具条中的"显示属性"按钮,或者选择"编辑"菜单中的"属性"选项,弹出"主控窗口属性设置"对话框。分为以下五种属性:

(1)基本属性

指明反映工程外观的显示要求,包括工程的名称(窗口标题),系统启动时首页显示的画面(称为软件封面)。

(2)启动属性

指定系统启动时自动打开的用户窗口(称为启动窗口)。

(3)内存属性

指定系统启动时自动装入内存的用户窗口。运行过程中,打开装入内存的用户窗口可提高画面的切换速度。

(4)系统参数

设置系统运行时的相关参数,主要是周期性运作项目的时间要求,如画面刷新的周期时间、图形闪烁的周期时间等。建议采用缺省值,一般情况下不需要修改这些参数。

(5)存盘参数

进行工程文件配置和特大数据存储设置。通常情况下,不必对此部分进行设置,保留缺省值即可。

6. 组态设备窗口

设备窗口是 MCGS 系统与作为测控对象的外部设备建立联系的后台作业环境,负责驱动外部设备,控制外部设备的工作状态。系统通过设备与数据之间的通道,把外部设备的运行数据采集进来,送入实时数据库,供系统其他部分调用,并且把实时数据库中的数据输出到外部设备,实现对外部设备的操作与控制。

MCGS 为用户提供了多种类型的设备构件,作为系统与外部设备进行联系的媒介。进入设备窗口,从设备工具箱里选择相应的构件,配置到窗口内,建立接口与通道的连接关系,设置相关的属性,即完成了设备窗口的组态工作。

运行时,应用系统自动装载设备窗口及其含有的设备构件,并在后台独立运行。对用户来说,设备窗口是不可见的。

在设备窗口内,用户组态的基本操作如下:

(1)选择设备构件

在工作台的"设备窗口"选项卡中,双击设备窗口图标(或选中窗口图标,单击"设备组态"按钮),弹出设备组态窗口;选择工具条中的"工具箱"按钮,弹出设备工具箱;双击设备工具箱里的设备构件,或选中设备构件,鼠标移到设备窗口内,单击,则可将其选到窗口内。

设备工具箱内包含有 MCGS 目前支持的所有硬件设备,对系统不支持的硬件设备,需要预先定制相应的设备构件,才能对其进行操作。MCGS 将不断增加新的设备构件,以提供对更多硬件设备的支持。

(2)设置设备构件属性

选中设备构件,单击工具条中的"属性"按钮🔲或选择"编辑"菜单中的"属性"选项,或者双击设备构件,弹出"设备构件属性设置"对话框,进入"基本属性"选项卡,按所列项目设定。

不同的设备构件有不同的属性,一般都包括如下三项:设备名称、地址、数据采集周期。系统各个部分对设备构件的操作是以设备名为基准的,因此各个设备构件不能重名。与硬件相关的参数必须正确设置,否则系统不能正常工作。

(3)设备通道连接

把输入/输出装置读取数据和输出数据的通道称为设备通道,建立设备通道和实时数据库中数据对象的对应关系的过程称为通道连接。建立通道连接的目的是通过设备构件,确定采集进来的数据送入实时数据库的什么地方,或从实时数据库中什么地方取用数据。

在"设备构件属性设置"对话框内,选择"通道连接和设置"选项卡,按其中所列款项设置。

(4)设备调试

将设备调试作为设备窗口组态项目之一,是便于用户及时检查组态操作的正确性,包括设备构件选用是否合理,通道连接及属性参数设置是否正确,这是保证整个系统正常工作的重要环节。

在"设备构件属性设置"对话框内专设"设备调试"选项卡,以数据列表的形式显示各个通道数据测试结果。对于输出设备,还可以用对话方式,操作鼠标或键盘,控制通道的输出状态。

7. 组态运行策略

运行策略是指对监控系统运行流程进行控制的方法和条件,它能够对系统执行某项操作和实现某种功能进行有条件的约束。运行策略由多个复杂的功能模块组成,称为策略块,用来完成对系统运行流程的自由控制,使系统能按照设定的顺序和条件,进行操作实时数据库,控制用户窗口的打开、关闭以及控制设备构件的工作状态等一系列工作,从而实现对系统工作过程的精确控制及有序的调度管理。

用户可以根据需要来创建和组态运行策略。

8. 组态结果检查

在组态过程中,不可避免地会产生各种错误,错误的组态会导致各种无法预料的结果,要保证组态生成的应用系统能够正确运行,必须保证组态结果准确无误。MCGS 提供了多种措施来检查组态结果的正确性,希望密切注意系统提示的错误信息,养成及时发现问题和解决问题的习惯。

(1)随时检查

各种对象的属性设置是组态配置的重要环节,其正确与否,直接关系到系统能否正常运行。为此,MCGS 大多数属性设置对话框中都设有"检查"按钮,用于对组态结果的正确性进行检查。每当用户完成一个对象的属性设置后,可使用该按钮,及时进行检查,如有错误,系统会提示相关的信息。这种随时检查措施,使用户能及时发现错误,并且容易查找出错误的原因,迅速纠正。

(2)存盘检查

在完成用户窗口、设备窗口、运行策略和系统菜单的组态配置后,一般都要对组态结果进行存盘处理。存盘时,MCGS自动对组态的结果进行检查,发现错误,系统会提示相关的信息。

(3)统一检查

全部组态工作完成后,应对整个工程文件进行统一检查。关闭除工作台以外的其他窗口,鼠标单击工具条右侧的"组态检查"按钮✅,或选择"文件"菜单中的"组态结果检查"选项,即开始对整个工程文件进行组态结果正确性检查。

注意:为了提高应用系统的可靠性,尽量避免因组态错误而引起整个应用系统的失效,MCGS对所有组态有错的地方,在运行时跳过,不进行处理。

但必须强调指出,如果对系统检查出来的错误不及时进行纠正处理,会使应用系统在运行中发生异常现象,很可能造成整个系统失效。

1.3 电动机运行监控系统工程组态

双击 Windows 操作系统桌面上的 MCGS 组态环境快捷图标,可打开 MCGS 嵌入版组态软件,进入 MCGS 组态环境。

1.3.1 建立新工程

在设计 MCGS 组态工程时,首先要创建一个新工程,然后才能在此工程下进行各种组态工作。按如下步骤建立电动机运行监控系统新工程:

(1)选择"文件"菜单中的"新建工程"选项,弹出"新建工程设置"对话框,如图 1-8 所示,TPC 类型选择为"TPC7062K",单击"确认"按钮。

(2)选择"文件"菜单中的"工程另存为"选项,弹出文件保存对话框。

(3)选择保存路径后,在"文件名"中输入"电动机运行监控系统",单击"保存"按钮,工程创建完毕。

1.3.2 创建实时数据库

前面讲过,实时数据库是 MCGS 工程的数据交换和数据处理中心。数据对象是构成实时数据库的基本单元,建立实时数据库的过程也就是定义数据对象的过程。

定义数据对象的内容主要包括:

(1)指定数据变量的名称、类型、初始值和数值范围。

(2)确认与数据变量存盘相关的参数,如存盘的周期、存盘的时间范围和保存期限等。

在建立实时数据库之前,应首先了解整个工程的系统结构和工艺流程,弄清被控对象的特征,明确主要的监控要求和技术要求等。对实际工程问题进行简化和抽象化处理,将代表工程特征的所有物理量作为系统参数加以定义。

MCGS 将数据对象划分为开关型、数值型、字符型、事件型、组对象和内部数据对象六种类型。其中,开关型、数值型、字符型、事件型、组对象是由用户定义的数据对象,内部数据对象则是由 MCGS 内部定义的。不同类型的数据对象,属性不同,用途也不同。

根据电动机运行监控系统要求,本项目所需的数据对象共 16 个,见表 1-1。

表 1-1 　　　　　　　　　电动机运行监控系统数据对象(变量)

序 号	变量名称	类型	初值	注 释
1	电动机启动	开关型	0	电动机启动变量
2	电动机停止	开关型	0	电动机停止变量
3	电动机正转	开关型	0	电动机正转显示变量
4	电动机反转	开关型	0	电动机反转显示变量
5	电动机正转时间	数值型	0	电动机正转时间显示变量
6	电动机反转时间	数值型	0	电动机反转时间显示变量
7	电动机正转时间调节	数值型	10	电动机正转时间调节变量
8	电动机反转时间调节	数值型	6	电动机反转时间调节变量
9	风机启动	开关型	0	风机启动变量
10	风机停止	开关型	0	风机停止变量
11	风机	开关型	0	风机运行显示变量
12	风机启动标志	开关型	0	风机运行的标志变量
13	风机运行时间	数值型	0	风机运行时间显示变量
14	风机间歇时间	数值型	0	风机间歇时间显示变量
15	风机运行时间调节	数值型	8	风机运行时间调节变量
16	风机间歇时间调节	数值型	5	风机间歇时间调节变量

按照表 1-1,在工作台的实时数据库中创建各个变量(数据对象)。下面分别介绍本项目涉及的开关型、数值型数据对象的定义方法和步骤。

1. 设置开关型数据对象(以"电动机启动"为例)

(1)单击工作台中的"实时数据库"标签,进入"实时数据库"选项卡。

(2)单击"新增对象"按钮,在数据对象列表中增加新的数据对象,系统缺省定义的名称为"Data1"、"Data2"、"Data3"等(多次单击该按钮,则可增加多个数据对象)。

(3)选中对象,按"对象属性"按钮,或双击选中对象,则打开"数据对象属性设置"对话框。将"对象名称"设为"电动机启动","对象初值"设为"0","对象类型"选择"开关",在"对象内容注释"中输入"电动机启动变量",单击"确认"按钮,如图 1-11 所示。

仿照上述方法与步骤,依据表 1-1,设置其他的开关型数据对象。

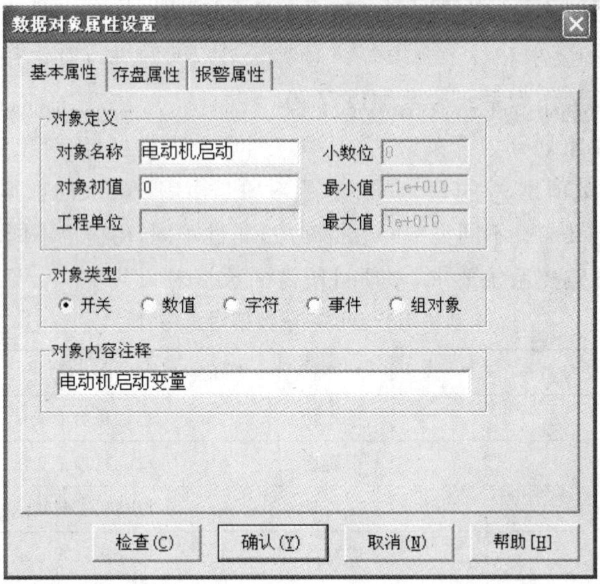

图 1-11 开关型数据对象的设置

2. 设置数值型数据对象(以"电动机正转时间调节"为例)

(1)在"实时数据库"选项卡中,单击"新增对象"按钮,增加新的数据对象。

(2)选中对象,按"对象属性"按钮,或双击选中对象,则打开"数据对象属性设置"对话框。将"对象名称"设为"电动机正转时间调节","对象初值"设为"10","对象类型"选择"数值",在"对象内容注释"中输入"电动机正转时间调节变量",单击"确认"按钮,如图 1-12 所示。

图 1-12 数值型数据对象的设置

仿照上述方法与步骤,依据表 1-1,设置其他的数值型数据对象。要特别注意的是:为了使电动机和风机在启动后能正常运行,"电动机正转时间调节"、"电动机反转时间调节"、"风机运行时间调节"和"风机间歇时间调节"四个数据对象的初值不能设为 0,而必须大于 0,这里分别设为"10"、"6"、"8"、"5"。

1.3.3　电动机运行监控系统画面设计

电动机运行监控系统画面整体效果如图 1-13 所示。下面将详细介绍其制作过程及组态方法。

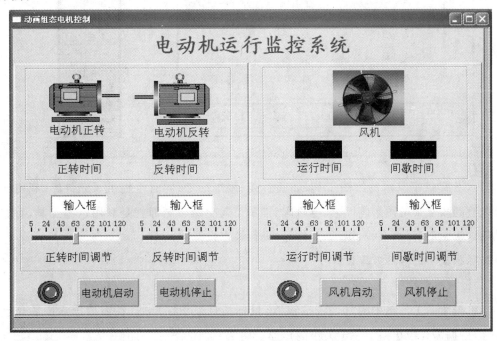

图 1-13　电动机运行监控系统画面

1. 建立用户窗口

(1)在工作台的"用户窗口"选项卡中单击"新建窗口"按钮,建立"窗口 0"。

(2)选中"窗口 0",单击"窗口属性"按钮,弹出"用户窗口属性设置"对话框,如图 1-14 所示。

(3)在"基本属性"选项卡中,将"窗口名称"设为"电动机控制","窗口标题"设为"电动机控制","窗口背景"设为浅灰色,其他不变。单击"确认"按钮,关闭对话框。此时,在工作台"用户窗口"的空间里,刚刚新建的"窗口 0"图标名称已变为"电动机控制"。

(4)单击工具条上"存盘"按钮。

(5)进入编辑画面环境:在工作台"用户窗口"选项卡中,选中"电动机控制"图标,单击"动画组态"按钮,进入动画组态窗口,同时也会弹出绘图工具箱,如图 1-15 所示,开始编辑画面。如果没有弹出绘图工具箱,则单击工具条上的"工具箱"按钮 ,即可弹出。

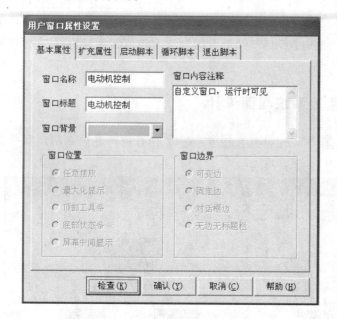 

图 1-14 "用户窗口属性设置"对话框　　　　图 1-15 绘图工具箱

MCGS 提供了基本的绘图工具,如画直线、画矩形等;同时也提供了元件库,利用元件库可以绘制较复杂的图形画面,如电磁阀、指示灯等。编辑画面就是利用这些工具,对它所提供的这些图形对象(直线、矩形、元件等)进行组态设计。

2. 标题文字的闪烁效果设计

(1)输入标题文字

①单击绘图工具箱中的"标签"按钮 **A**,鼠标指针呈十字形后,在窗口顶端中心位置拖拽鼠标,根据需要拉出一个一定大小的矩形。

②在光标闪烁位置输入文字"电动机运行监控系统",如图 1-13 所示。按回车键或在窗口任意位置用鼠标单击一下,文字输入完毕。双击文字框(或右键单击文字框,在弹出的快捷菜单中选择"属性"选项),会弹出如图 1-16 所示的"标签动画组态属性设置"对话框,则作如下设置:"填充颜色"设为"没有填充";"边线颜色"设为"没有边线";单击"字符字体"按钮,设置文字"字体"为"黑体","字形"为"常规","大小"为"小一";"字符颜色"设为蓝色。设置完成后,单击"确认"按钮。

③复制文字:按下键盘中的"Ctrl"键,同时鼠标点住"电动机运行监控系统"文字框并拖动,放开鼠标后则可复制一个标题文字框(或选中文字框,然后在"编辑"菜单选择"拷贝"→"粘贴"选项进行复制),如图 1-17 所示。

(2)闪烁效果设置

①双击复制的文字,在弹出的"标签动画组态属性设置"对话框中,将复制的文字"字符颜色"设为红色,选择"特殊动画连接"中的"闪烁效果",则会出现"闪烁效果"选项卡,如图 1-18 所示。

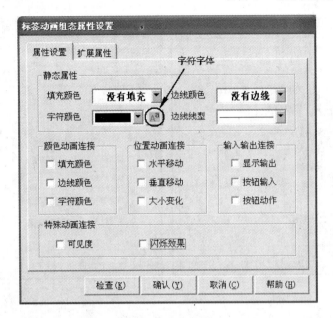

图 1-16　"标签动画组态属性设置"对话框

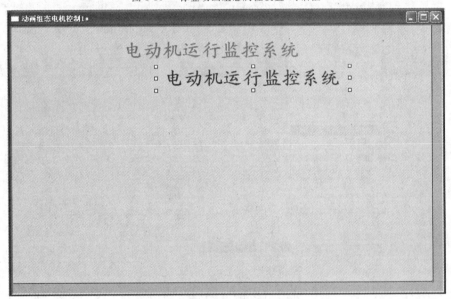

图 1-17　复制文字

②单击"闪烁效果"选项卡,在"表达式"中输入"1",表示闪烁条件永远成立,如图 1-19 所示。单击"确认"按钮后,按住键盘中的"Ctrl"键,同时选中原文字复制文字,然后选择菜单"排列"→"对齐"→"中心对中"选项,如图 1-20 所示,将两文字重叠(注意层次,一定是闪烁的文字在最前面)。

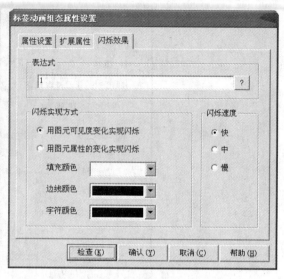

图 1-18 文字属性设置   图 1-19 文字闪烁效果设置

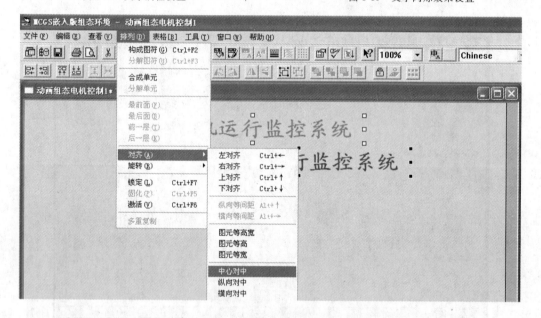

图 1-20 形成立体感的重叠文字

③若要将两重叠文字一起移动操作,可将两文字标签组合起来,方法是:同时选择两个图形对象,然后选择"排列"菜单中的"合成单元"选项。若要将组合元件拆分为独立元件,则选中组合元件,再选择"排列"菜单中的"分解单元"选项即可。

若需删除文字,只要选中文字,按键盘中的"Del"键即可。想恢复刚刚被删除的文字或元件,单击"撤销"按钮 ↩。

3. 电动机的制作及动画连接

(1)电动机的制作

①单击绘图工具箱中的"插入元件"按钮 🔲,弹出"对象元件库管理"对话框。单击对话框左侧"对象元件列表"中的"马达"选项,右侧列表框出现如图 1-21 所示的图形。

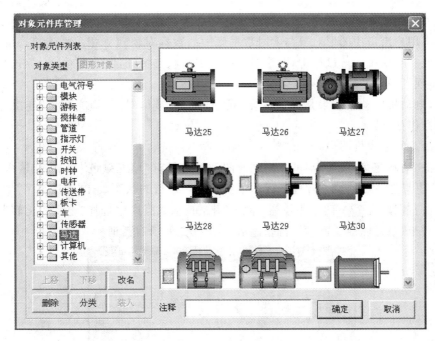

图 1-21　马达元件库

②从"马达"类中选取"马达 25"图形,单击"确定"按钮,此时画面左上角会出现刚刚选择的"马达"图形。将其调整为适当大小,移动到画面适当位置,如图 1-13 所示,此图形便是表示正转电动机的图形。

③用同样的方法,从"马达"类中选取"马达 26"图形,作为表示反转电动机的图形,如图 1-22 所示。

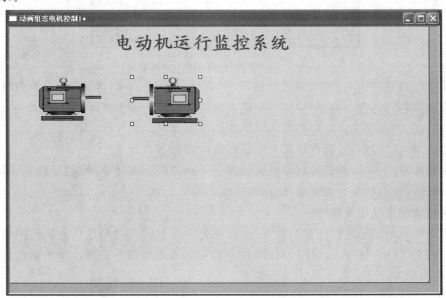

图 1-22　所选择的图形

（2）电动机的动画连接

由图形对象组合而成的图形画面是静止不动的,需要对这些图形对象进行动画设计,真实地描述外界对象的状态变化,达到过程实时监控的目的。MCGS实现图形动画设计的主要方法是将用户窗口中图形对象与实时数据库中的数据对象建立相关性连接,并设置相应的动画属性。在系统运行过程中,图形对象的外观和状态特征,由数据对象的实时采集值驱动,从而实现了图形的动画效果。

这里,电动机的动画效果是颜色变化,是通过设置数据对象"填充颜色"连接类型实现的。具体操作如下:

①双击正转电动机图形,弹出"单元属性设置"对话框。

②单击"动画连接"选项卡,可以看到此图形元件具有"填充颜色"和"按钮输入"两种动画功能,这里只选择用其填充颜色来表示电动机是否运行的状态。在"连接类型"中选择"填充颜色",在右端出现 ? > 两个小按钮,单击 ? 按钮,从数据库中选择"电动机正转",退出数据库后返回至"单元属性设置"对话框,显示如图1-23所示对话框。

图1-23　电动机图形填充颜色动画连接1

③单击 > 按钮可进入"动画组态属性设置"对话框,如图1-24所示,可以看到电动机停止时对应的颜色为红色,运行时对应的颜色为绿色。如果想修改颜色,可直接双击对应的颜色,将其改为其他颜色即可。这里采用默认的颜色设置。

④单击"确认"按钮,正转电动机图形动画属性设置完毕。

⑤仿照步骤①~④,对反转电动机图形进行动画连接。要注意的是:反转电动机"填充颜色"动画连接中的数据对象应选择"电动机反转"。

4. 风机的制作及动画连接

为了更形象地显示风机的动画效果,采用事先准备好的风扇照片作为风机图形(注意:照片的格式为".bmp"格式),利用MCGS的动画显示功能将扇叶位置不同的两张风扇照片进行"放映",从而产生旋转效果。方法如下:

(1)准备好两张".bmp"格式的风扇照片,保存在计算机中。

(2)单击绘图工具箱中的"动画显示"按钮 ,在画面窗口适当位置绘制一个适当大小的矩形区域作为"动画显示"构件,如图1-25所示。

(3)双击"动画显示"构件,弹出"动画显示构件属性设置"对话框,如图1-26所示。

图 1-24　电动机图形填充颜色动画连接 2

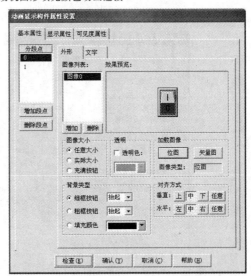

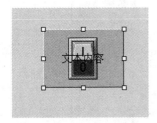

图 1-25　"动画显示"构件　　　　图 1-26　"动画显示构件属性设置"对话框

　　(4)在"基本属性"选项卡中,选择分段点"0",在"外形"卡片中,单击"加载图像"中的"位图"按钮,则弹出"对象元件库管理"对话框,如图 1-27 所示。如果列表框中没有风扇照片,则单击"装入"按钮,按照存放风扇照片的路径找到风扇照片,将其添加到图库中。选择"风扇 1",单击"确定"按钮,则"风扇 1"被装载到分段点 0 所对应的图像列表中。

　　(5)单击"文字"卡片,然后单击文字列表中的"删除"按钮,将分段点 0 文本列表中的文字删除。

　　(6)选择分段点"1",按照步骤(4)的方法,将"风扇 2"装载到分段点 1 所对应的图像列表中;按照步骤(5)的方法将分段点 1 文本列表中的文字也删除。

　　(7)在"显示属性"选项卡的"显示变量"中,"类型"选择"开关,数值型",对应的变量选择"风机","动画显示的实现"选择"当显示变量非零时,自动切换显示各幅图像",其他为默认,如图 1-28 所示。

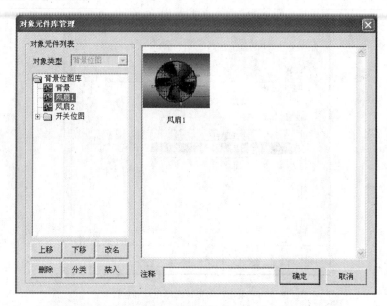

图 1-27 选择装载风扇照片

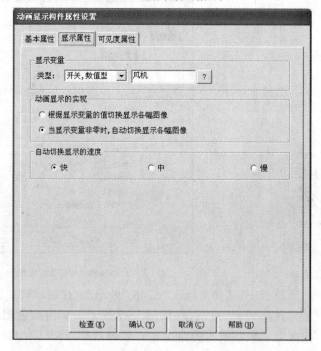

图 1-28 风机动画显示属性设置

(8)单击"确认"按钮返回画面窗口,则在窗口上就会看到刚刚装载的风扇图形。

5. 时间显示标签的制作及动画连接

可通过设置"标签"按钮 **A** 的"显示输出"属性显示运行时间的数值,具体操作如下:

(1)单击绘图工具箱中的"标签"按钮 **A**,绘制一个标签,调整大小,将其放在正转电动机图形下部适当位置,作为电动机正转时间显示标签,如图 1-13 所示。

(2)双击标签,进入"标签动画组态属性设置"对话框,将"填充颜色"设为深灰色,"边线颜色"设为黑色,"字符颜色"设为白色,"字符字体"设为"宋体"、"小四"。

（3）在"输入输出连接"中选择"显示输出"，在"标签动画组态属性设置"对话框中即会出现"显示输出"选项卡，如图 1-29 所示。

图 1-29 电动机正转时间显示标签属性设置

（4）在"显示输出"选项卡中，如图 1-30 所示，将"表达式"设为"电动机正转时间/10"，"输出值类型"设为"数值量输出"，"输出格式"设为"十进制"、"自然小数位"。

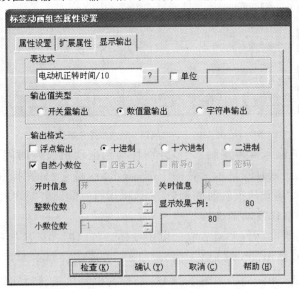

图 1-30 电动机正转时间显示标签显示输出属性设置

（5）上述表达式中之所以除以 10 是为了将时间单位转化为秒（因为 PLC 时间单位为 0.1 s）。单击"确认"按钮，电动机正转时间显示标签制作完毕。

（6）其他时间显示标签的制作通过复制、修改的方法较为简便。方法如下：

按住键盘中的"Ctrl"键，选择刚刚制作的电动机正转时间显示标签，同时按住鼠标左键拖动它，移动后放开左键，则复制一个新的标签，按照同样的方法共复制三个时间显示标签，将它们分别移动到反转电动机和风扇图形下部,如图 1-13 所示。然后将它们"显示输出"中的"表达式"分别改为"电动机反转时间/10"、"风机运行时间/10"和"风机间歇时间/10"。

6. 输入框的制作及动画连接

电动机的正反转运行时间及其风机运行时间可通过输入框来进行调节。

(1)单击绘图工具箱中的"标签"按钮 **abl**,绘制一个输入框,调整大小,将其放在电动机正转时间显示标签下部适当位置,如图 1-13 所示,作为电动机正转时间调节输入框。

(2)双击输入框,进入"输入框构件属性设置"对话框。在"操作属性"选项卡中,单击"对应数据对象的名称"下的 **?** 按钮,从数据库中选择"电动机正转时间调节",选择"使用单位",并在其下的空白框中输入"秒",选择"四舍五入",最小值中输入"5",最大值中输入"120",如图 1-31 所示。

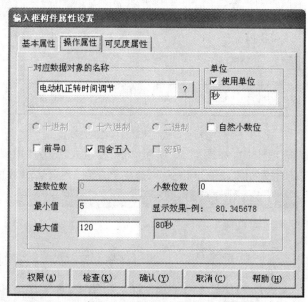

图 1-31　电动机正转时间调节输入框操作属性设置

(3)将刚刚制作的输入框再复制三个,分别移动到电动机反转时间显示标签、风机运行时间显示标签和风机间歇时间显示标签的下部,双击后,将它们的"操作属性"中"对应数据对象的名称"分别改为"电动机反转时间调节"、"风机运行时间调节"和"风机间歇时间调节"。

7. 滑动输入器的制作及动画连接

这里的滑动输入器也是为了调节电动机正反转运行时间和风机运行及间歇时间。

(1)单击绘图工具箱中的"滑动输入器"按钮,鼠标指针呈十字形后,拖动鼠标到适当大小,调整滑动块到适当的位置,如图 1-13 所示,作为电动机正转时间调节滑动输入器。

(2)双击滑动输入器,进入"滑动输入器构件属性设置"对话框。按照下面的值设置各个参数:

①在"基本属性"选项卡中,将"滑块高度"设为"20","滑块宽度"设为"10","滑道高度"设为"6",如图 1-32 所示。

②在"刻度与标注属性"选项卡中,将"主划线数目"设为"6",即能被 120 整除,将"小数位数"设为"0",如图 1-33 所示。

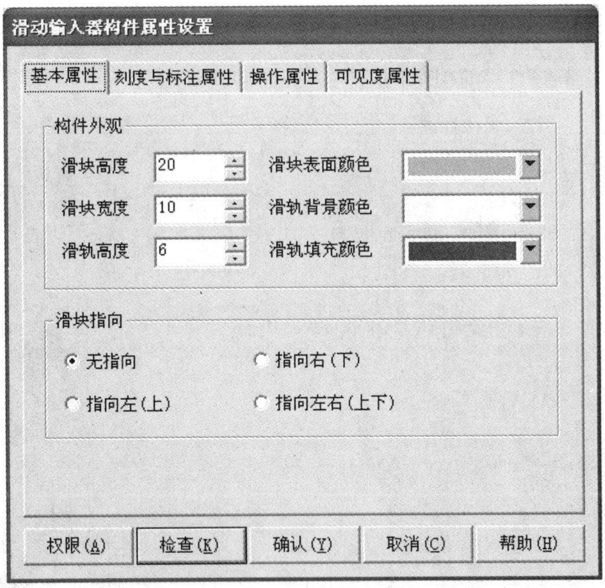

图 1-32   电动机正转时间调节滑动输入器基本属性设置

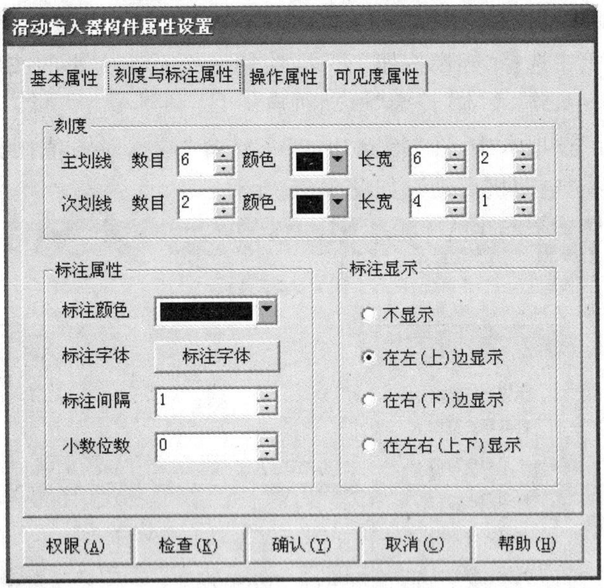

图 1-33   电动机正转时间调节滑动输入器刻度与标注属性设置

③在"操作属性"选项卡中,将"对应数据对象的名称"设为"电动机正转时间调节","滑块在最左(下)边时对应的值"设为"5","滑块在最右(上)边时对应的值"设为"120",如图 1-34 所示。

④其他不变。

(3)将刚刚制作的滑动输入器再复制三个,移动到适当位置,如图 1-13 所示,作为其他的时间调节滑动输入器,并将各个滑动输入器的"操作属性"中"对应数据对象的名称"分别改为"电动机反转时间调节"、"风机运行时间调节"和"风机间歇时间调节"。

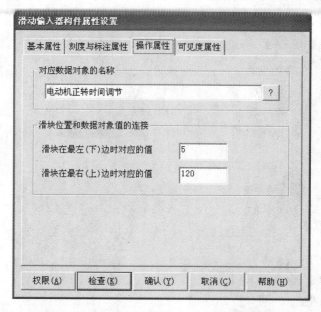

图 1-34   电动机正转时间调节滑动输入器操作属性设置

8. 控制按钮的制作及连接

(1)从绘图工具箱中选择"标准按钮"工具,绘制一个适当大小的按钮图形。双击后,在其"基本属性"选项卡中,将"文本"设为"电动机启动"。

(2)在"操作属性"选项卡中,在"抬起功能"下选择"数据对象值操作",并选择"按 1 松 0"操作,操作对象选择"电动机启动",如图 1-35 所示。

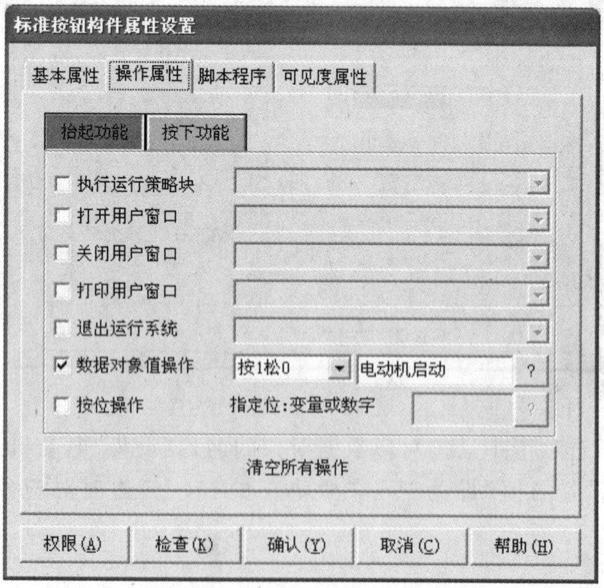

图 1-35   "电动机启动"按钮操作属性设置

(3)"电动机停止"、"风机启动"和"风机停止"三个按钮的操作属性设置分别如图 1-36～图 1-38 所示。

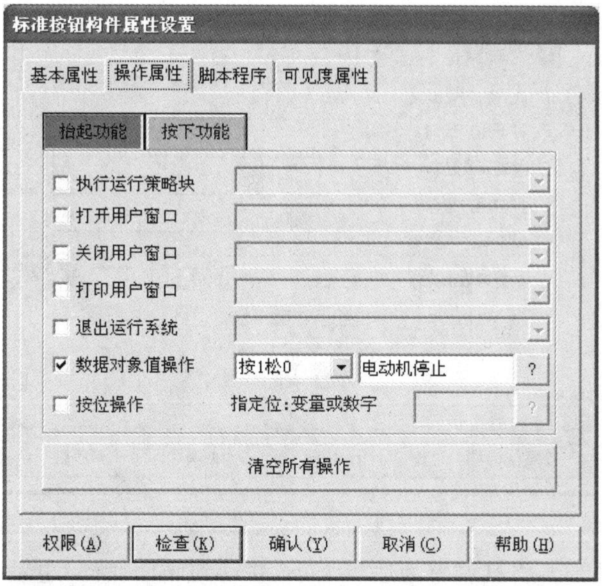

图 1-36　"电动机停止"按钮操作属性设置

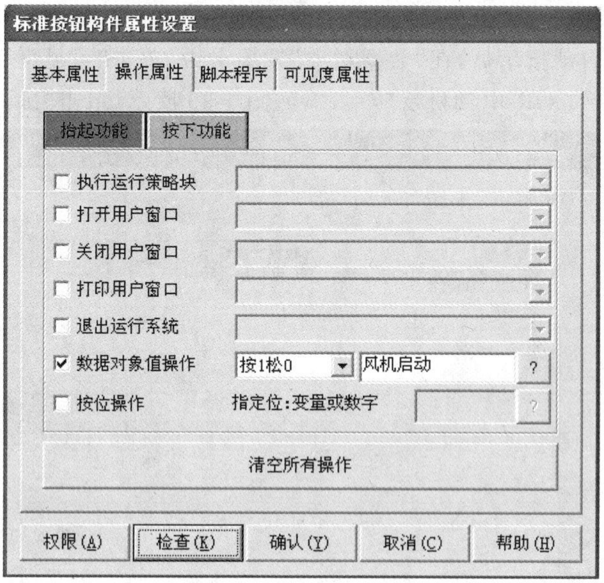

图 1-37　"风机启动"按钮操作属性设置

9. 启动指示灯的制作及动画连接

画面中有两个指示灯,用来分别表示电动机和风机是否启动。如果启动了,指示灯变为绿色;否则,指示灯为红色。

(1)单击绘图工具箱中的"插入元件"按钮 📇,弹出"对象元件库管理"对话框。单击对话框左侧"对象元件列表"中的"指示灯"选项,右侧列表框出现所有指示灯图形。

(2)从"指示灯"类中选取"指示灯 14"图形,单击"确定"按钮,此时画面左上角会出现刚

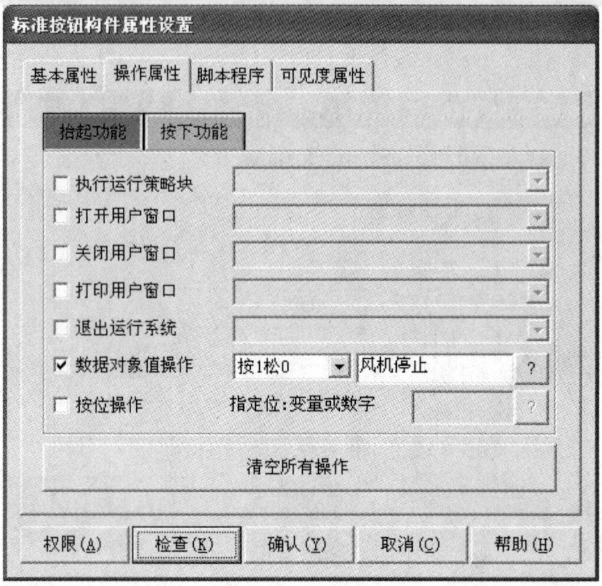

图 1-38　"风机停止"按钮操作属性设置

刚选择的"指示灯"图形。将其调整为适当大小,移动到画面底部"电动机启动"按钮左边位置,如图 1-13 所示,作为电动机启动指示灯。再次从"指示灯"类中选取"指示灯 14"图形,将其调整为适当大小,移动到画面底部"风机启动"按钮左边位置,作为风机启动指示灯。

　　(3)双击电动机启动指示灯,在"数据对象"选项卡中,单击"可见度",在"数据对象连接"中输入"电动机正转＝1 OR 电动机反转＝1",如图 1-39 所示,单击"确认"按钮。

图 1-39　电动机启动指示灯属性设置

　　(4)双击风机启动指示灯,在"数据对象"选项卡中,单击"可见度",在"数据对象连接"中输入"风机启动标志",如图 1-40 所示,单击"确认"按钮。

图 1-40　风机启动指示灯属性设置

10. 凹槽和凸平面装饰框的制作

（1）单击绘图工具箱中的"常用符号"按钮，弹出"常用图符"工具箱，如图 1-41 所示。

（2）从"常用图符"工具箱中选择"凹槽平面"按钮，绘制四个凹槽平面，大小调整为能刚好包围住它所要包围的图形即可，如图 1-13 所示。双击后将它们的"填充颜色"设为"没有填充"。

（3）为了使四个凹槽平面不影响我们对其所包围的图形元件的操作，可以将它们的层次设置为最底层。方法是：右键单击凹槽平面图形，在弹出的快捷菜单中选择"排列"→"最后面"选项，则将凹槽平面均设为最底层。

图 1-41　"常用图符"工具箱

（4）从"常用图符"工具箱中选择"凸平面"按钮，绘制两个凸平面，大小调整为能刚好包围住它所要包围的图形即可，如图 1-13 所示。双击后将它们的"填充颜色"设为"没有填充"。

（5）调整好大小之后，用上述同样的方法，将两个凸平面均设为最底层。

11. 文字注释

单击绘图工具箱中的"标签"按钮**A**，仿照标题文字的输入方法，如图 1-13 所示，分别对各名称进行文字注释。所有文字标签属性为："没有填充"，"没有边线"，"字符字体"为黑色、"宋体"、"常规"、"小四号"。

至此，电动机运行监控系统画面组态工作将全部结束。选择"文件"菜单中的"保存窗口"选项，保存画面，然后通过模拟运行检查运行效果。

1.3.4　离线模拟运行调试

在动画设计过程中，可随时进入模拟运行环境，看一下运行结果，如果不符合要求或有

错误,返回到窗口中进行修改。模拟运行的方法如下:

(1)关闭"电动机控制"窗口,在工作台中右键单击"电动机控制",在弹出的快捷菜单中选择"设置为启动窗口"选项,将"电动机控制"窗口设置为启动窗口,如图 1-42 所示。

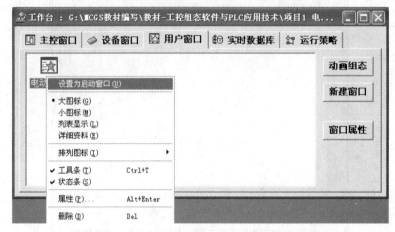

图 1-42　将"电动机控制"窗口设置为启动窗口

按键盘中的"F5"键或单击工具条中的 ▣ 按钮,弹出"下载配置"对话框,如图 1-43 所示。

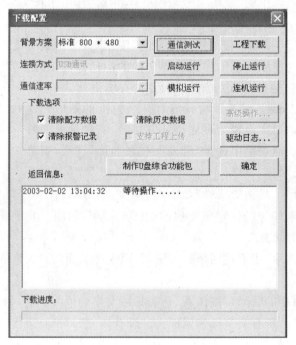

图 1-43　"下载配置"对话框

(2)选择"模拟运行",单击"工程下载"开始下载,数秒钟后下载结束。单击"启动运行",系统会运行"电动机控制"窗口。其运行效果如图 1-44 所示。

此时可以看到标题文字在闪烁,电动机图形为红色,表示未运行,风机图形为静止状态,所有时间显示均为"0","正转时间调节"为"10 秒","反转时间调节"为"6 秒","运行时间调节"为"8 秒","间歇时间调节"为"5 秒"。电动机启动指示灯和风机启动指示灯均显示红色。

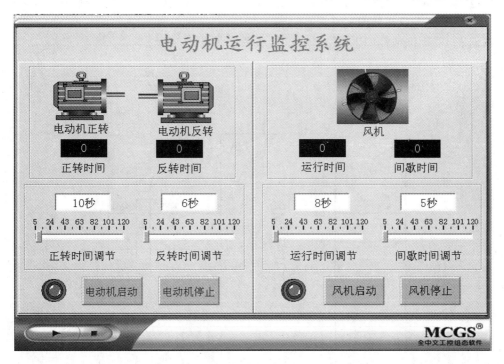

图 1-44　系统模拟运行效果

当鼠标移动到时间调节输入框或滑动输入器上时,鼠标会变为小手,表示可进行手动操作。单击输入框,可改变其数值;调节滑动输入器时,对应的输入框中的数值也会相应地发生变化。单击启动按钮或停止按钮时,不会产生任何动作,这是因为控制按钮与控制对象之间并未建立相应的控制关系(它们是通过 PLC 建立控制关系的)。

 ## 1.4　PLC 控制程序设计

1.4.1　PLC 控制 I/O 接线图

1. PLC 的 I/O 地址分配

电动机运行监控系统采用现场控制和触摸屏两地控制,对于现场控制设备,根据控制要求分析,系统共需要 PLC 输入点 4 个,输出点 3 个,选用型号为 FX3U-32MR 的小型三菱 PLC 即可满足要求,PLC 的 I/O 地址分配见表 1-2。

表 1-2　　　　　　　　　　　　　　　　PLC 的 I/O 地址分配

输　入		输　出	
设备名称/符号	PLC 输入	设备名称/符号	PLC 输出
电动机启动按钮/SB0	X000	电动机正转继电器/KM0	Y000
电动机停止按钮/SB1	X001	电动机反转继电器/KM1	Y001
风机启动按钮/SB2	X002	风机驱动继电器/KM2	Y002
风机停止按钮/SB3	X003		

2. PLC 控制 I/O 接线图

根据表 1-2,可绘制出 PLC 控制 I/O 接线图如图 1-45 所示。

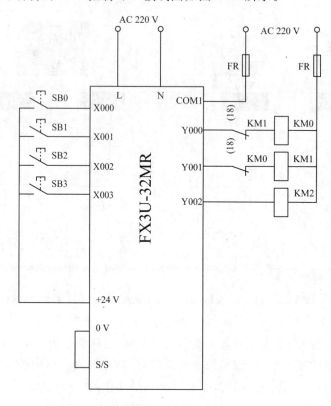

图 1-45　PLC 控制 I/O 接线图

1.4.2　PLC 控制程序

1. 触摸屏数据对象与 PLC 寄存器规划

触摸屏数据对象与 PLC 寄存器规划见表 1-3。

表 1-3　　　　　　　　触摸屏数据对象与 PLC 寄存器规划

序　号	触摸屏数据对象	PLC 寄存器	序　号	触摸屏数据对象	PLC 寄存器
1	电动机启动	M0	9	电动机正转时间调节	D0
2	电动机停止	M1	10	电动机反转时间调节	D1
3	风机启动	M2	11	风机运行时间调节	D2
4	风机停止	M3	12	风机间歇时间调节	D3
5	风机启动标志	M10	13	电动机正转时间	T0
6	电动机正转	Y000	14	电动机反转时间	T1
7	电动机反转	Y001	15	风机运行时间	T2
8	风机	Y002	16	风机间歇时间	T3

2. PLC 控制程序

电动机运行监控系统 PLC 梯形图程序如图 1-46 所示。

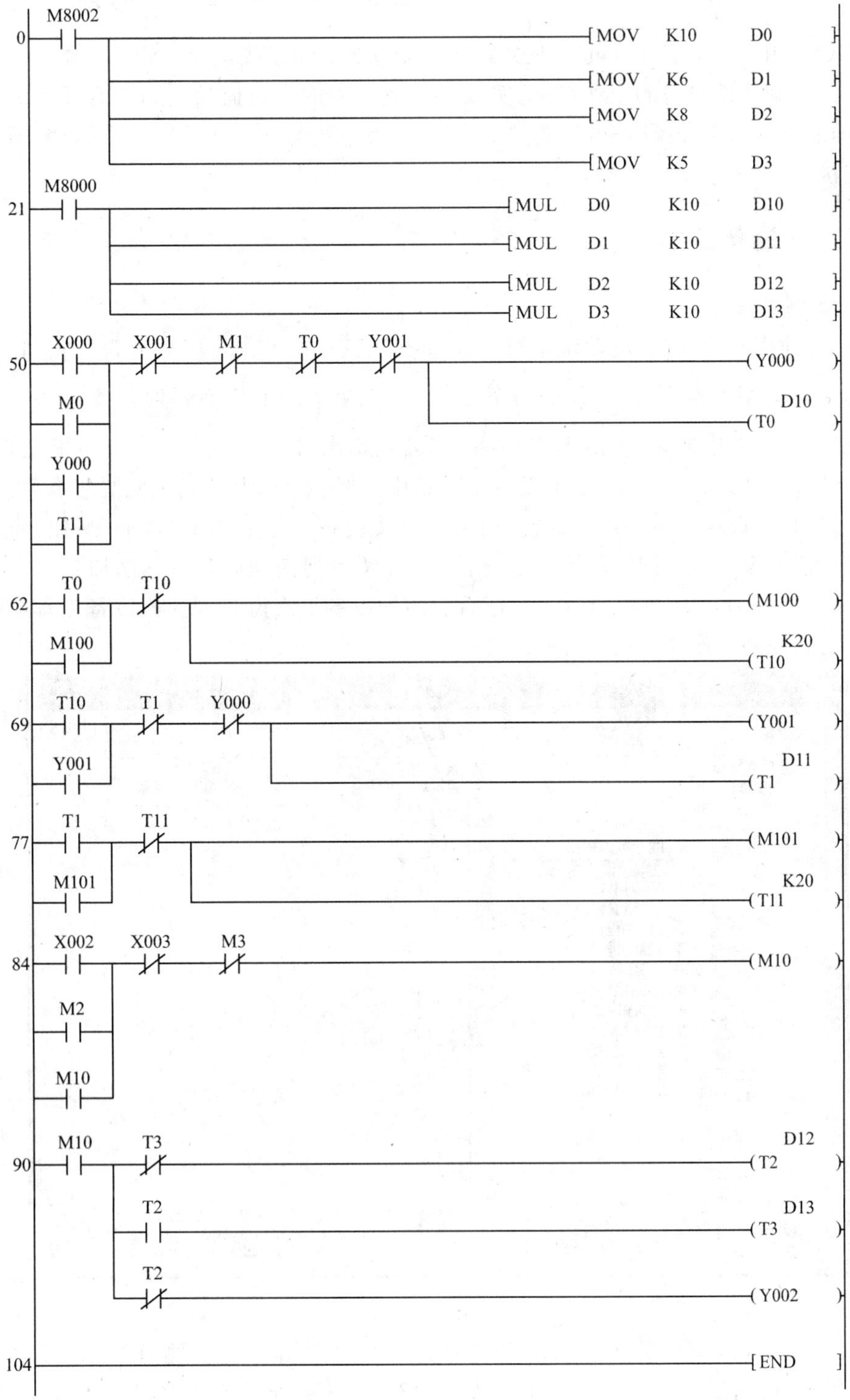

图 1-46　电动机运行监控系统 PLC 梯形图程序

1.5 MCGS 设备组态与在线调试

在 MCGS 中,由设备窗口负责建立系统与外部设备的连接,使得 MCGS 能从外部设备读取数据并控制外部设备的工作状态,实现对工业过程的实时监控。因此必须首先进行设备组态,即通过 MCGS 的设备窗口建立 MCGS 组态系统与三菱 FX3U-32MR 型 PLC 之间的通信连接,然后才能实现监控。

1.5.1 设备组态

1. 添加 PLC 设备

(1)打开前面已建立的"电动机运行监控系统"工程,在工作台中激活设备窗口,鼠标双击 ![设备窗口] 进入设备组态画面,弹出设备组态窗口,窗口内为空白,没有任何设备。

(2)单击工具条中的 ![按钮] 按钮,打开设备工具箱,初次打开设备工具箱时可能空白,需要定制所需设备工具。其方法是:单击设备工具箱中的"设备管理"按钮,弹出"设备管理"对话框。在左边的"可选设备"列表中,选择"通用串口父设备",然后单击"增加"按钮,将其添加到"选定设备"列表中。用同样的方法选择"三菱_FX 系列编程口",将其添加到"选定设备"列表中,如图 1-47 所示。单击"确认"按钮后返回到设备组态窗口,此时,设备工具箱列表中已有刚刚定制的两个设备工具,如图 1-48 所示。

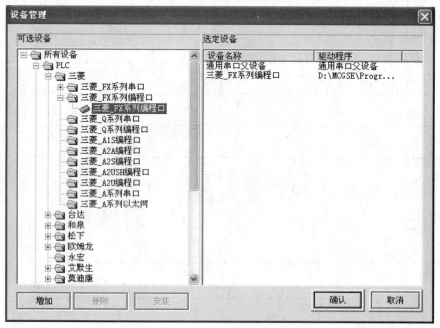

图 1-47 "设备管理"对话框

(3)在设备工具箱中,按先后顺序双击"通用串口父设备"和"三菱_FX 系列编程口"添加至设备组态画面,如图 1-48 所示。提示"是否使用'三菱_FX 系列编程口'驱动的默认通信参数设置串口父设备参数?",如图 1-49 所示,选择"是"。单击"存盘"按钮,设备添加结束。

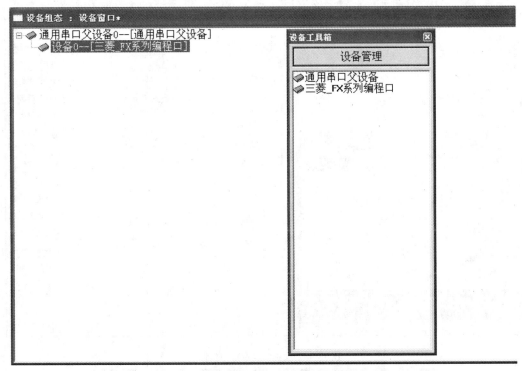

图 1-48　设备组态窗口

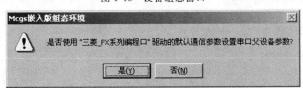

图 1-49　提示对话框

2. PLC 设备属性设置及通道连接

（1）双击"设备 0－［三菱_FX 系列编程口］"，弹出"设备编辑窗口"对话框，如图 1-50 所示。

（2）单击"内部属性"，则其右边出现"设置设备内部属性"按钮，单击，弹出"三菱_FX 系列编程口通道属性设置"对话框。利用"删除一个"或"全部删除"按钮，将不用的通道 X0000～X0007 删除。

（3）按照表 1-3 所分配的 PLC 地址，添加所需要的 PLC 通道。下面以辅助寄存器 M 为例来说明通道的添加方法：

由于 M0～M3 是号码连续的同一类寄存器，所以可将这 4 个通道一次添加。单击"三菱_FX 系列编程口通道属性设置"对话框中的"增加通道"按钮，在"寄存器类型"下拉列表中选择"M 辅助寄存器"，将"寄存器地址"设为"0"，"通道数量"设为"4"，"操作方式"选择"读写"，如图 1-51 所示。单击"确认"按钮，此时可以看到 M0～M3 已出现在"三菱_FX 系列编程口通道属性设置"列表中。

再次单击"增加通道"按钮，在"寄存器类型"下拉列表中选择"M 辅助寄存器"，将"寄存

图 1-50 "设备编辑窗口"对话框

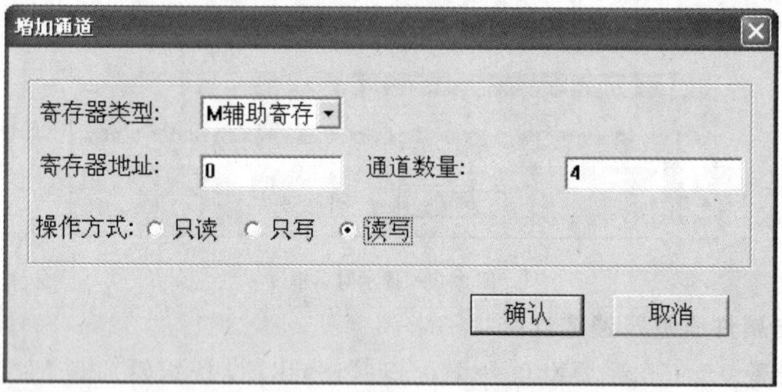

图 1-51 添加 M0～M3 通道

器地址"设为"10","通道数量"设为"1","操作方式"选择"读写",单击"确认"按钮,将 M10
添加到通道列表中。

按照同样的方法将表 1-3 中其他类型的寄存器添加到"三菱_FX 系列编程口通道属性
设置"列表中。通道添加完后单击"确认"按钮,返回到设备编辑窗口。

(4)选择 PLC 类型:单击"设备编辑窗口"对话框中的"CPU 类型",从右边的下拉列表
中选择"4-FX3UCPU"。

(5)通道连接:"设备编辑窗口"对话框的右边为 PLC 通道与 MCGS 数据对象进行连接
的列表,双击图 1-50 右边的"连接变量"列对应的表格,弹出数据库,从数据库中选择所要连
接的数据对象,实现各通道与对应的数据变量之间的连接。如在"读写 Y0000"通道左边的
"连接变量"对应表格中双击,从数据库中选择"电动机正转"变量,则表示 PLC 的通道
"Y0000"与 MCGS 的数据变量"电动机正转"相连接。如图 1-52 所示为本项目所有通道连

接后的情况。完成所有变量连接后,单击"确认"按钮,返回设备组态窗口,保存后关闭设备组态窗口,返回工作台。

图 1-52　电动机运行监控系统 PLC 通道连接

1.5.2　MCGS 触摸屏的硬件连接

1. MCGS 触摸屏 TPC7062K 外部接口

（1）外部接口说明

外部 MCGS 触摸屏 TPC7062K 外部接口主要有以太网接口、串口、两个 USB 口和电源接口,如图 1-53 所示。

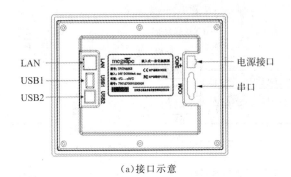

（a）接口示意

项　目	TPC7062K
LAN（RJ45）	以太网接口
串口（DB9）	$1\times$RS-232,$1\times$RS-485
USB1	主口,USB1.1 兼容
USB2	从口,用于下载工程
电源接口	DC（24 ± 4.8）V

（b）接口说明

图 1-53　TPC7062K 外部接口说明

（2）电源接口引脚说明

MCGS 触摸屏 TPC7062K 电源接口外形及其引脚说明如图 1-54 所示。电源线一般采用直径为 1.25 mm²（AWG18）的电源线。

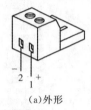

PIN	定　义
1	＋
2	－

(a)外形　　　　　　　　　　　　　　　(b)引脚说明

图 1-54　TPC7062K 电源接口外形及其引脚说明

（3）串口引脚说明

MCGS 触摸屏 TPC7062K 串口外形及其引脚说明如图 1-55 所示。

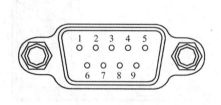

接　口	PIN	定　义
COM1	2	RS-132 RXD
	3	RS-232 TXD
	5	GND
COM2	7	RS-485＋
	8	RS-485－

(a)外形　　　　　　　　　　　　　　　(b)引脚说明

图 1-55　TPC7062K 串口外形及其引脚说明

2. MCGS 触摸屏与 PLC 的连接

MCGS 触摸屏 TPC7062K 与三款主流 PLC——三菱 FX 系列、西门子 S7-200 系列、欧姆龙的通信方式及接线方式分别如图 1-56～图 1-58 所示。

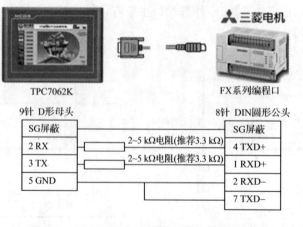

图 1-56　TPC7062K 与三菱 FX 系列编程口接线方式

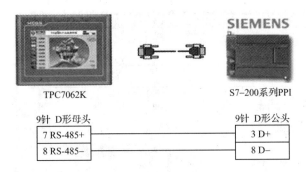

图 1-57　TPC7062K 与西门子 S7-200 系列 PPI 接线方式

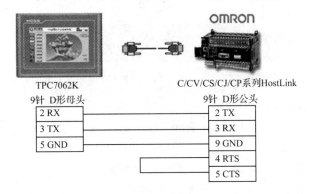

图 1-58　TPC7062K 与欧姆龙接线方式

1.5.3　在线运行调试

1. 在线模拟运行调试

如果没有 MCGS 触摸屏,也可以在计算机上在线模拟运行调试。方法如下:

(1)将 PLC 与计算机用专用通信线连接好,然后利用 GX Developer 编程软件将如图 1-46 所示程序写入到 PLC 中,下载结束后将 PLC 置于"RUN"运行状态。

(2)设置好通信端口和通信参数。即打开设备组态窗口,在设备组态窗口中双击已添加的"通用串口父设备 0－[通用串口父设备]",弹出"通用串口设备属性编辑"对话框。在"基本属性"选项卡中进行设置,如图 1-59 所示。其中串口端口号应按 PLC 与计算机之间实际连接的端口号进行设置。

通信参数必须设置成与 PLC 的设置一样,否则就无法通信。三菱 FX 系列 PLC 的通信参数为:通信波特率 6~9600,数据位位数 0~7 位,停止位位数 0~1 位,数据校验方式 2-偶校验。

(3)设置好通信参数后单击"确认"按钮返回,保存后关闭设备组态窗口。

(4)按键盘中的"F5"键或单击工具条中的 按钮,弹出"下载配置"对话框。

(5)选择"模拟运行",单击"工程下载"开始下载,数秒钟后下载结束。

(6)单击"启动运行",系统会进入模拟运行环境,运行"电动机运行监控系统"工程。

(7)操作相关图形元件,检查各项功能是否满足设计要求。

图 1-59 通用串口设备属性编辑

2. 在线连机运行调试

如果有 MCGS 触摸屏,则可进行在线连机运行调试:

(1)利用 GX Developer 编程软件将如图 1-46 所示的程序写入 PLC 中,下载结束后将 PLC 置于"RUN"运行状态。

(2)将 MCGS 触摸屏与 FX3U-32MR PLC 用专用通信线连接好。

(3)将普通的 USB 线,一端为扁平接口,插到计算机的 USB 口,一端为微型接口,插到 TPC(触摸屏)端的 USB2 口。

(4)在下载 MCGS 工程之前,一定要将"通用串口父设备"的通信端口设置为"COM1"(此为触摸屏的默认通信端口)。然后按键盘中的"F5"键或单击工具条中的 ■ 按钮,弹出"下载配置"对话框。

(5)选择"连机运行",连接方式选择"USB 通信",然后单击"通信测试"按钮,测试通信是否正常,如图 1-60 所示。如果通信成功,在"返回信息"中将提示"通信测试正常",同时弹出"演示运行环境"窗口;如果通信失败,在"返回信息"中将提示"通信测试失败"。

(6)单击"工程下载"开始下载,数秒钟后下载结束。

(7)单击"启动运行"或用手直接单击触摸屏上的"进入运行环境"按钮,系统会运行"电动机控制"窗口。

(8)单击"电动机启动"按钮,电动机开始按照设定的运行时间正转→反转→正转→……不断循环运行,同时电动机启动指示灯变成绿色;单击"电动机停止"按钮,则电动机停止运行,电动机启动指示灯变成红色。

(9)单击"风机启动"按钮,风机开始按照设定的运行、间歇时间运行→间歇→运行→……不断循环进行,同时风机启动指示灯变成绿色;单击"风机停止"按钮,则风机停止运行,风机启动指示灯变成红色。

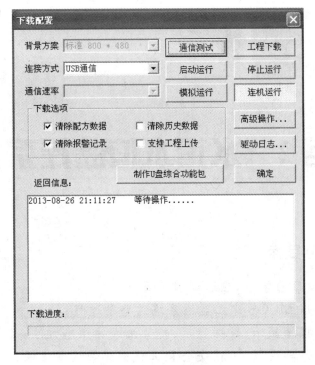

图 1-60　"下载配置"对话框

 **1.6　自主项目——四台电动机循环启动控制**

1.6.1　项目描述

某拖动系统由四台电动机组成,它们的工作过程如下:

按下启动按钮后,第一台电动机启动,运行 10 s 后停止,第二台电动机启动,运行 12 s 后停止,第三台电动机启动,运行运行 15 s 后停止,第四台电动机启动,运行 14 s 后停止,第一台电动机又启动……如此循环。按下停止按钮后,四台电动机同时停止。

1.6.2　设计要求

利用 MCGS 和 PLC 监控四台电动机的循环启停过程。具体要求如下:

(1)能够实时监控四台电动机的运行和停止状态。

(2)采用按钮和触摸屏两地控制。

(3)各电动机运行时间可在触摸屏上进行调节、显示,调整范围为 5～30 s。

项目 2　水塔水位监控系统设计

📝学习目标

通过本项目的学习,应达到以下目标:

(1)熟悉用 MCGS 建立监控系统的整个过程;

(2)学习报警显示、数据显示、趋势曲线的组态方法;

(3)学习菜单设置、工程安全和工程密码等设置方法;

(4)会使用 MCGS 与 PLC 设计水塔水位监控系统。

2.1 项目描述及设计要求

2.1.1 项目描述

某水塔自动供水系统示意图如图 2-1 所示,由水塔、水塔水箱、水池、水泵、进水阀、出水阀、液面传感器及连接管道等组成。

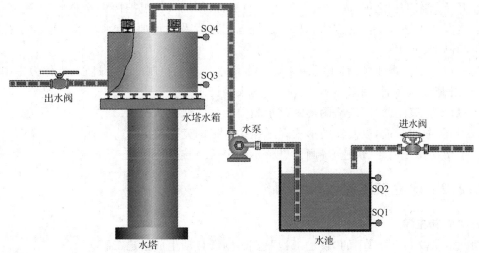

图 2-1 水塔自动供水系统示意图

控制要求:

当水池水位低于水池水位下限时,液面传感器 SQ1 接通,指示灯 1 闪烁(每隔 1 s 一个脉冲),进水阀打开,开始进水。当水池水位高于水池水位下限时,液面传感器 SQ1 断开,指示灯 1 停止闪烁。当水池水位上升到高于水池水位上限时,液面传感器 SQ2 接通,进水阀关闭,停止进水。

只要水塔水箱中有水,出水阀就自动打开,当出水阀打开时水塔水位下降,如果水塔水位低于水塔水位下限时,液面传感器 SQ3 接通,指示灯 2 闪烁(每隔 2 s 一个脉冲);当此时水池水位高于水池水位下限时,电动机启动,水泵抽水。当水塔水位高于水塔水位下限时,传感器 SQ3 断开,指示灯 2 停止闪烁。当水塔水位上升到高于水塔水位上限时,液面传感器 SQ4 接通,电动机停止运转,水泵停止抽水。

2.1.2 设计要求

利用 MCGS 和 PLC 设计水塔水位监控系统。具体要求如下:

(1)系统具有手动操作和自动运行两种方式。

(2)系统能够仿真水塔自动供水运行的过程。

(3)系统应具有自动/手动操作、报警显示、数据报表、趋势曲线等显示画面,各画面可通过菜单进行切换显示。

(4)系统的使用分为管理员、操作员两个级别。管理员级别最高,除可以进行所有操作外,还可以添加和删除操作员;操作员只能进行系统运行的操作和对进水阀、水泵和出水阀的手动操作,无权对进水阀流量、水泵流量和出水阀流量进行调整。

(5)系统要有必要的工程安全设置。

 **2.2　系统监控画面设计**

2.2.1　工程框架

在开始组态工程之前,先对该工程进行剖析,以便从整体上把握工程的结构、流程、需实现的功能及实现这些功能的方法。根据系统工艺过程及设计要求,水塔水位监控系统需要设置下列画面:

(1)自动/手动操作画面,主要用来显示水塔水位自动控制的整个过程,也称为主画面。

(2)报警显示画面,用来显示各种变量的报警记录。

(3)数据报表画面,以表格的形式显示相关数据的变化情况。

(4)趋势曲线画面,以曲线的形式显示相关数据的变化情况。

为了切换操作简单、快速,各画面以菜单的形式直接进行切换。

2.2.2　建立新工程

1.建立新工程

(1)选择"文件"菜单中的"新建工程"选项,则会自动生成新建工程。

(2)选择"文件"菜单中的"工程另存为"选项,弹出文件保存对话框。

(3)选择保存路径后,在"文件名"中输入"水塔水位监控系统",单击"保存"按钮,工程创建完毕。

2.创建用户窗口

在新建的"水塔水位监控系统"工程中的工作台上创建四个用户窗口,窗口的名称分别为"主画面"、"报警显示"、"数据报表"和"趋势曲线",如图2-2所示。

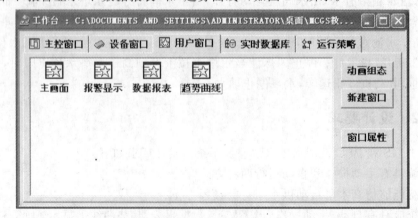

图 2-2　创建用户窗口

2.2.3　创建实时数据库

根据设计要求,水塔水位监控系统所需的数据对象共 23 个,见表 2-1。

表 2-1　　　　　　　　　　　水塔水位监控系统数据对象(变量)

序 号	变量名称	类 型	初 值	注 释
1	水池水位	数值型	0	水池水位高度值,满刻度为 100,需报警显示
2	水塔水位	数值型	0	水塔水位高度值,满刻度为 60,需报警显示
3	进水阀	开关型	0	控制进水阀的打开、关闭
4	水泵	开关型	0	控制水泵的打开、关闭
5	出水阀	开关型	0	控制出水阀的打开、关闭
6	进水阀开关	开关型	0	进水阀的手动控制开关
7	水泵开关	开关型	0	水泵的手动控制开关
8	出水阀开关	开关型	0	出水阀的手动控制开关
9	进水阀流量	数值型	0.2	进水阀流量值变量
10	水泵流量	数值型	0.2	水泵流量值变量
11	出水阀流量	数值型	0.1	出水阀流量值变量
12	水池下限	数值型	10	水池水位下限报警值
13	水池上限	数值型	90	水池水位上限报警值
14	水塔下限	数值型	8	水塔水位下限报警值
15	水塔上限	数值型	50	水塔水位上限报警值
16	水池下限开关	开关型	0	水池下限开关变量
17	水池上限开关	开关型	0	水池上限开关变量
18	水塔下限开关	开关型	0	水塔下限开关变量
19	水塔上限开关	开关型	0	水塔上限开关变量
20	指示灯 1	开关型	0	水池低水位指示灯变量
21	指示灯 2	开关型	0	水塔低水位指示灯变量
22	水位组	组对象	/	用于历史数据、历史曲线、报表输出等功能构件
23	运行模式	开关型	0	自动/手动控制切换变量

按照表 2-1,在工作台的实时数据库中创建各个变量(数据对象)。对于一般的开关型和数值型数据对象,可按照表 2-1 的要求,仿照项目 1 的创建方法和步骤进行创建,这里就不再赘述。其中,"水池水位"和"水塔水位"需要报警显示,所以在创建实时数据库时,这两个变量需要进行报警属性和存盘属性设置。另外,本项目中还用到了"水位组"的组对象数据类型。下面主要介绍这些有特殊要求的数值型数据对象和组对象的定义方法和步骤。

1. 数据对象报警属性和存盘属性设置(以"水池水位"为例)

(1)在"实时数据库"选项卡中,单击"新增对象"按钮,增加新的数据对象,选中对象,单击"对象属性"按钮,或双击选中对象,则打开"数据对象属性设置"对话框。在"基本属性"选项卡中,将对象名称设为"水池水位","对象类型"选择"数值"。

（2）报警属性设置:在"报警属性"选项卡中,选择"允许进行报警处理",然后在"报警设置"中选择"下限报警",在出现的"报警注释"中输入"水池中的水没了!",同时在"报警值"中输入报警值"10",如图 2-3 所示。再在"报警设置"中选择"上限报警",在出现的"报警注释"中输入"水池中的水位已达上限!",同时在"报警值"中输入报警值"90",如图 2-4 所示。

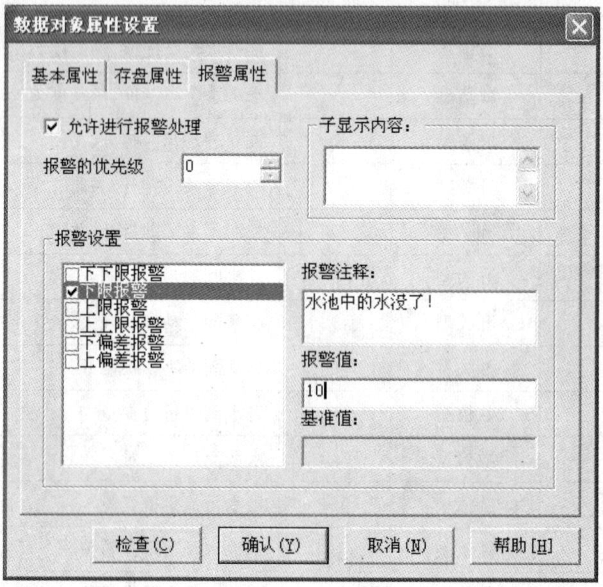

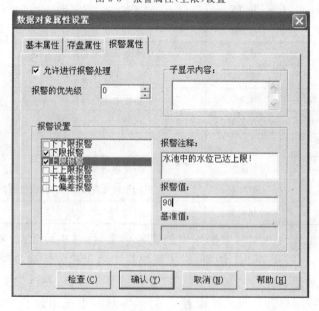

图 2-3　报警属性(上限)设置

图 2-4　报警属性(下限)设置

（3）存盘属性设置:在"存盘属性"选项卡中,选择"自动保存产生的报警信息",如图 2-5 所示。注意:只有先进行了报警属性设置后才能进行存盘属性设置;否则,无法选择。最后单击"确认"按钮。

仿照上述方法,对"水塔水位"有报警要求的变量进行设置,将其下限报警值设为"8",上限报警值设为"50"。同时,对表 2-1 中所列的其他数值型数据对象按要求也进行设置,只是这些数值型数据对象无须进行报警属性和存盘属性设置。

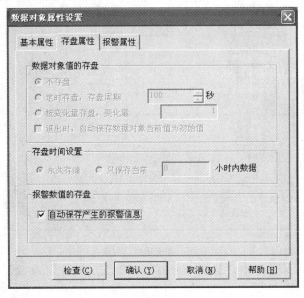

图 2-5　数据对象存盘属性设置

2. 设置"组对象"型数据对象

定义组对象与定义其他数据对象略有不同,需要对组对象成员进行选择。方法如下:

(1)新建一个名为"水位组"的数据对象,设置为组对象,如图 2-6 所示。在"组对象成员"选项卡中,在"数据对象列表"中选择"水池水位",单击"增加"按钮,数据对象"水池水位"被添加到右边的"组对象成员列表"中。按照同样的方法将"水塔水位"添加到组对象成员中。如图 2-7 所示。

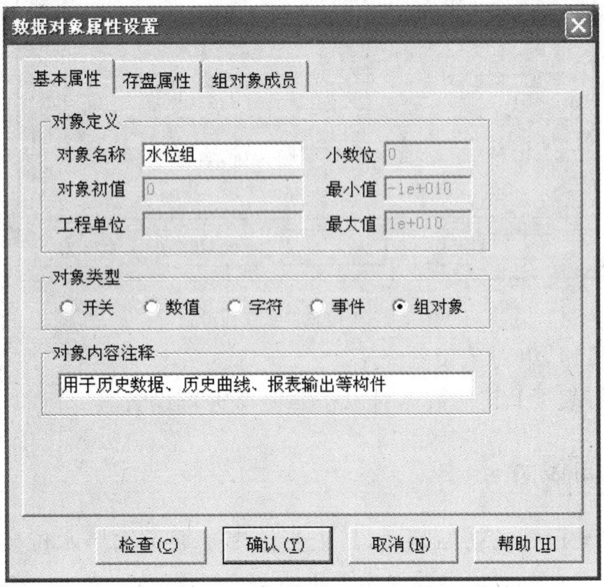

图 2-6　组对象基本属性设置

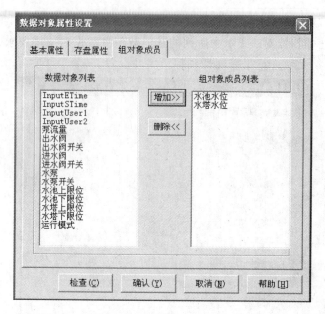

图 2-7   组对象成员设置

(2)在"存盘属性"选项卡中,"数据对象值的存盘"选择"定时存盘",并将"存盘周期"设为"5"秒,如图 2-8 所示。

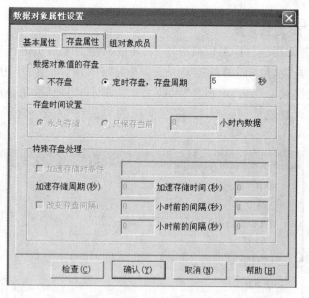

图 2-8   组对象存盘属性设置

(3)单击"确认"按钮,组对象设置完毕。

仿照上述方法,将表 2-1 其他数据对象按照要求进行设置。

2.2.4   主画面设计

主画面是系统自动运行的初始画面,其主要作用是显示水塔水位监控的工作过程。主画面的整体效果如图 2-9 所示。主画面主要由水塔、水塔水箱、水池、进水阀、出水阀、水泵、水位显示器、水泵流量调节器、流动块、指示灯以及手动/自动控制开关等组成。下面介绍其制作过程。

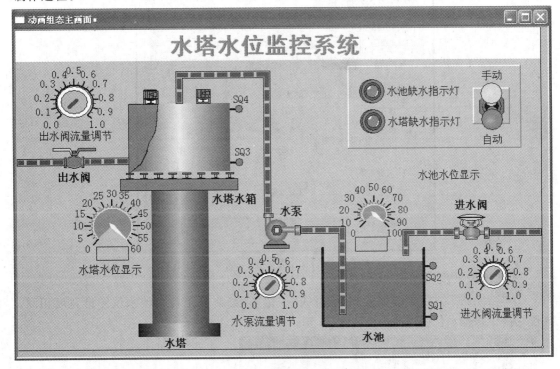

图 2-9　主画面

1. 制作闪烁效果的标题文字

在用户窗口中双击"主画面"窗口,打开"主画面"窗口。

(1)单击绘图工具箱中的"标签"按钮 **A**,在窗口顶端中心位置,输入"水塔水位监控系统"的标题文字。"填充颜色"设为"没有填充","边线颜色"设为"没有边线",文字"字体"设为"黑体","字形"设为"常规","大小"设为"小一","颜色"设为蓝色。

(2)复制标题文字,双击要复制的文字,在弹出的"标签动画组态属性设置"对话框中,将复制的文字"字符颜色"设为红色,选择"闪烁效果"。在"闪烁效果"选项卡中,在"表达式"中输入"1",表示闪烁条件永远成立。单击"确认"按钮后,将复制的文字移动并与原文字重叠(注意层次,一定是闪烁的文字在最前面)。

2. 水池水位、水池的制作及动画连接

(1)水池水位的制作及动画连接

①单击绘图工具箱中的"矩形"按钮 □,绘制一个适当大小的矩形,作为水池水位图形。

②双击水池水位图形,在弹出的"动画组态属性设置"对话框中,将"填充颜色"设为浅蓝色,"边线颜色"设为"没有边线",选择"位置动画连接"中的"大小变化",如图 2-10 所示。

③在"大小变化"选项卡中,单击"表达式"下的 ? 按钮,从数据库中选择"水池水位";在"大小变化连接"中,"最大变化百分比"设为"100","表达式的值"设为"100","变化方向"选择"向上","变化方式"选择"缩放"。如图 2-11 所示。制作好的水池水位图形如图 2-12(a)所示。

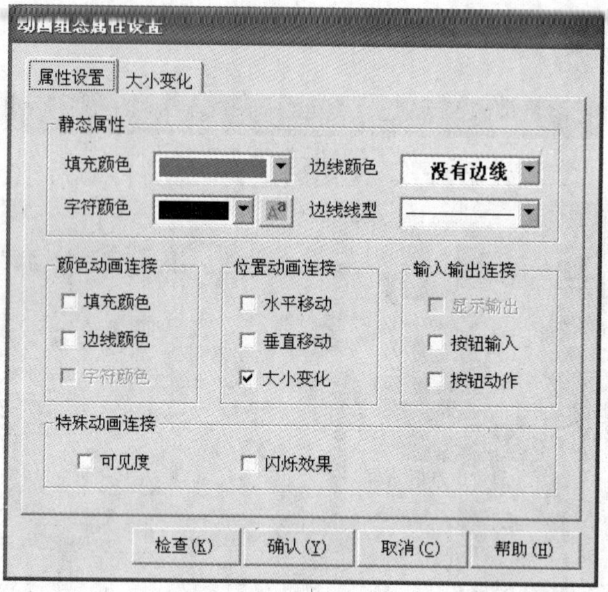

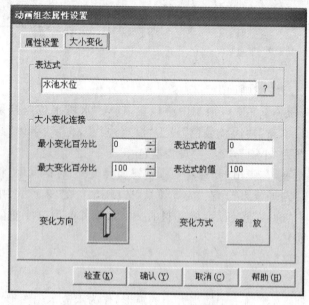

图 2-10 水池水位属性设置

（2）水池的制作

①单击绘图工具箱中的"多边形或折线"按钮 ⟳ ,绘制一个与水池水位图形宽度相同、高度略高于水池水位图形的水池图形（U 形），如图 2-12（b）所示。

图 2-11 水池水位大小变化属性设置

(a)水池水位图形

(b)水池图形

图 2-12 水池水位和水池图形

②双击水池图形，在弹出的"动画组态属性设置"对话框中，将"边线线型"设为较粗型。

③最后将自制的水池水位图形和水池图形重叠且底部对齐，并将其移动至窗口的右下部。

3. 水塔、水塔水箱的制作及动画连接

（1）水塔的制作

单击绘图工具箱中的"常用符号"按钮 ⬆ ,打开"常用图符"工具箱，单击"竖管道"按钮,绘制一个垂直圆柱体作为水塔图形,如图 2-9 所示,双击后适当设置其"填充颜色"和"边线颜色"。

(2)水塔水箱的制作及动画连接

①单击绘图工具箱中的"插入元件"按钮,弹出"对象元件库管理"对话框。从"对象元件列表"中选择"储藏罐"选项,然后从右侧列表框中选取"水塔 17"图形,单击"确定"按钮。将水塔调整为适当大小,移动到水塔顶部位置,如图 2-9 所示,作为水塔水箱图形。

②双击水塔水箱图形,弹出"单元属性设置"对话框,单击"动画连接"标签,在"连接类型"中选择"大小变化",单击右端出现的 ? 按钮,从数据库中选择"水塔水位",如图 2-13 所示。

图 2-13　水塔水位动画连接属性设置

③单击右边的 > 按钮进入"动画组态属性设置"对话框的"大小变化"选项卡,如图 2-14 所示,按照图示设置各个参数。

图 2-14　水塔水位大小变化属性设置

④单击"确认"按钮，水塔水箱的动画属性设置完毕。

4. 阀的制作及动画连接

（1）进水阀的制作及动画连接

①单击绘图工具箱中的"插入元件"按钮🔲，从元件库中的"阀"类中选取"阀56"图形，移动到右边位置并调整为适当大小，作为进水阀图形。

②双击进水阀图形，弹出"单元属性设置"对话框，在"数据对象"选项卡中可以看到该图形元件具有"按钮输入"和"填充颜色"两种动画功能。这里我们利用"按钮输入"动画功能实现进水阀的手动操作开关功能；利用"填充颜色"动画功能来显示进水阀的工作状态。

③在"数据对象"选项卡中，选择"按钮输入"，单击右边的 ? 按钮，从数据库中选择"进水阀开关"后返回。

④选择"填充颜色"，单击右边的 ? 按钮，从数据库中选择"进水阀"后返回，如图 2-15 所示。

图 2-15　进水阀数据对象属性设置

（2）出水阀的制作及动画连接

①单击绘图工具箱中的"插入元件"按钮🔲，从元件库中的"阀"类中选取"阀44"图形，移动到左边位置并调整为适当大小，作为出水阀图形。

②双击出水阀图形，弹出"单元属性设置"对话框，在"数据对象"选项卡中可以看到该图形元件具有"按钮输入"和"可见度"两种动画功能。这里我们利用"按钮输入"动画功能实现出水阀的手动操作开关功能；利用"可见度"动画功能来显示出水阀的工作状态。

③在"数据对象"选项卡中，选择"按钮输入"，单击右边的 ? 按钮，从数据库中选择"出水阀开关"后返回。

④选择"可见度"，单击右边的 ? 按钮，从数据库中选择"出水阀"后返回，如图 2-16 所示。

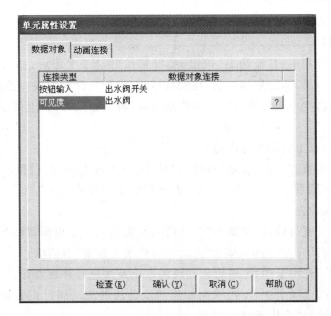

图 2-16　出水阀数据对象属性设置

5.水泵的制作及动画连接

（1）单击绘图工具箱中的"插入元件"按钮，从元件库中的"泵"类中选取"泵 40"图形，移动到适当位置并调整为适当大小，作为水泵图形。

（2）双击水泵图形，弹出"单元属性设置"对话框，在"数据对象"选项卡中，选择"按钮输入"，单击右边的 ? 按钮，从数据库中选择"水泵开关"后返回。

（3）选择"填充颜色"，单击右边的 ? 按钮，从数据库中选择"水泵"后返回，如图 2-17 所示。

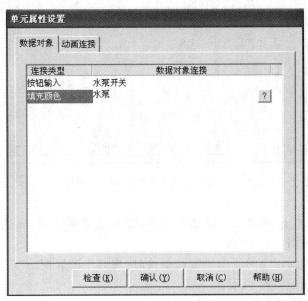

图 2-17　水泵数据对象属性设置

6. 流动块的制作及动画连接

（1）流动块的制作

①单击绘图工具箱中的"流动块"按钮▣，鼠标指针呈十字形后，移动鼠标至窗口的预定位置（盖住各段管道），单击鼠标左键，移动鼠标，在鼠标指针后形成一条虚线，拖动一定距离后，单击鼠标左键，生成一段流动块。再拖动鼠标（可沿原来方向，也可垂直于原来方向），生成下一段流动块。

②想结束绘制，双击鼠标左键即可。

③需要修改流动块时，选中流动块（流动块周围出现选中标志：白色小方块），鼠标指针指向小方块，按住鼠标左键不放，拖动鼠标，即可调整流动块的形状。

（2）流动效果的设置

液体流动效果是通过设置"流动块"构件的属性实现的。实现步骤如下：

①双击进水阀右侧的流动块，弹出"流动块构件属性设置"对话框。

②在"基本属性"选项卡中，可进行流动块的大小及颜色等外观设计。

③在"流动属性"选项卡中，与进水阀相连的流动块的流动属性设置如图 2-18 所示，即"当表达式非零时"选择"流块开始流动"。

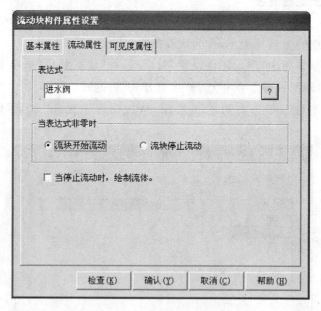

图 2-18　与进水阀相连的流动块流动属性设置

④在设置与水泵相连的流动块流动属性时，将其流动属性的"表达式"设为"水泵＝1 and 水池水位＞0"，如图 2-19 所示。

⑤在设置与出水阀相连的流动块流动属性时，将其流动属性的"表达式"设为"出水阀 and 水塔水位＞0"，如图 2-20 所示。

7. 水位旋转仪表的制作及动画连接

在工业现场一般都会大量地使用仪表进行数据显示，MCGS 为适应这一要求提供了"旋转仪表"构件。用户可以利用此构件在动画界面中模拟现场的仪表运行状态。具体制作

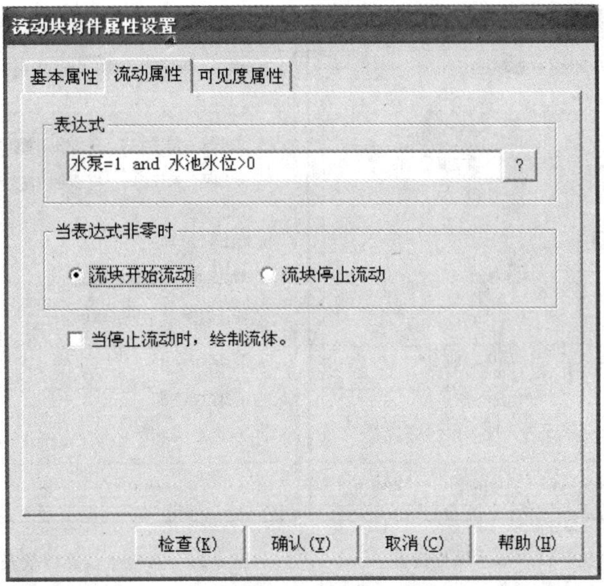

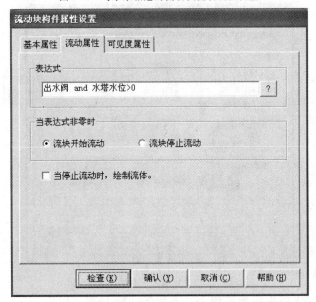

图 2-19   与水泵相连的流动块流动属性设置

图 2-20   与出水阀相连的流动块流动属性设置

步骤如下：

单击绘图工具箱中的"旋转仪表"按钮 ⊙，调整大小后将其放在水池上部适当位置，作为水池水位旋转仪表。双击该构件进行属性设置。各参数设置如下：

①在"基本属性"选项卡中，可对构件的外观进行设置，如图 2-21 所示。

②在"刻度与标注属性"选项卡中，将"主划线数目"设为"10"，其他按照图 2-22 所示设置。

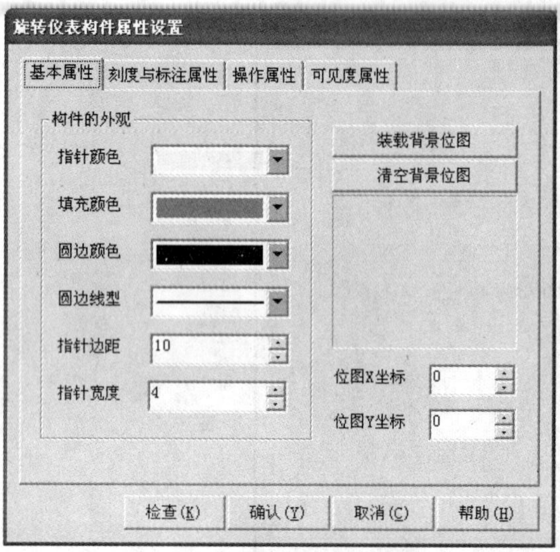

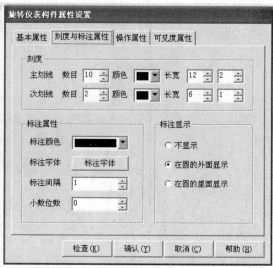

图 2-21 水池水位旋转仪表基本属性设置　　　　图 2-22 水池水位旋转仪表刻度与标注属性设置

③在"操作属性"选项卡中，按照图 2-23 所示进行设置。

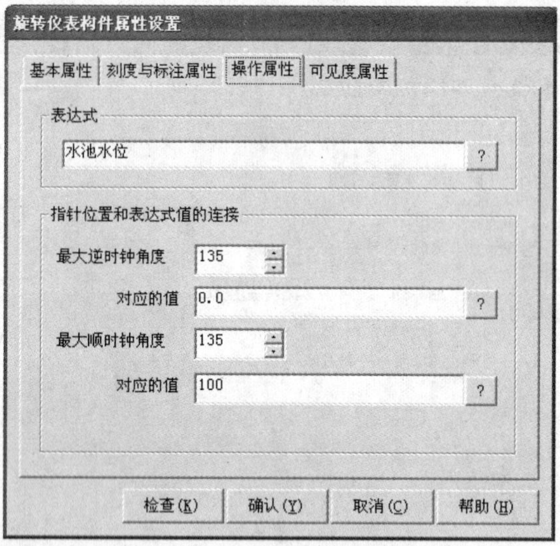

图 2-23 水池水位旋转仪表操作属性设置

按照此方法设置水塔水位旋转仪表。各参数设置如下：

在"操作属性"选项卡中，将"表达式"设为"水塔水位"，"最大逆时钟角度"设为"135"，"对应的值"设为"0.0"，"最大顺时钟角度"设为"135"，"对应的值"设为"60"。其他的属性设置与水池水位旋转仪表相同。

8. 水位数字显示标签的制作及动画连接

为了能够准确地了解水池和水塔的水位，我们可以通过设置"标签"按钮 **A** 的"显示输出"属性显示其值，具体操作如下：

（1）单击绘图工具箱中的"标签"按钮 **A**，绘制一个标签，调整其大小、位置，将其放在水池水位旋转仪表下部，作为水池水位数字显示标签，如图 2-9 所示。

（2）双击标签，进入"标签动画组态属性设置"对话框。将"填充颜色"设为深灰色，"边线颜色"设为黑色，"字符颜色"设为黄色，"字符字体"设为"宋体"、"小四"。

（3）在"输入输出连接"中选择"显示输出"，在"标签动画组态属性设置"对话框中即会出现"显示输出"选项卡，如图 2-24 所示。

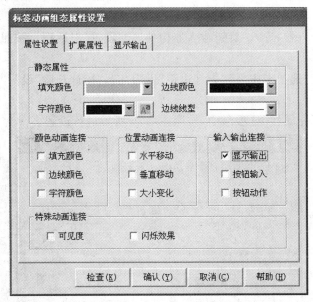

图 2-24　水池水位数字显示标签属性设置

（4）在"显示输出"选项卡中，按照图 2-25 所示进行设置。

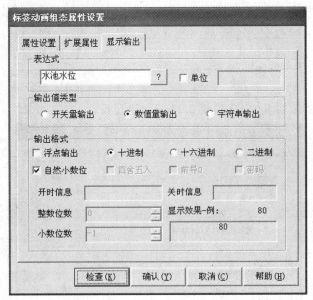

图 2-25　水池水位数字显示标签显示输出属性设置

（5）单击"确认"按钮，水池水位数字显示标签制作完毕。

水塔水位数字显示标签与此相同，需做的改动：将"表达式"设为"水塔水位"。

9. 流量调节器的制作及动画连接

流量调节器采用绘图工具箱中的"旋钮输入器"工具制作。下面以水泵流量调节器为例进行说明。

(1)单击绘图工具箱中的"旋钮输入器"按钮⟳，鼠标指针呈十字形后，沿对角线拖动鼠标到适当大小，移动旋钮输入器到水泵下方适当的位置，如图 2-9 所示，作为水泵流量调节器。

(2)双击旋钮输入器，进入"旋钮输入器构件属性设置"对话框。按照下面的值设置各个参数：

①在"基本属性"选项卡中，将"指针边距"设为"8"，"指针长度"设为"18"，"指针宽度"设为"6"。

②在"刻度与标注属性"选项卡中，按照图 2-26 所示进行设置。

图 2-26　水泵流量调节器刻度与标注属性设置

③在"操作属性"选项卡中，按照图 2-27 所示进行设置。

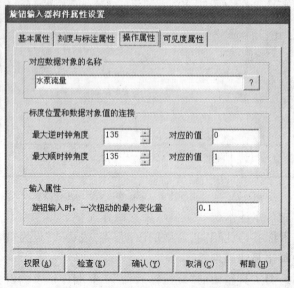

图 2-27　水泵流量调节器操作属性设置

（3）将上述制作的水泵流量调节器再复制两个，分别移动到进水阀下方和出水阀上方，如图 2-9 所示，作为它们的流量调节器，然后将它们的"操作属性"选项卡中"对应数据对象的名称"分别设为"进水阀流量"和"出水阀流量"即可。

10. 水位上、下限开关指示的制作及动画连接

（1）选择绘图工具箱中的"椭圆"工具 ○ 和"直线"工具 ＼ 绘制如图 2-28 所示的图形，将其移动到水池右边底部，如图 2-9 所示，作为水池下限开关指示，双击其中的小圆，在"属性设置"选项卡中，选择"颜色动画连接"中的"填充颜色"，如图 2-29 所示。

图 2-28 水池下限开关指示

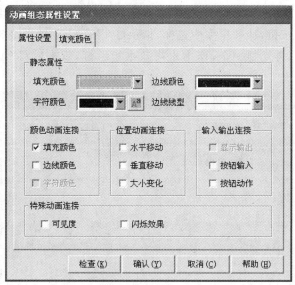

图 2-29 水池下限开关指示属性设置

（2）在"填充颜色"选项卡中，单击"表达式"右边的 ? 按钮，从数据库中选择"水池下限开关"，分段点 0"对应颜色"选择深灰色，分段点 1"对应颜色"选择红色，如图 2-30 所示。

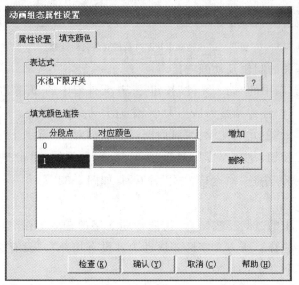

图 2-30 水池下限开关指示填充颜色属性设置

（3）同时选择水池下限开关指示的短横线和小圆,选择"排列"菜单中的"合成单元"选项,将短横线和小圆组合成一个图形元件。

（4）将上述制作的水池下限开关指示再复制三个,分别移动到水池上限位置、水塔下限位置和水塔上限位置,如图 2-9 所示。双击后,分别将它们的"填充颜色"选项卡中"表达式"设为"水池上限开关"、"水塔下限开关"和"水塔上限开关"。

11.缺水指示灯的制作及动画连接

（1）单击绘图工具箱中的"插入元件"按钮📇,从元件库中的"指示灯"类中选取"指示灯14"图形,移动到右上角适当位置并调整为适当大小,作为水池缺水指示灯。

（2）双击指示灯,弹出"单元属性设置"对话框,在"数据对象"选项卡中,单击"可见度",再单击右边出现的◤ 按钮,从数据库中选择"指示灯 1"后返回,如图 2-31 所示。

（3）将上述指示灯再复制一个,作为水塔缺水指示灯,双击后将"可见度"设为"指示灯2"即可。

图 2-31　水池缺水指示灯数据对象属性设置

12.手动/自动开关的制作及动画连接

（1）单击绘图工具箱中的"插入元件"按钮📇,从元件库中的"开关"类中选取"开关 3"图形,移动到右上角适当位置并调整为适当大小,作为手动/自动开关。

（2）双击开关,弹出"单元属性设置"对话框,在"数据对象"选项卡中,单击"按钮输入",再单击右边出现的◤ 按钮,从数据库中选择"运行模式"后返回;单击"可见度",再单击右边出现的◤ 按钮,从数据库中选择"运行模式"后返回,如图 2-32 所示。

13.文字注释

单击绘图工具箱中的"标签"按钮**A**,仿照标题文字的输入方法,如图 2-9 所示,分别对各图形元件进行文字注释。所有文字标签属性为:"没有填充","没有边线","字符字体"为"宋体"、"常规"、"小四号"。

至此,主画面设计已全部完成,整体效果如图 2-9 所示。选择"文件"菜单中的"保存窗

图 2-32　手动/自动开关数据对象属性设置

口"选项,保存画面,然后通过模拟运行检查运行效果。

14. 模拟运行

在设计过程中,可随时进入模拟运行环境,看一下运行结果,如果不符合要求或有错误,返回到窗口中进行修改。模拟运行的方法如下:

(1)关闭"主画面"窗口,在工作台中右键单击"主画面",在弹出的快捷菜单中选择"设置为启动窗口"选项,将"主画面"窗口设置为启动窗口。

按键盘中的"F5"键或单击工具条中的 按钮,弹出"下载配置"对话框。

(2)选择"模拟运行",单击"工程下载"开始下载,数秒钟后下载结束。单击"启动运行",系统会运行"主画面"窗口。

此时可以看到标题文字在闪烁,所有控制元件均处于关闭状态。由于所有设备的控制全部通过 PLC 实现,所以无论是手动模式还是自动模式,单击进水阀、水泵、出水阀等均不起作用。

2.2.5　水位变化仿真策略设计

本项目通过"运行策略"中的"脚本程序"实现水位变化仿真。

脚本程序是 MCGS 中的一种内置编程语言引擎。当某些控制和计算任务通过常规组态方法难以实现时,通过使用脚本程序,能够增强整个系统的灵活性,解决其常规组态方法难以解决的问题。

1. 脚本程序编辑环境

脚本程序编辑环境是用户书写脚本语句的地方。脚本程序编辑环境主要由脚本程序编辑框、编辑功能按钮、操作对象和函数列表、脚本语句和表达式四个部分构成,如图 2-33 所示。分别说明如下:

(1)脚本程序编辑框:用于书写脚本程序和脚本注释,用户必须遵照 MCGS 规定的语法

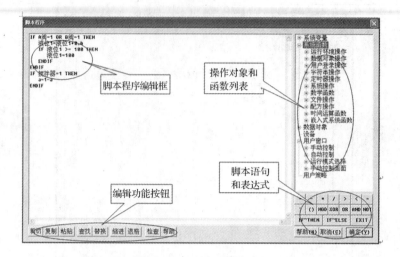

图 2-33　脚本程序编辑环境

结构和书写规范书写脚本程序,否则语法检查不能通过。

(2)编辑功能按钮:提供了文本编辑的基本操作,用户使用这些操作可以方便操作和提高编辑速度。例如,在脚本程序编辑框中选定一个函数,然后按下"帮助"按钮,MCGS将自动打开关于这个函数的在线帮助,或者,如果函数拼写错误,MCGS将列出与所提供的名称最接近函数的在线帮助。

(3)操作对象和函数列表:以树结构的形式列出了工程中所有的窗口、策略、设备、变量、系统支持的各种方法、属性以及各种函数,以供用户快速查找和使用。例如,可以在用户窗口树中,选定一个窗口——"窗口0",打开窗口0下的"方法",双击"Open()函数",则MCGS自动在脚本程序编辑框中添加一行语句——"用户窗口.窗口0.Open()",通过这行语句,就可以完成窗口打开的工作。

(4)脚本语句和表达式:列出了MCGS使用的三种语句的书写形式和MCGS允许的表达式类型。用鼠标单击要选用的语句和表达式符号按钮,在脚本程序编辑框中光标所在的位置上会出现语句或表达式的标准格式。例如,用鼠标单击"IF~THEN"按钮,则MCGS自动提供一个IF…THEN…结构,并把光标停到合适的位置上。

2. 创建水位变化仿真循环策略

在水塔水位监控系统的工作台上,选择"运行策略"选项卡,在未做任何策略组态之前,"运行策略"选择卡中包括"启动策略"、"退出策略"和"循环策略"三个系统固有的策略块,选项卡右边有"策略组态"、"新建策略"和"策略属性"三个按钮。

(1)单击"运行策略"选项卡中的"新建策略"按钮,弹出"选择策略的类型"对话框,选择"循环策略",单击"确定"按钮,在"运行策略"选项卡中即会产生一个系统缺省定义的名称为"策略1"的循环策略。

(2)选中新建的"策略1",单击"策略属性"按钮,在弹出的"策略属性设置"对话框中,将"策略名称"设为"水位变化仿真",将定时循环周期设为"100" ms,在"策略内容注释"中输入"水位变化动画策略",如图 2-34 所示,单击"确认"按钮。

3. 水位变化仿真策略组态

(1)双击刚刚建立的"水位变化仿真"策略(或选中"水位变化仿真"策略,然后单击"策略

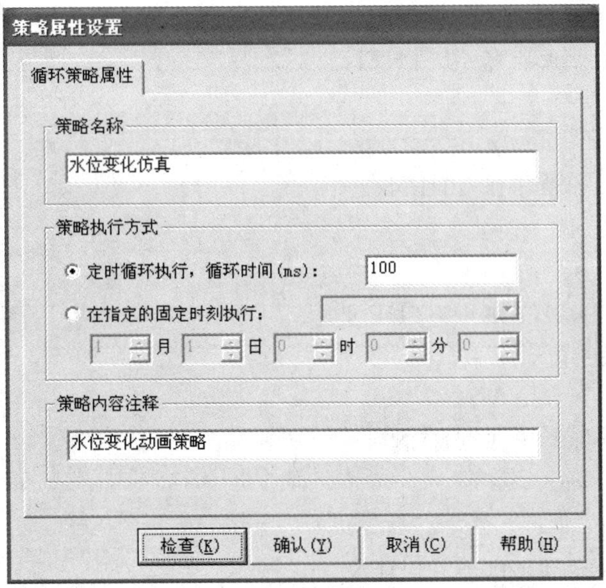

策略属性设置

循环策略属性

策略名称

水位变化仿真

策略执行方式

⦿ 定时循环执行，循环时间(ms)：　100

○ 在指定的固定时刻执行：

1 月 1 日 0 时 0 分 0

策略内容注释

水位变化动画策略

检查(K)　确认(Y)　取消(C)　帮助(H)

图 2-34　水位变化仿真策略属性设置

组态"按钮)，进入策略组态环境。此时策略组态环境是空白的。

　　(2)在策略组态环境中的空白处单击鼠标右键，在弹出的快捷菜单中选择"新增策略行"选项，增加一个策略行。

　　(3)如果策略组态环境中没有策略工具箱，请单击窗口工具条中的"工具箱"按钮 ✕ ，弹出策略工具箱。

　　(4)单击策略工具箱中的"脚本程序"，将鼠标指针移到策略块右端的图标 ▭ 上，单击鼠标左键，添加"脚本程序"构件，如图 2-35 所示。

图 2-35　添加"脚本程序"构件后的策略行

　　(5)双击 ▦ 进入脚本程序编辑环境，输入如下的水位变化仿真脚本程序：

IF 进水阀＝1 THEN

　　水池水位＝水池水位＋进水阀流量

ENDIF

IF 水泵＝1 AND 水池水位＞＝水池下限 THEN

　　水池水位＝水池水位－水泵流量

　　水塔水位＝水塔水位＋水泵流量

ENDIF

IF 出水阀＝1 AND 水塔水位＞＝水塔下限 THEN

　　水塔水位＝水塔水位－出水阀流量

ENDIF

IF 水池水位＞＝水池上限 THEN

　　水池上限开关＝1

```
ENDIF
IF 水池水位<=水池上限-5 THEN
    水池上限开关=0
ENDIF
IF 水池水位<=水池下限 THEN
    水池下限开关=1
ENDIF
IF 水池水位>=水池下限+5 THEN
    水池下限开关=0
ENDIF
IF 水塔水位>=水塔上限 THEN
    水塔上限开关=1
ENDIF
IF 水塔水位<=水塔上限-5 THEN
    水塔上限开关=0
ENDIF
IF 水塔水位<=水塔下限 THEN
    水塔下限开关=1
ENDIF
IF 水塔水位>=水塔下限+5 THEN
    水塔下限开关=0
ENDIF
```

2.2.6　报警显示画面设计

MCGS 把报警处理作为数据对象的属性,封装在数据对象内,由实时数据库来自动处理。当数据对象的值或状态发生改变时,实时数据库判断对应的数据对象是否发生了报警或已产生的报警是否已经结束,并把所产生的报警信息通知给系统的其他部分,同时,实时数据库根据用户的组态设定,把报警信息存入指定的存盘数据库文件中。

报警显示画面的整体效果如图 2-36 所示。下面介绍其制作过程:

1. 定义报警和报警数据对象

本项目中需设置报警的数据对象为"水塔水位""水池水位",这两个数据对象必须进行报警属性设置和存盘属性设置,否则无法进行报警显示。此项工作已在定义数据库时进行了设置。如果未进行设置,也可以现在进入实时数据库中对需要报警的数据对象进行报警属性和存盘属性的补充设置。

在水塔水位监控系统工作台的用户窗口中,打开"报警显示"窗口,然后进行报警显示画面的组态工作。

2. 创建标题文字

仿照主画面标题文字的创建方法,单击绘图工具箱中的"标签"按钮 **A**,创建"报警显示

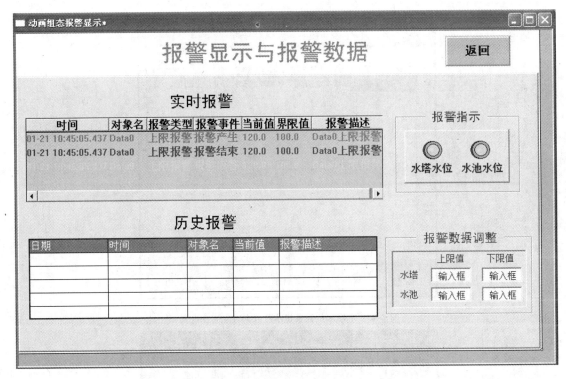

图 2-36　报警显示画面

与报警数据"的标题文字,字体的大小及颜色等属性可参照主画面标题属性设置。

3. 报警指示

当有报警产生时,可以用指示灯提示。指示灯如图 2-37 所示,其制作过程如下:

(1)输入"报警指示"标题

单击绘图工具箱中的"标签"按钮 A,输入"报警指示"文字,进行适当的属性设置,将"填充颜色"设为窗口背景色,"边线颜色"设为"没有边线"。

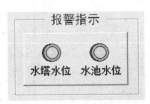

图 2-37　指示灯

(2)指示灯的制作

①在"报警显示"窗口中,单击绘图工具箱中的"插入元件"按钮 ,从元件库中的"指示灯"类中选取"指示灯 3"图形,调整大小放在适当位置,作为水塔水位报警指示灯。

②双击指示灯,在弹出的"单元属性设置"对话框"数据对象"选项卡中,选择"可见度",在"数据对象连接"中输入"水塔水位<水塔下限 OR 水塔水位>水塔上限"("OR"前后要各空一格),如图 2-38 所示。

③通过复制的方法,复制一个指示灯,拖放到适当的位置,双击,在弹出的"单元属性设置"对话框"数据对象"选项卡中,选择"可见度",在"数据对象连接"中输入"水池水位<水池下限 OR 水池水位>水池上限"("OR"前后要各空一格),如图 2-39 所示。

④指示灯水平对齐:按下键盘中的"Ctrl"键,同时选择两个指示灯(或用鼠标拖选两个指示灯),当两个指示灯均为选中状态时,单击工具条上的"顶边界对齐"按钮 或"底边界对齐"按钮 ,可使两个指示灯水平对齐。

图 2-38   水塔水位报警指示灯数据对象属性设置

图 2-39   水池水位报警指示灯数据对象属性设置

（3）文字注释

单击"绘图工具箱"中的"标签"按钮 **A**，在每个指示灯下作文字注释，进行适当的属性设置，将"填充颜色"设为窗口背景色，"边线颜色"设为"没有边线"。

（4）绘制凸平面

单击绘图工具箱中的"常用符号"按钮 🌐，在弹出的"常用图符"工具箱中，单击"凸平面"按钮 ▭，拖动鼠标绘制一个凸平面，恰好将四个指示灯全部覆盖。双击后将其"填充颜色"设为"没有填充"。然后右键单击凸平面，在弹出的快捷菜单中选择"排列"→"最后面"选项，将凸平面放到最底层，使两个指示灯的操作不受它的影响。

（5）绘制凹槽平面

单击绘图工具箱中的"常用符号"按钮，在弹出的"常用图符"工具箱中，单击"凹槽平面"按钮，拖动鼠标绘制一个凹槽平面，恰好将凸平面全部覆盖，同样将其"填充颜色"设为"没有填充"，然后右键单击凹槽平面，在弹出的快捷菜单中选择"排列"→"最后面"选项，将凹槽平面放到最底层。

4. 修改报警限值

在实时数据库中，对水塔水位和水池水位的上下限报警值都是已定义好的。如果用户想在运行环境下根据实际情况需要随时改变报警上下限值，又如何实现呢？MCGS为用户提供了大量的函数，可以根据需要灵活地运用。

（1）制作交互界面

因为有四个报警限值对象，可通过对四个输入框设置，实现用户与数据库的交互。交互界面的最终效果如图2-40所示。具体制作步骤如下：

图2-40　报警限值调整交互界面

①在"报警显示"窗口中，根据前面学到的知识，按照图2-40所示创建一个标题标签和四个小标签注释文字。

②单击绘图工具箱中的"输入框"按钮，拖动鼠标，绘制四个输入框。

③双击 输入框 ，进行属性设置。这里只需设置操作属性即可。四个输入框具体设置如下："对应数据对象的名称"分别设为"水塔上限"、"水塔下限"、"水池上限"、"水池下限"；各数据对象的最小值、最大值设置见表2-2。

表 2-2　　　　　　　　报警限值数据对象最小值、最大值

序　号	变量名称	最小值	最大值
1	水塔上限	50	60
2	水塔下限	0	10
3	水池上限	90	100
4	水池下限	0	10

④利用对齐工具将四个输入框进行对齐排列。

⑤参照前面绘制凸平面和凹槽平面的方法，用"凹平面"和"凹槽平面"工具制作一平面区域，将四个输入框及标签包围起来，并将它们设置为底层。

（2）报警限值调整运行策略

虽然报警限值调整交互界面制作已完成，但要在运行中实时调整报警限值，还需通过运行策略调用相关函数才能实现。

①在工作台的"运行策略"选项卡中，新建一个循环策略，将"策略名称"设为"报警限值调整"，定时循环周期设为"100"ms。

②双击"报警限值调整"策略，新增一个策略行，添加"脚本程序"构件，双击进入脚本程序编辑环境，输入下面的程序：

！SetAlmValue(水塔水位,水塔上限,3)

！SetAlmValue(水塔水位,水塔下限,2)

！SetAlmValue(水池水位,水池上限,3)

！SetAlmValue(水池水位,水池下限,2)

！SetAlmValue(DatName,Value,Flag)函数意义:设置数据对象 DatName 对应的报警限值,只有在数据对象 DatName"允许进行报警处理"的属性被选中后,本函数的操作才有意义。对组对象、字符型数据对象、事件型数据对象本函数无效。对数值型数据对象,用 Flag 来标识改变何种报警限值。其中:

DatName:数据对象名。

Value:新的报警值,数值型。

Flag:数值型,标识要操作何种限值,具体意义如下:

=1,下下限报警值;

=2,下限报警值;

=3,上限报警值;

=4,上上限报警值;

=5,下偏差报警限值;

=6,上偏差报警限值;

=7,偏差报警基准值;

5.实时报警

实时数据库只负责关于报警的判断、通知和存储三项工作,而报警产生后所要进行的其他处理操作(即对报警动作的响应),则需要在组态时实现。实时报警是通过"报警显示"构件实现的。其效果如图 2-41 所示。

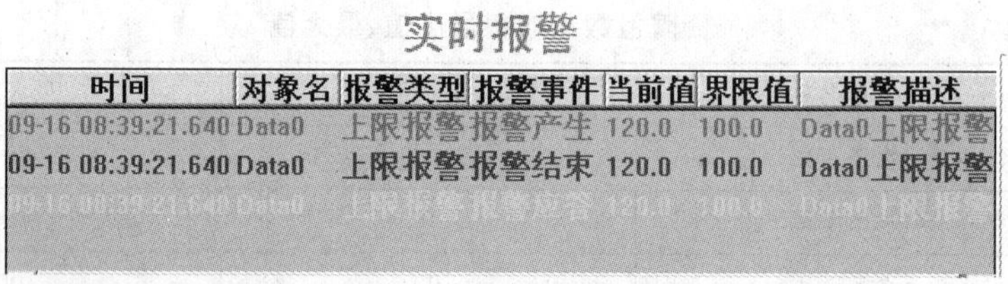

图 2-41   实时报警效果

(1)输入"实时报警"小标题

单击绘图工具箱中的"标签"按钮 **A**,创建"实时报警"的标题,进行适当的属性设置。

(2)"报警显示"构件设置

①单击绘图工具箱中的"报警显示"按钮,鼠标指针呈十字形后,在适当位置拖动鼠标至适当大小。

②双击该图形,再双击,则弹出"报警显示构件属性设置"对话框,在"基本属性"选项卡中,将"对应的数据对象的名称"设为"水位组","最大记录次数"设为"10",如图 2-42 所示,单击"确认"按钮。

在报警显示画面及相关的运行策略设计完成后,关闭"报警显示"窗口,右键单击"报警显示",在弹出的快捷菜单中选择"设置为启动窗口"选项。然后进入模拟运行环境,看一下"报警显示"窗口的运行结果,如果不符合要求或有错误,返回到窗口中进行修改。

6.历史报警

MCGS 中的历史报警是通过"报警浏览"构件实现的。历史报警效果如图 2-43 所示。

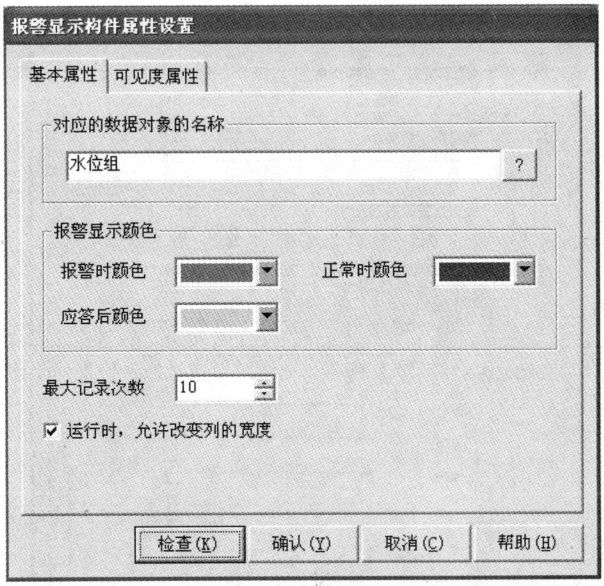

图 2-42　报警显示构件基本属性设置

历史报警

日期	时间	对象名	当前值	报警描述

图 2-43　历史报警效果

（1）输入"历史报警"小标题

单击绘图工具箱中的"标签"按钮 **A**，创建"历史报警"小标题，进行适当的属性设置。

（2）"报警浏览"构件设置

①单击绘图工具箱中的"报警浏览"按钮 ▨，鼠标指针呈十字形后，在适当位置拖动鼠标至适当大小。

②双击该图形，弹出"报警浏览构件属性设置"对话框，在"基本属性"选项卡中，选择"历史报警数据"，然后选择需要显示的时间范围，如图 2-44 所示，其他属性按照图示进行设置。

③如果表格的列宽不合适，可通过"显示格式"选项卡进行修改，如图 2-45 所示。

7. 返回按钮

此返回按钮的作用是关闭"报警显示"窗口，返回主画面窗口，可通过"标准按钮"工具来实现。

单击绘图工具箱中的"标准按钮"按钮 ⊐，在窗口的右下角绘制一个小按钮。双击此按钮，弹出"标准按钮构件属性设置"对话框，在"基本属性"选项卡的"文本"中输入"返回"。在"操作属性"选项卡中，选择"打开用户窗口"选项，并在其右边的下拉列表中选择"主画面"；同时选择"关闭用户窗口"选项，并在其右边的下拉列表中选择"报警显示"。如图 2-46 所示。

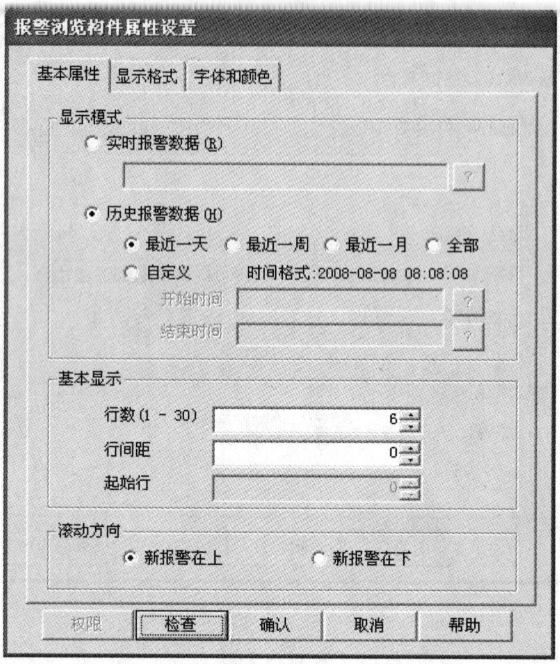

图 2-44　报警浏览构件基本属性设置

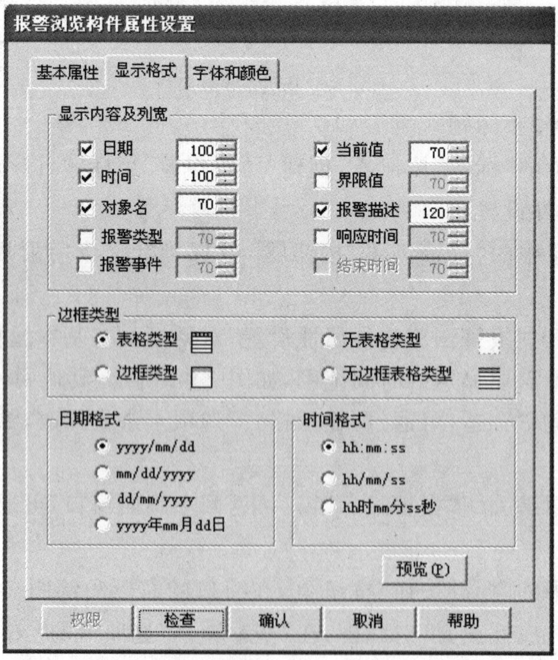

图 2-45　报警浏览构件显示格式属性设置

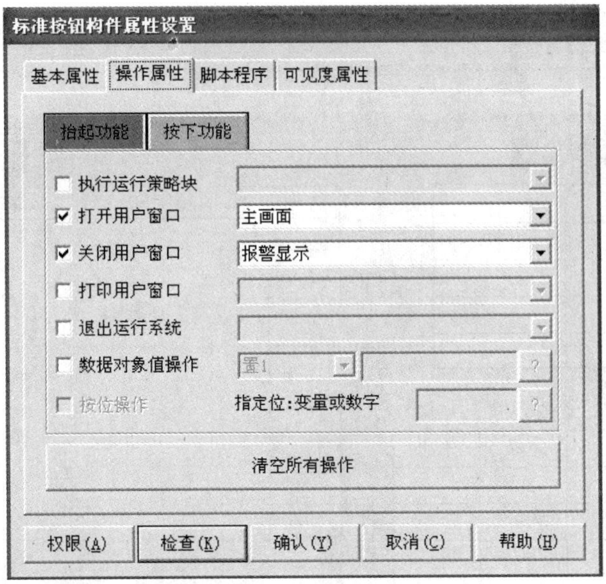

图 2-46　返回按钮操作属性设置

2.2.7　数据报表画面设计

在工程应用中,大多数监控系统需要对设备采集的数据进行存盘、统计分析,并根据实际情况打印出数据报表。所谓数据报表就是根据实际需要以一定格式将统计分析后的数据记录显示出来的表格,如实时数据报表、历史数据报表(班报表、日报表、月报表等)。数据报表在工控系统中是必不可少的一部分,是数据显示、查询、分析、统计、打印的最终体现,是整个工控系统的最终结果输出;数据报表是对生产过程中系统监控对象的状态的综合记录和规律总结。

数据报表画面的整体效果如图 2-47 所示。

在工作台的“用户窗口”选项卡中,双击“数据报表”窗口,进入动画组态。

1. 输入标题文字

如图 2-47 所示,单击绘图工具箱里的“标签”按钮 **A**,制作标题文字(“数据显示和数据报表”)和注释文字(“实时数据”、“历史数据”、“存盘数据浏览报表”)。

2. 实时数据报表

实时报表是对瞬时量的反映,通常用于将当前时间的数据变量按一定报告格式(用户组态)显示和打印出来。实时报表可以通过 MCGS 的“自由表格”构件来组态。

本项目实时数据显示画面实际上是一个两列五行的表格,如图 2-47 所示。其制作方法如下:

(1)单击绘图工具箱中的“自由表格”按钮 ▦,在适当位置绘制一个表格。

(2)双击表格进入编辑状态。改变单元格大小的方法同 Excel 表格的编辑方法。即把鼠标指针移到 A 列与 B 列或 1 行与 2 行之间,当鼠标指针呈分隔线形状时,拖动鼠标至所需大小即可。

(3)保持编辑状态,在需要删除的列上单击鼠标右键,在弹出的快捷菜单中选择“删除一

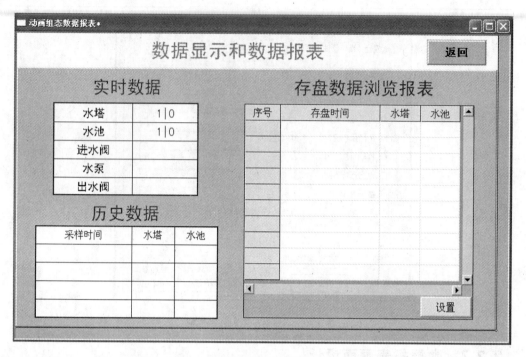

图 2-47 数据报表画面

列"选项,如图 2-48 所示。连续操作两次,删除两列(只留两列)。再选择"增加一行"选项,将表格增加至五行。

(4)保持编辑状态,在 A 列的五个单元格中分别输入"水塔"、"水池"、"进水阀"、"水泵"、"出水阀";在 B 列的前两个单元格中分别输入"1|0",表示输出的数据有 1 位小数,无空格。

(5)保持编辑状态,在 B 列中,选中第一个单元格,单击鼠标右键,在弹出的快捷菜单中选择"连接"选项。

(6)再次单击鼠标右键,弹出数据对象列表,双击数据对象"水塔水位",B 列 1 行单元格所显示的数值即"水塔水位"的数据。

(7)按照上述操作,将 B 列的 2～5 行分别与数据对象"水池水位"、"进水阀"、"水泵"、"出水阀"建立连接,如图 2-49 所示。

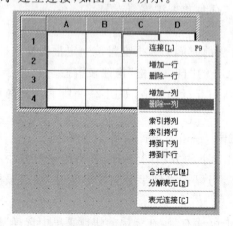

图 2-48 编辑自由表格

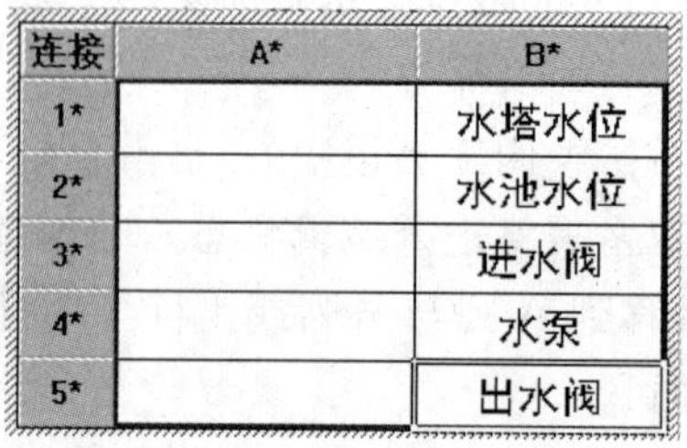

连接	A*	B*
1*		水塔水位
2*		水池水位
3*		进水阀
4*		水泵
5*		出水阀

图 2-49 与数据变量连接后的自由表格

3."历史表格"构件实现的历史报表

历史报表通常用于从历史数据库中提取数据记录,并以一定的格式显示历史数据。实现历史报表有两种方式:一种是用动画构件中的"历史表格"构件;一种是利用动画构件中的"存盘数据浏览"构件。下面先介绍通过"历史表格"构件实现的历史报表。

本项目中由"历史表格"构件实现的历史报表是一个五行三列的表格。其制作方法如下:

(1)单击绘图工具箱中的"历史表格"按钮，在"历史数据"文字下面绘制一个表格。

(2)双击表格进入编辑状态。改变单元格大小的方法同 Excel 表格的编辑方法。即把鼠标指针移到 C1 列与 C2 列或 R1 行与 R2 行之间,当鼠标指针呈分隔线形状时,拖动鼠标至所需大小即可。

(3)保持编辑状态,单击鼠标右键,在弹出的快捷菜单中分别选择"增加一列"或"增加一行"选项,使表格变成五行三列,如图 2-50 所示。

(4)保持编辑状态,在 R1 行的三个单元格中分别输入列表名"采样时间"、"水塔"、"水池",如图 2-51 所示。

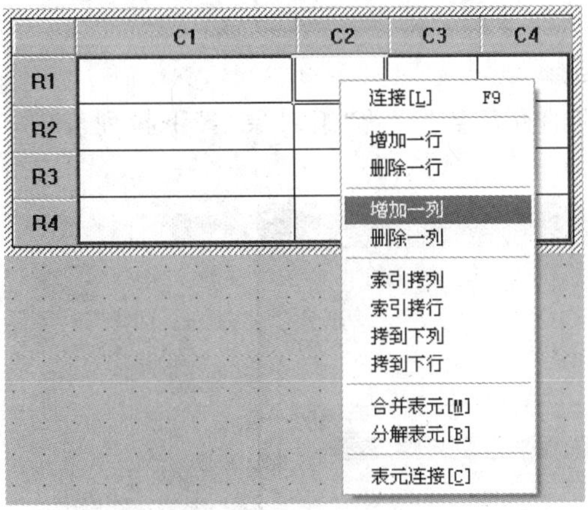

图 2-50 编辑历史表格

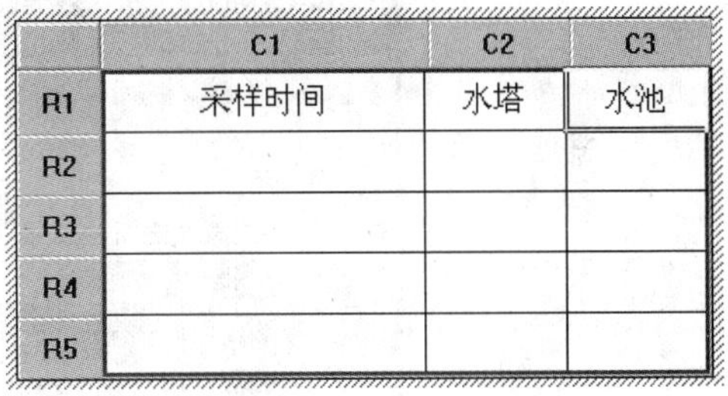

图 2-51 输入列表名时的历史表格

(5)保持编辑状态,拖动鼠标从 R2C1 到 R5C3,表格会反黑显示,如图 2-52 所示。

(6)在表格中单击鼠标右键,在弹出的快捷菜单中选择"连接"选项或直接按键盘中的"F9"键,然后从窗口菜单中选择"表格"→"合并表元"选项,此时表格变成如图 2-53 所示的斜杠显示。

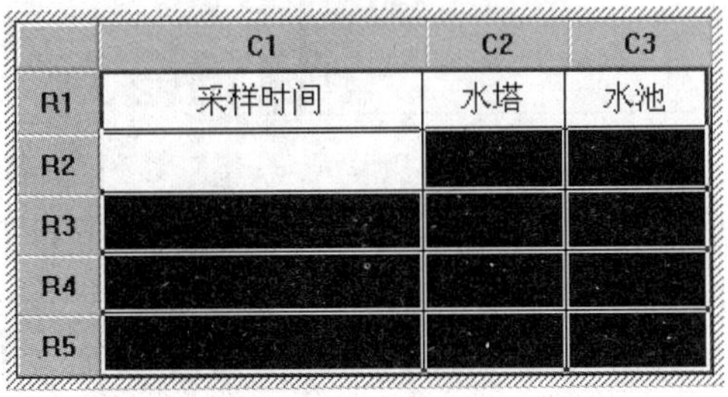

图 2-52 历史表格连接设置

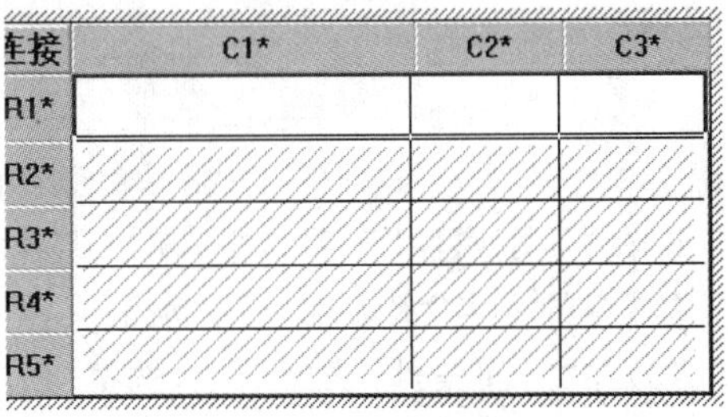

图 2-53 历史表格斜杠显示

(7)双击图 2-53 中的斜杠,弹出"数据库连接设置"对话框,在"基本属性"选项卡中,选择"显示多页记录",如图 2-54 所示。

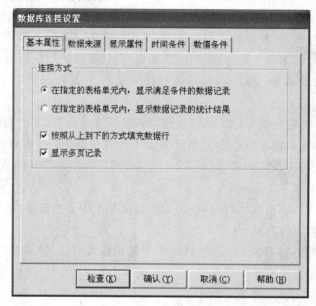

图 2-54 历史表格基本属性设置

(8)在"数据来源"选项卡中,在"组对象对应的存盘数据"的"组对象名"下拉列表中,选择"水位组",如图 2-55 所示。

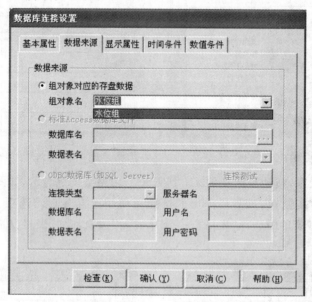

图 2-55 历史表格数据来源属性设置

(9)在"显示属性"选项卡中,在"对应数据列"里单击各表元,分别在其后面的下拉列表中选择对应的列名"水塔水位"、"水池水位",如图 2-56 所示。

(10)在"时间条件"选项卡中,选择"所有存盘数据",在"排序列名"后面的下拉列表中选择报表显示的排列顺序,如图 2-57 所示。

设置完毕后,单击"确认"按钮退出。

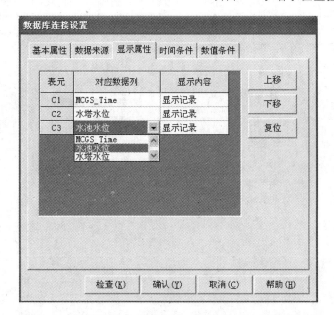

图 2-56　历史表格显示属性设置

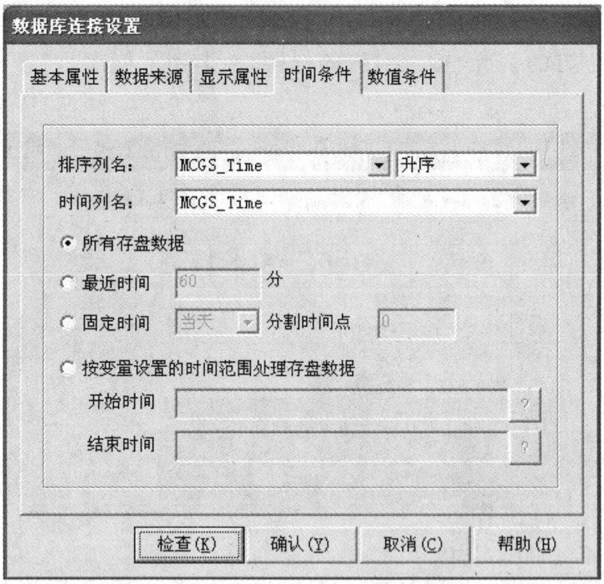

图 2-57　历史表格时间条件属性设置

注意:数据对象"水位组"的存盘属性必须设置为"定时存盘",如图 2-8 所示,否则在运行时表格中没有任何数据显示。

4."存盘数据浏览"构件实现的历史报表

(1)单击绘图工具箱中的"存盘数据浏览"按钮 ,在历史表格下方适当位置拖放鼠标便可出现"存盘数据浏览"构件表格,调整单元格大小。

(2)双击表格进入"存盘数据浏览构件属性设置"对话框。在"数据来源"选项卡中,在"组对象对应的存盘数据"下拉列表中选择"水位组",如图 2-58 所示。

(3)在"显示属性"选项卡中,单击"数据列名",在出现的下拉列表中选择对应的数据对

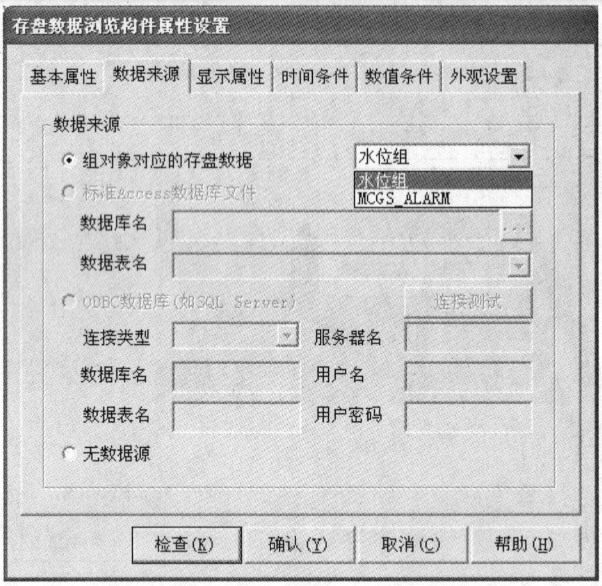

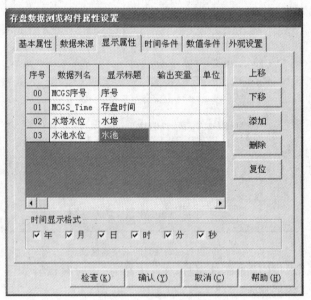

图 2-58　存盘数据浏览数据来源属性设置

象,从上到下依次是"MCGS 序号"、"MCGS_Time"、"水塔水位"、"水池水位",如图 2-59 所示;双击"显示标题"下方的表元,输入对应的标题,从上到下依次是"序号"、"存盘时间"、"水塔"、"水池"。

图 2-59　存盘数据浏览显示属性设置

(4)在"时间条件"选项卡中,选择"所有存盘数据",其他采用默认设置,如图 2-60 所示。单击"确认"按钮退出。

5.返回按钮

返回按钮的作用是关闭"数据报表"窗口、返回"主画面"窗口。按照前面介绍的返回按钮制作方法,在"数据报表"窗口的左上角绘制一个小按钮,双击后,在"基本属性"选项卡的

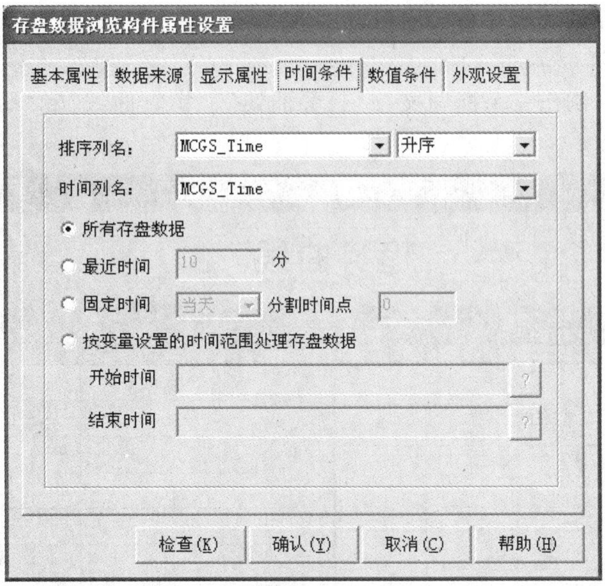

图 2-60　存盘数据浏览时间条件属性设置

"文本"中输入"返回";在"操作属性"选项卡中,将"打开用户窗口"设为"主画面"窗口,而将"关闭用户窗口"设为"数据报表"窗口,如图 2-61 所示。

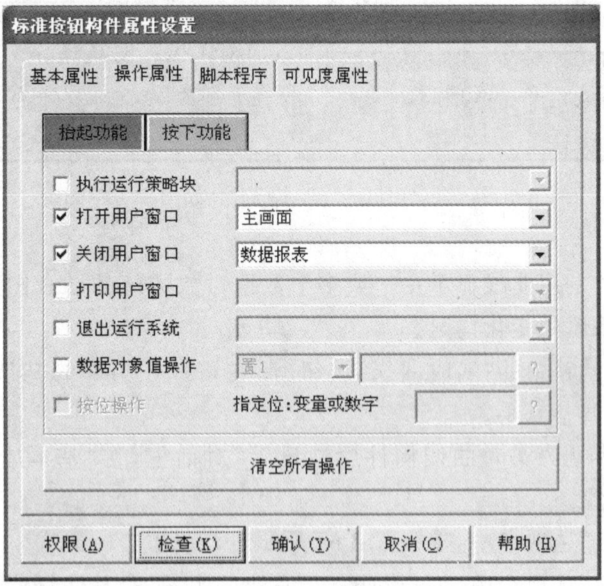

图 2-61　返回按钮操作属性设置

2.2.8　趋势曲线画面设计

在实际生产过程控制中,对大量数据仅做定量的分析还远远不够,必须根据大量的数据信息,画出曲线,分析曲线的变化趋势并从中发现数据变化规律。曲线处理在工控系统中是一个非常重要的部分。

趋势曲线画面的整体效果如图 2-62 所示,它由实时曲线和历史曲线组成。

在水塔水位监控系统工作台的用户窗口中，双击"趋势曲线"窗口，进入动画组态。

1. 输入标题文字

使用"标签"工具制作三个标题文字"趋势曲线"、"实时曲线"和"历史曲线"，如图 2-62 所示，设置其属性。

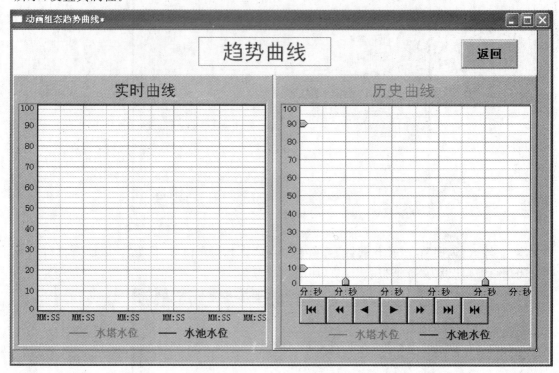

图 2-62   趋势曲线画面

2. 实时曲线

"实时曲线"构件是用曲线显示一个或多个数据对象数值的动画图形，像笔绘记录仪一样实时记录数据对象值的变化情况。

（1）单击绘图工具箱中的"实时曲线"按钮，在窗口左半部的"实时曲线"标题下方绘制一个实时曲线，并调整大小。

（2）双击曲线，弹出"实时曲线构件属性设置"对话框，在"基本属性"选项卡中，按照图 2-63 所示进行设置。

（3）在"标注属性"选项卡中，按照图 2-64 所示进行设置。

（4）在"画笔属性"选项卡中，单击"曲线 1"右边的 ? 按钮，从数据库中选择"水塔水位"，"颜色"设为红色；单击"曲线 2"右边的 ? 按钮，从数据库中选择"水池水位"，"颜色"设为蓝色。如图 2-65 所示。

3. 历史曲线

"历史曲线"构件实现了历史数据的曲线浏览功能。运行时，"历史曲线"构件能够根据需要画出相应历史数据的趋势效果图，主要用于事后查看数据和状态变化趋势及总结规律。

（1）单击绘图工具箱中的"历史曲线"按钮，绘制一个一定大小的历史曲线。

（2）双击该曲线，弹出"历史曲线构件属性设置"对话框，进行如下设置：

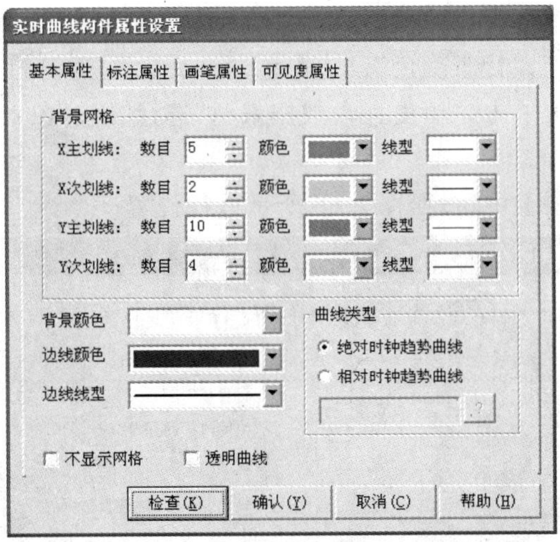

图 2-63　实时曲线基本属性设置

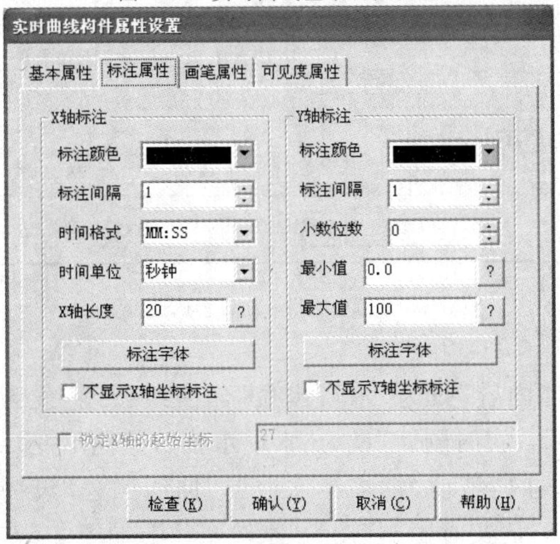

图 2-64　实时曲线标注属性设置

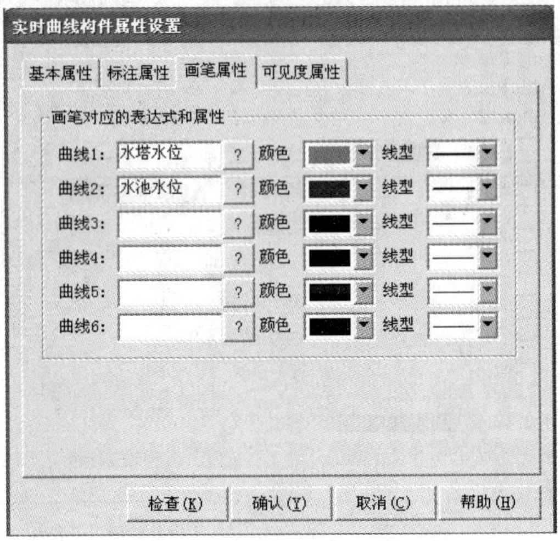

图 2-65　实时曲线画笔属性设置

①在"基本属性"选项卡中,将"曲线名称"设为"历史曲线","X 主划线数目"设为"5","Y 主划线数目"设为"10","背景颜色"设为白色。

②在"存盘数据"选项卡中,"历史存盘数据来源"选择"组对象对应的存盘数据",并在下拉列表中选择"水位组"。

③在"标注设置"选项卡中,按照图 2-66 所示进行设置。

图 2-66 历史曲线标注设置属性设置

④在"曲线标识"选项卡中:

Ⅰ.选中曲线 1,"曲线内容"设为"水塔水位","曲线颜色"设为红色,"小数位数"设为"0","最大坐标"设为"60","实时刷新"设为"水塔水位",其他不变。

Ⅱ.选中曲线 2,"曲线内容"设为"水池水位","曲线颜色"设为蓝色,"小数位数"设为"0","最大坐标"设为"100","实时刷新"设为"水池水位",如图 2-67 所示。

图 2-67 历史曲线曲线标识属性设置

⑤在"高级属性"选项卡中,按照图 2-68 所示进行设置。

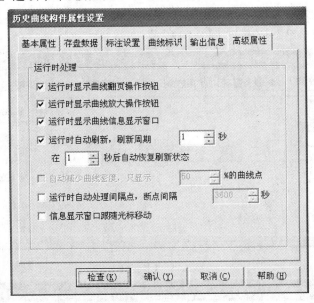

图 2-68　历史曲线高级属性设置

4. 标识线、注释文字、凹凸平面

(1)用绘图工具箱中的"直线"工具绘制两条水平短线,分别设置成与对应曲线相同的颜色,同时用"标签"工具在对应直线的旁边输入曲线名称注释,用于标识所显示的曲线,最后将标识线和注释文字放置在对应曲线构件的下方,如图 2-62 所示。

(2)用"凸平面"和"凹平面"工具分别绘制两个凸平面和两个凹平面,分别放在上述两个曲线的底层作为背景,以此来装饰整个画面,进行适当调整和布置,从而得到如图 2-62 所示的效果图。

5. 返回按钮

返回按钮的作用是关闭"趋势曲线"窗口、返回"主画面"窗口。按照前面介绍的返回按钮制作方法,在"趋势曲线"窗口的右上角位置绘制一个小按钮,双击后,在"基本属性"选项卡的"文本"中输入"返回";在"操作属性"选项卡中,将"打开用户窗口"设为"主画面"窗口,而将"关闭用户窗口"设为"趋势曲线"窗口。

2.3　主控窗口组态

2.3.1　系统主控窗口的菜单组态

本项目工程共有主画面、报警显示、数据报表、趋势曲线四个需要显示的动态画面,而MCGS 组态工程在运行时只有一个窗口界面处于触摸屏的最前面而可见,其余的窗口界面是不可见的。为了实现多个窗口画面的切换显示,必须通过菜单管理的方法或翻页按钮实现。本项目采用"主控窗口"中的菜单组态来实现菜单管理功能。MCGS 的菜单命令是通过主控窗口组态实现的,主控窗口是 MCGS 组态工程系统的主框架,它展现了工程系统的总体外观,所有用户窗口都是通过主控窗口负责管理和调度的。

在工作台的"主控窗口"选项卡中,选中"主控窗口",如图 2-69 所示,单击"菜单组态"按钮,进入主控窗口菜单组态环境,如图 2-70 所示。

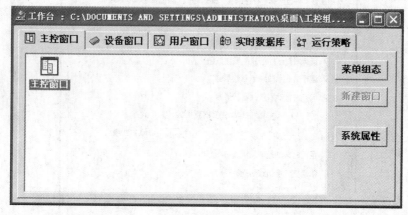

图 2-69 主控窗口

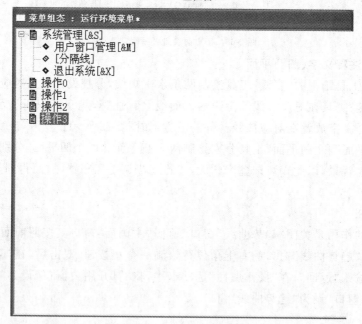

图 2-70 主控窗口菜单组态环境

在该主控窗口菜单中有一个系统默认的"系统管理"下拉菜单项。菜单组态管理是以树形结构的形式进行发布的。单击工具条中的"新增下拉菜单"按钮 ,产生"操作集 0"的菜单。操作集相当于文件夹的作用。单击工具条中的"新增菜单项"按钮 ,产生"操作 0"的菜单,相当于独立的文件。选中某条菜单,可通过工具条中的"向右移动"按钮 把该菜单放入到某操作集中。也可以使用"向左移动"按钮 把某菜单放回到菜单集的一层。在菜单分布的时候也可以使用"向上移动"按钮 和"向下移动"按钮 进行相应的位置调整。

用"新增菜单项"工具新增"操作 0"、"操作 1"、"操作 2"、"操作 3"四个操作项,如图 2-70所示。

1.“主画面”菜单组态

(1)双击“操作 0”,弹出“菜单属性设置”对话框,在“菜单属性”选项卡中,将“菜单名”设为“主画面”,如图 2-71 所示。

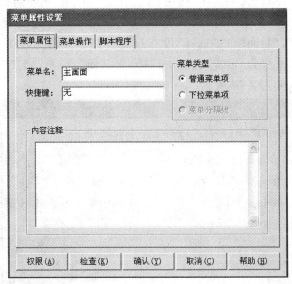

图 2-71 “主画面”菜单属性设置

(2)在“菜单操作”选项卡中,选择“打开用户窗口”,并从右边的下拉列表中选择所要打开的“主画面”窗口,如图 2-72 所示。

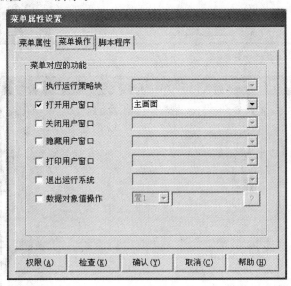

图 2-72 “主画面”菜单操作属性设置

2.“报警显示”、“数据报表”、“趋势曲线”菜单组态

“报警显示”、“数据报表”、“趋势曲线”菜单组态的方法与“主画面”菜单的方法相同,即“报警显示”菜单的“菜单名”和“打开用户窗口”均设为“报警显示”;“数据报表”菜单的“菜单名”和“打开用户窗口”均设为“数据报表”;“趋势曲线”菜单的“菜单名”和“打开用户窗口”均设为“趋势曲线”。

2.3.2　系统主控窗口的属性设置

在工作台的"主控窗口"选项卡中，选中"主控窗口"，单击"系统属性"按钮，打开"主控窗口属性设置"对话框。在"基本属性"选项卡中，将"窗口标题"设为"水塔水位监控系统"，"菜单设置"选择"有菜单"，"封面窗口"选择"没有封面"，其他参数为默认，如图 2-73 所示。在"启动属性"选项卡中，从"用户窗口列表"中选择"主画面"，单击"增加"按钮，将"主画面"设置为"自动运行窗口"，如图 2-74 所示。

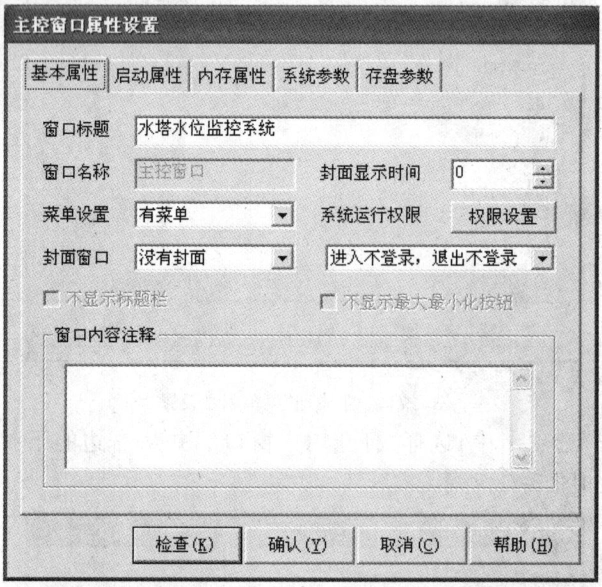

图 2-73　主控窗口基本属性设置

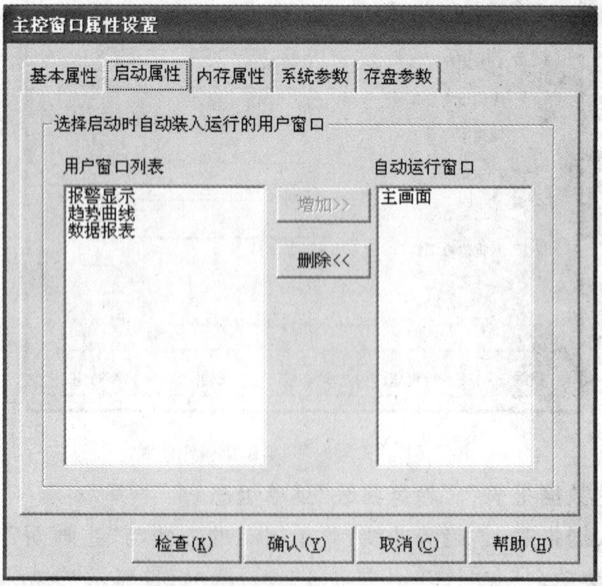

图 2-74　主控窗口启动属性设置

2.4　安全机制设置

工业过程控制中,应该尽量避免由于现场人为的误操作所引发的故障或事故,而某些误操作所带来的后果有可能是致命性的。为了防止这类事故的发生,MCGS 提供了一套完善的安全机制,严格限制各类操作的权限,使不具备操作资格的人员无法进行操作,从而避免了现场操作的任意性和无序状态,防止因误操作干扰系统的正常运行,甚至导致系统瘫痪,造成不必要的损失。

MCGS 的安全管理机制和 Windows NT 类似,即引入用户组和用户的概念来进行权限的控制。在 MCGS 中可以:

(1)定义无限多个用户组;

(2)每个用户组中可以包含无限多个用户;

(3)同一个用户可以隶属于多个用户组。

MCGS 建立安全机制的要点是:严格规定操作权限,不同类别的操作由不同权限的人员负责,只有获得相应操作权限的人员,才能进行某些功能的操作。

本项目工程系统的安全机制要求:

(1)只有负责人才能进行用户和用户组管理;

(2)只有负责人才能进行水泵流量和进、出水阀流量的调节控制;

(3)普通操作人员只能进行基本手动操作;

(4)负责人和普通操作人员都具有"打开工程"、"退出系统"的操作权限。

根据上述要求,对本项目工程的安全机制可作如下设置:

(1)用户及用户组

①用户组:管理员组、操作员组;

②用户:负责人、工人 1、工人 2;

③负责人隶属于管理员组,工人 1、工人 2 隶属于操作员组;

④管理员组成员可以进行所有操作;操作员组成员只能进行按钮操作。

(2)需要设置权限的部分

①系统运行权限;

②水泵、进水阀和出水阀流量调节器操作权限。

2.4.1　定义用户和用户组

(1)选择"工具"菜单中的"用户权限管理",打开用户管理器。缺省定义的用户、用户组为负责人、管理员组。如图 2-75 所示。管理员组已经有了,需要再增加一个操作员组。

(2)单击"用户组名"列表,进入用户组编辑状态。

(3)单击"新增用户组"按钮,弹出"用户组属性设置"对话框,参数设置以下:

①用户组名称:操作员组;

②用户组描述:成员仅能进行操作。

如图 2-76 所示。单击"确认"按钮,回到用户管理器。在"用户组名"列表中可以看到刚才新增加的"操作员组"了。

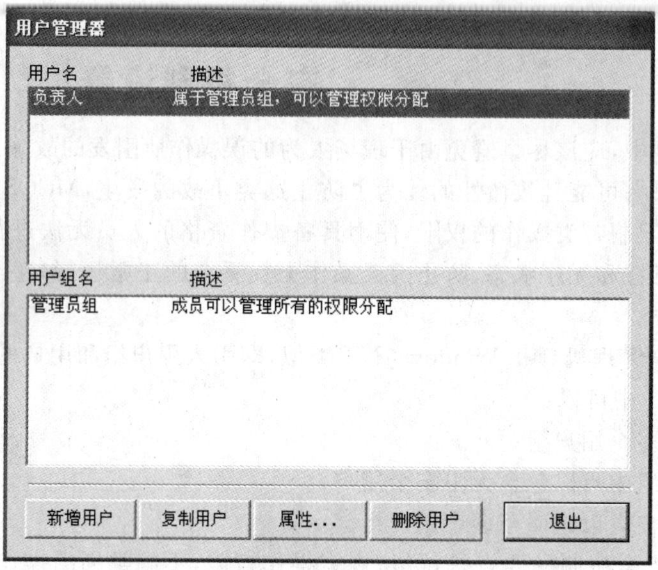

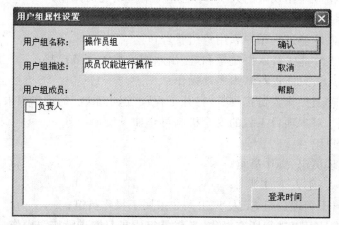

图 2-75　用户管理器

图 2-76　用户组属性设置

（4）单击"用户名"列表，单击"新增用户"按钮，弹出"用户属性设置"对话框，参数设置如下：

①用户名称：工人 1；

②用户描述：操作员；

③用户密码：123；

④确认密码：123；

⑤隶属用户组：操作员组。

如图 2-77 所示。单击"确认"按钮，回到用户管理器。

按照同样的方法再增加一个用户"工人 2"，参数设置如下：

①用户名称：工人 2；

②用户描述：操作员；

③用户密码：234；

④确认密码：234；

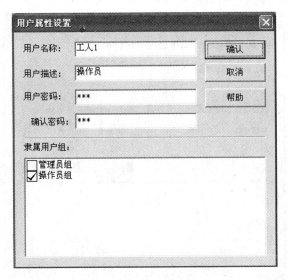

图 2-77　用户属性设置

⑤隶属用户组:操作员组。

(5)单击"确认"按钮,再单击"退出"按钮,退出用户管理器。

说明:为方便操作,这里"负责人"未设密码,设置方法同操作员"工人1"的设置方法。

2.4.2　权限设置

1.系统权限设置

(1)在工作台的"主控窗口"选项卡中,选中"主控窗口",单击"系统属性"按钮,打开"主控窗口属性设置"对话框。

(2)在"基本属性"选项卡中,单击"权限设置"按钮。在"许可用户组拥有此权限"列表中,同时选择"管理员组"和"操作员组",如图 2-78 所示。单击"确认"按钮返回。

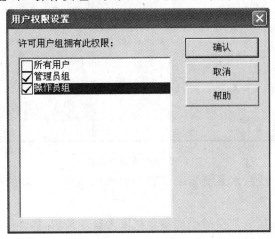

图 2-78　用户权限设置

(3)在"权限设置"按钮下方的下拉列表中选择"进入登录,退出登录",如图 2-79 所示。单击"确认"按钮,系统权限设置完毕。

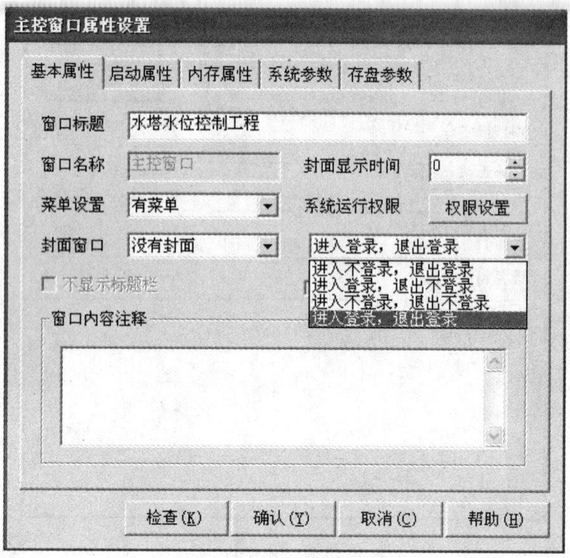

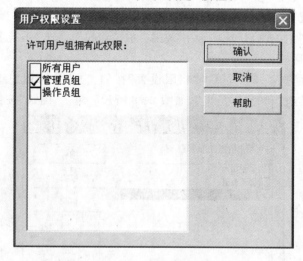

图 2-79　系统权限设置

2. 操作权限设置

(1)在工作台的"用户窗口"选项卡中,双击"主画面",进入"主画面"窗口,双击进水阀流量调节器,弹出"旋钮输入器构件属性设置"对话框。

(2)单击左下角的"权限"按钮,进入"用户权限设置"对话框。

(3)选中"管理员组",如图 2-80 所示,单击"确定"按钮。

图 2-80　用户操作权限设置

按照上述同样的方法将水泵流量调节器和出水阀流量调节器的操作权限均设为"管理员组"。

上述设置的三个流量调节器的手动操作权限为管理员组,操作员组无权进行手动操作。

3. 运行时改变操作权限

MCGS 的用户操作权限在运行时才体现出来。某个用户在进行操作之前首先要进行登录工作,登录成功后该用户才能进行所需的操作;完成操作后退出登录,操作权限即失效。用户登录、退出登录、运行时修改用户密码和用户管理等功能都需要在组态环境中进行一定的组态工作,在脚本程序使用中 MCGS 提供的四个内部函数可以完成上述工作。

(1)登录用户

①在工作台的"主控窗口"选项卡中,单击"菜单组态"按钮,进入菜单组态环境。单击工具条中的"新增下拉菜单"按钮,产生"操作集 0"的菜单。

②在"操作集 0"下拉菜单中,利用工具条中的"新增菜单项"按钮,增加四个子菜单,分别为"操作 0"、"操作 1"、"操作 2"、"操作 3",如图 2-81 所示(可使用工具条中的移动工具进行调整,使其满足图中要求)。

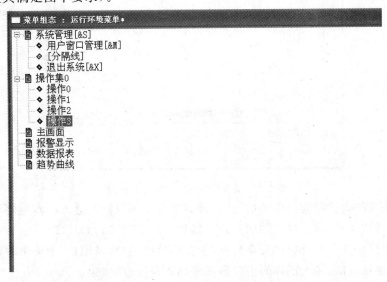

图 2-81　新增一个下拉菜单集和四个菜单项

③双击"操作集 0",弹出"菜单属性设置"对话框,在"菜单属性"选项卡中,将"菜单名"设为"安全管理"。

④双击"操作 0",弹出"菜单属性设置"对话框,在"菜单属性"选项卡中,将"菜单名"设为"登录用户",如图 2-82 所示。

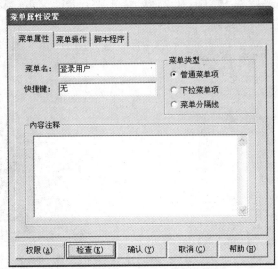

图 2-82　登录用户子菜单菜单属性设置

⑤在"脚本程序"选项卡中,在程序框内输入函数"！LogOn()",如图 2-83 所示。

图 2-83　登录用户子菜单脚本程序设置

也可以在"脚本程序"选项卡中单击"打开脚本程序编辑器",进入脚本程序编辑环境,单击右边列表中的"系统函数",打开"用户登录操作",双击"！LogOn()"。

在系统运行环境中,当执行"安全管理"下拉菜单中的"登录用户"子菜单时,系统会调用该函数,弹出登录窗口,输入正确的用户名和密码,便可成功登录。

(2)退出登录

用户完成操作后,如想交出操作权,可执行"退出登录"子菜单命令。

①在如图 2-81 所示菜单组态环境中,单击"操作 1",弹出"菜单属性设置"对话框。在"菜单属性"选项卡中,将"菜单名"设为"退出登录",如图 2-84 所示。

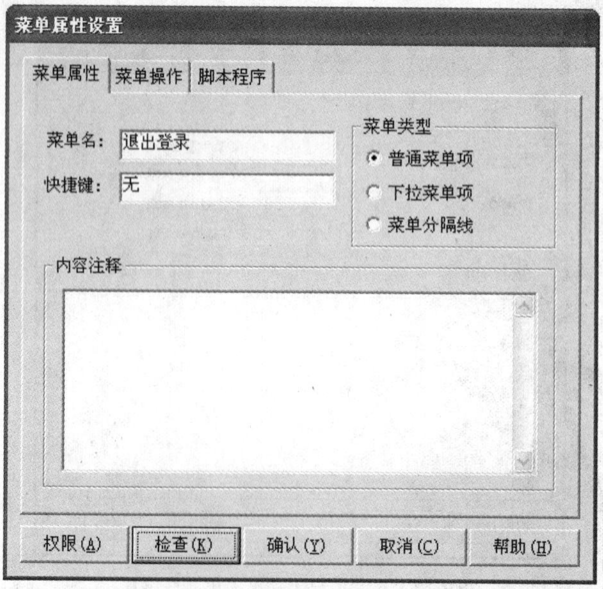

图 2-84　退出登录子菜单菜单属性设置

②在"脚本程序"选项卡中,在程序框内输入函数"! LogOff()",如图 2-85 所示。

图 2-85　退出登录子菜单脚本程序设置

在系统运行环境中,当执行"安全管理"下拉菜单中的"退出登录"子菜单时,系统会弹出提示框,确认是否退出登录。

(3)用户管理

①在如图 2-81 所示菜单组态环境中,单击"操作 2",弹出"菜单属性设置"对话框。在"菜单属性"选项卡中,将"菜单名"设为"用户管理",如图 2-86 所示。

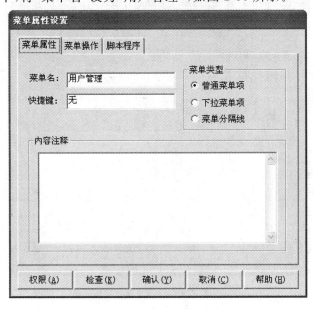

图 2-86　用户管理子菜单菜单属性设置

②在"脚本程序"选项卡中,在程序框内输入函数"! Editusers()"(MCGS 内部函数,功能是允许用户在运行时编辑用户),如图 2-87 所示。

图 2-87 用户管理子菜单脚本程序设置

在系统运行环境中,当执行"安全管理"下拉菜单中的"用户管理"子菜单时,系统会弹出用户管理窗口,可编辑用户。

(4)修改密码

①在如图 2-81 所示菜单组态环境中,单击"操作 3",弹出"菜单属性设置"对话框。在"菜单属性"选项卡中,将"菜单名"设为"修改密码",如图 2-88 所示。

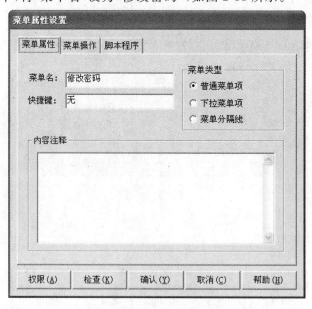

图 2-88 修改密码子菜单菜单属性设置

②在"脚本程序"选项卡中,在程序框内输入函数"! ChangePassword( )",如图 2-89 所示。

在系统运行环境中,当执行"安全管理"下拉菜单中的"修改密码"子菜单时,系统会弹出

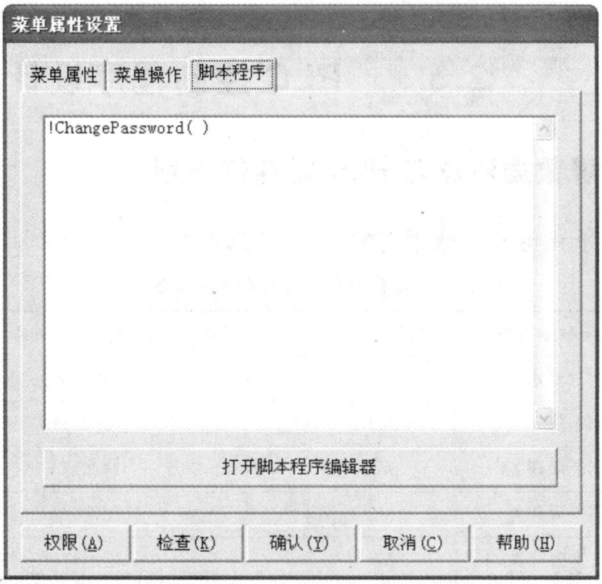

菜单属性设置

菜单属性　菜单操作　**脚本程序**

```
!ChangePassword( )
```

打开脚本程序编辑器

权限(A)　检查(K)　确认(Y)　取消(C)　帮助(H)

图 2-89　修改密码子菜单脚本程序设置

修改密码的对话框,可进行密码修改。

2.4.3　工程加密

为了保护工程开发人员的劳动成果和利益,MCGS 提供了工程运行安全性保护措施,以防止无关人员进入组态环境修改应用工程。

(1)在工作台上,选择"工具"菜单中的"工程安全管理"→"工程密码设置"选项,弹出"修改工程密码"对话框,如图 2-90 所示。

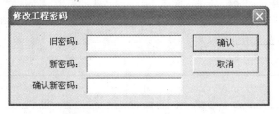

修改工程密码

旧密码：　　　　　　　　　确认

新密码：　　　　　　　　　取消

确认新密码：

图 2-90　设置或修改密码的对话框

(2)在"新密码"、"确认新密码"输入框内输入密码,如"123",单击"确认"按钮,工程密码设置完毕。

当设置了密码后,重新进入组态环境时,将出现图 2-91 所示的"输入工程密码"对话框,只有正确输入了密码才能进入工程组态环境。

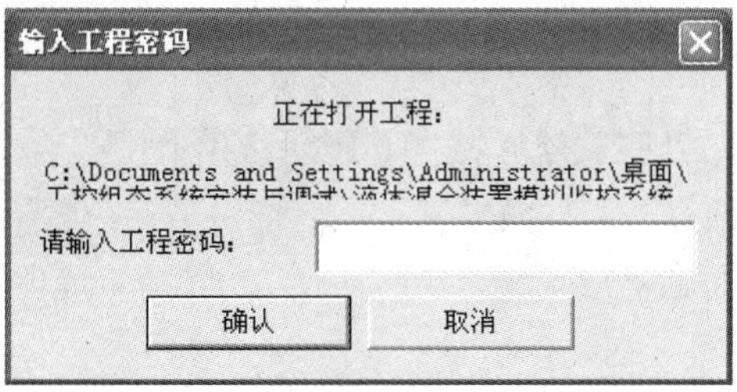

输入工程密码

正在打开工程：

C:\Documents and Settings\Administrator\桌面\

请输入工程密码：

确认　　　取消

图 2-91　运行时输入密码的对话框

2.5 PLC 控制程序设计

2.5.1 触摸屏数据对象与 PLC 寄存器规划

水塔水位监控系统中触摸屏数据对象与 PLC 寄存器规划见表 2-3。

表 2-3　　　触摸屏数据对象与 PLC 寄存器规划

序　号	触摸屏数据对象	PLC 寄存器	序　号	触摸屏数据对象	PLC 寄存器
1	运行模式	M0	8	出水阀开关	M7
2	水池下限开关	M1	9	进水阀	Y000
3	水池上限开关	M2	10	水泵	Y001
4	水塔下限开关	M3	11	出水阀	Y002
5	水塔上限开关	M4	12	指示灯 1	Y003
6	进水阀开关	M5	13	指示灯 2	Y004
7	水泵开关	M6			

2.5.2 PLC 控制程序

水塔水位监控系统 PLC 梯形图程序如图 2-92 所示。

图 2-92　水塔水位监控系统 PLC 梯形图程序

图 2-92　水塔水位监控系统 PLC 梯形图程序(续)

2.6　MCGS 设备组态与在线调试

2.6.1　设备组态

1. 添加 PLC 设备

(1)打开"水塔水位监控系统"工程,在工作台中激活"设备窗口",双击  进入设备组态画面,弹出设备组态窗口,窗口内为空白,没有任何设备。

(2)在设备工具箱中,按先后顺序双击"通用串口父设备"和"三菱_FX 系列编程口",将它们添加至组态画面。

2. PLC 设备属性设置及通道连接

(1)在设备组态窗口中双击已添加的"通用串口父设备 0－[通用串口父设备]",弹出"通用串口设备属性编辑"对话框。在"基本属性"选项卡中对通信端口和通信参数进行设置。

(2)双击"设备 0－[三菱_FX 系列编程口]",弹出"设备编辑窗口"对话框。单击"删除全部通道"按钮,将不用的通道 X0000～X0007 删除。

(3)单击"增加设备通道"按钮,按照表 2-3 中所列的 PLC 寄存器地址,添加所需要的 PLC 通道。然后按照表 2-3 中所列的数据对象与 PLC 寄存器之间的对应关系,进行数据通道连接。本项目的设备通道连接情况如图 2-93 所示。

(4)选择 PLC 类型:单击"设备编辑窗口"对话框中的"CPU 类型",从右边的下拉列表中选择"4-FX3UCPU"。

(5)确认、保存,设备组态结束。

2.6.2　在线运行调试

1. 在线模拟运行调试

如果没有 MCGS 触摸屏,也可以在计算机上在线模拟运行调试。方法如下:

(1)将 PLC 与计算机用专用通信线连接好,然后利用 GX Developer 编程软件将如图

图 2-93　MCGS 变量与 PLC 通道连接

2-92 所示程序写入到 PLC 中,下载结束后将 PLC 置于"RUN"运行状态。

　　(2)设置好通信端口和通信参数。即打开设备组态窗口,在设备组态窗口中双击已添加的"通用串口父设备 0-[通用串口父设备]",弹出"通用串口设备属性编辑"对话框,在"基本属性"选项卡中进行设置,如图 2-94 所示。其中串口端口号应按 PLC 与计算机之间实际连接的端口号进行设置。

图 2-94　通用串口设备属性编辑

通信参数必须设置成与 PLC 的设置一样,否则就无法通信。三菱 FX 系列 PLC 的通信参数为:通信波特率 6~9 600,数据位位数 0~7 位,停止位位数 0~1 位,数据校验方式 2-偶校验。

(3)设置好通信参数后单击"确认"按钮返回,保存后关闭设备组态窗口。

(4)按键盘中的"F5"键或单击工具条中的▦按钮,弹出"下载配置"对话框。

(5)选择"模拟运行",单击"工程下载"开始下载,数秒钟后下载结束。

(6)单击"启动运行",系统会进入模拟运行环境,运行"水塔水位监控系统"工程。

(7)操作相关图形元件,检查各项功能是否满足设计要求。

2. 在线连机运行调试

如果有 MCGS 触摸屏,则可进行在线连机运行调试:

(1)利用 GX Developer 编程软件将如图 2-92 所示的程序写入 PLC 中,下载结束后将 PLC 置于"RUN"运行状态。

(2)将 MCGS 触摸屏与 FX3U-32MR PLC 用专用通信线连接好。

(3)将普通的 USB 线,一端为扁平接口,插到计算机的 USB 口,一端为微型接口,插到 TPC(触摸屏)端的 USB2 口。

(4)在下载 MCGS 工程之前,一定要将"通用串口父设备"的通信端口设置为"COM1"(此为触摸屏的默认通信端口)。然后按键盘中的"F5"键或单击工具条中的▦按钮,弹出"下载配置"对话框。

(5)选择"连机运行",连接方式选择"USB 通信",然后单击"工程下载"开始下载,数秒钟后下载结束。

(6)单击"启动运行"或用手直接单击触摸屏上的"进入运行环境"按钮,输入正确的密码登录后,系统会运行"主画面"窗口。

(7)检查各操作器件及其系统运行情况是否满足设计要求。

(8)利用菜单命令,切换到报警显示、数据报表和趋势曲线画面,检查是否满足设计要求。

2.7　自主项目——注水装置监控系统设计

2.7.1　项目描述

某注水装置示意图如图 2-95 所示。三个储水箱分别用 SQ1、SQ3、SQ5 三个传感器来探测水箱中满水位的信号,用 SQ2、SQ4、SQ6 三个传感器来探测水箱中空水位的信号,用 YV1、YV2、YV3 三个电磁阀向三个水箱中注水(注水阀的流量是可调的)。注水过程由 PLC 控制,只要水箱中"空"信号出现,则该水箱的注水装置即启动,进行注水,直到水箱"满"信号发生。注水的顺序按照各水箱"空"信号发生的先后来进行,任何时候注水装置只能给一个水箱进行注水。例如,水箱"空"信号的发生顺序是 2→1→3,那么,注水的过程是:先给 2 号水箱注水直到 2 号水箱注满,然后给 1 号水箱注水直到 1 号水箱注满,最后再给 3 号水箱注水。三个水箱中的出水分别由 YV4、YV5、YV6 三个手动阀控制。当用户需要水的时候,可以从任意一个有水的水箱中取用。

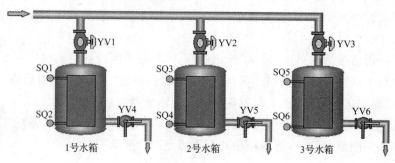

图 2-95   注水装置示意图

2.7.2   设计要求

利用 MCGS 和 PLC 设计注水装置监控系统。具体要求如下:

(1)系统具有手动操作和自动运行两种方式。

(2)系统应具有注水过程的主画面、报警显示、数据报表、趋势曲线等显示画面,各画面可通过菜单进行切换显示(假设起始状态时各水箱均是满的)。

(3)系统的使用分为管理员、操作员两个级别。管理员级别最高,除可以进行所有操作外,还可以添加和删除操作员;操作员只能进行系统运行的操作和对 YV1、YV2、YV3、YV4、YV5、YV6 的手动操作,无权对 YV1、YV2、YV3 三个注水阀流量进行调整。

(4)系统要有必要的工程安全设置。

项目 3 运料小车仿真系统设计

✎ 学习目标

通过本项目的学习,应达到以下目标:

(1)学习 MCGS 子窗口及其函数的调用方法;

(2)学习脚本程序及运行策略的设计方法;

(3)学习 MCGS 定时器和计数器策略构件的使用方法;

(4)会使用 MCGS 与 PLC 设计运料小车仿真系统。

3.1 项目描述及设计要求

3.1.1 项目描述

某生产车间需要一个小车自动运料系统,其示意图如图3-1所示。此系统的工作任务就是将A料斗材料和B料斗材料同时运送到卸料处的储料罐内,以备使用。在A装料处、B装料处和卸料处均装有限位开关。小车的运行轨道为直线,右行由接触器KM1控制,左行由接触器KM2控制,装料和卸料动作均由电磁阀控制。其具体工作过程如下:

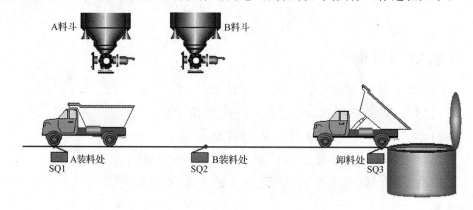

图 3-1 小车自动运料系统示意图

原点位置:小车空车停在A装料处,此时限位开关SQ1被小车压下,各阀门关闭。

按下启动按钮系统运行,首先A料斗装料阀打开开始装A料粒,8 s后A料斗装料阀关闭,小车慢速右行;当小车运行到B装料处时,限位开关SQ2被压下,小车停止,B料斗装料阀打开开始装B料粒,6 s后B料斗装料阀关闭,小车快速右行;当小车运行到卸料处时,限位开关SQ3被压下,小车停止,同时卸料阀打开,使液压缸推动料斗翻起开始卸料;10 s后卸料阀关闭,结束卸料,小车快速左行返回;当小车返回至A装料处时,限位开关SQ1再次被压下使小车停止,完成一次运料循环。

控制要求:

系统运行时,首先应根据实际需求情况设定小车运料的次数。当完成设定的运料次数后,系统自动停止在原点。如果中途按了暂停按钮,小车不能立即停止,而是在完成当前运料循环后返回原点停止;再次按暂停按钮后,系统继续运行,将剩余的运料次数完成后自动停止。只有当本次设定的运料次数完成后才能设定下次的运料任务。

3.1.2 设计要求

利用MCGS和PLC设计运料小车仿真系统。具体要求如下:

(1)系统应具有演示运行和仿真运行两种运行方式。演示运行方式是指完全由MCGS的动画功能模拟运料小车工作过程。仿真运行是指由MCGS与PLC连接共同完成运料小车工作过程,即由MCGS运料小车画面中的图形元件模拟现场设备,按照PLC控制程序进行动作实现小车运料过程,同时图形元件模拟发出相应的现场信号反馈给PLC,作为下一动作执行的条件。

（2）画面中应有运料次数设定、运料次数以及日期、时间和星期等显示功能。

（3）系统要有必要的提示窗口，如次数设定超限、系统正忙、运料完成等提示窗口。

（4）系统要有必要的工程安全设置。

3.2　系统监控画面设计

根据系统设计要求分析，运料小车仿真系统应该由能够显示小车工作过程的主画面和各种信息提示子窗口画面组成。

3.2.1　创建实时数据库

参照前述方法，在 MCGS 组态环境中创建一个名为"运料小车仿真系统"的工程。然后进行创建实时数据库及画面的组态工作。根据设计要求，运料小车仿真系统所需的数据对象共 39 个，见表 3-1。

表 3-1　　　　　　　　　　　运料小车仿真系统数据对象（变量）

序　号	变量名称	类　型	初　值	注　释
1	SQ1	开关	0	A 装料处限位开关变量
2	SQ2	开关	0	B 装料处限位开关变量
3	SQ3	开关	0	卸料处限位开关变量
4	车移动	数值	0	车位置变化变量
5	A 装料阀	开关	0	A 装料阀开关变量
6	B 装料阀	开关	0	B 装料阀开关变量
7	卸料阀	开关	0	卸料阀开关变量
8	右行	开关	0	右行控制变量
9	左行	开关	0	左行控制变量
10	启动	开关	0	启动控制变量
11	暂停	开关	0	暂停控制变量
12	循环	开关	0	演示运行循环标志变量
13	次数设定	数值	1	次数设定变量，默认次数为 1
14	仿真	开关	0	仿真/演示控制变量，0 为演示有效，1 为仿真有效
15	仿真运行	开关	0	仿真运行状态变量
16	演示运行	开关	1	演示运行状态变量，默认为演示运行状态
17	仿真任务	开关	0	仿真运行标志
18	演示任务	开关	0	演示运行标志

序 号	变量名称	类 型	初 值	注 释
19	日期	字符	0	日期显示用变量
20	时间	字符	0	时间显示用变量
21	星期	字符	0	星期显示用变量
22	计时启动1	开关	0	定时器构件1用变量
23	计时时间1	数值	0	定时器构件1用变量
24	计时启动2	开关	0	定时器构件2用变量
25	计时时间2	数值	0	定时器构件2用变量
26	计时启动3	开关	0	定时器构件3用变量
27	计时时间3	数值	0	定时器构件3用变量
28	计时复位	开关	0	定时器构件用变量
29	计时到	开关	0	定时器构件用变量
30	完成次数	数值	0	计数器构件用变量
31	计数器复位	开关	0	计数器构件用变量
32	次数到	开关	0	计数器构件用变量
33	PLCC0	数值	0	PLC计数器C0连接变量
34	PLCT0	数值	0	PLC定时器T0的显示变量
35	PLCT1	数值	0	PLC定时器T1的显示变量
36	PLCT2	数值	0	PLC定时器T2的显示变量
37	Z	数值	0	装料A料粒显示控制变量
38	R	数值	0	装料B料粒显示控制变量
39	X	数值	0	卸料料粒显示控制变量

按照表3-1，在工作台的实时数据库中创建各个变量（数据对象）。在前面的学习中，我们已经学习了开关型、数值型和组对象型等数据对象的创建方法，这里仅以"日期"为例介绍字符型数据对象的定义方法和步骤。

（1）在工作台的"实时数据库"选项卡中，单击"新增对象"按钮，在数据对象列表中增加新的数据对象。

（2）选中对象，按"对象属性"按钮，或双击选中对象，则打开"数据对象属性设置"对话框。将"对象名称"设为"日期"，"对象类型"选择"字符"，在"对象内容注释"中输入"当前日期显示变量"，单击"确认"按钮，如图3-2所示。

仿照上述方法，将表3-1其他数据对象按照要求进行设置。

特别提醒：在创建"演示运行"数据对象时，一定要将其"对象初值"设为"1"，如图3-3所示。因为本系统运行方式选择开关的初始位置为"演示"位置，为了对应，默认的运行方式应设置为演示运行方式，所以"演示运行"的初始值设为"1"。

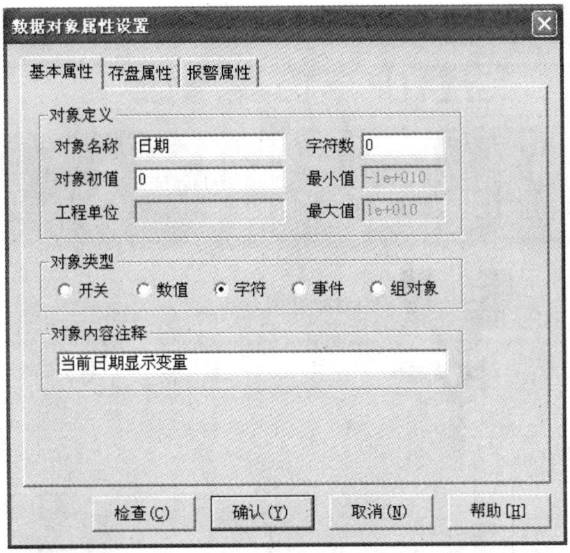

图 3-2　"日期"数据变量的设置

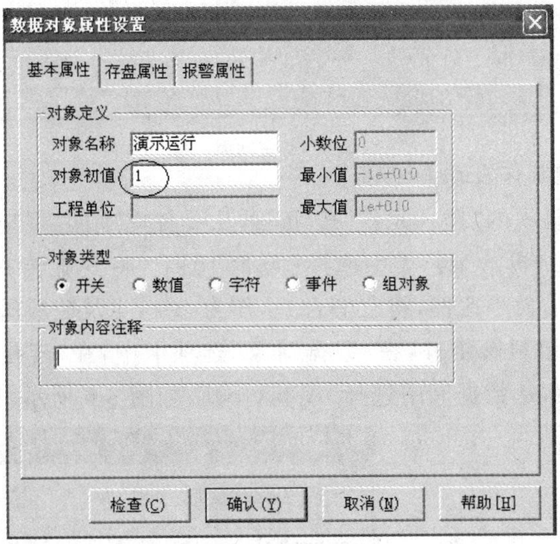

图 3-3　"演示运行"数据变量的设置

3.2.2　主画面设计

根据项目任务和控制要求设计制作的主画面整体效果如图 3-4 所示。该图形画面主要由标题文字、控制与显示、运料小车图形元件等组成。下面将详细介绍其制作过程。

1. 新建窗口并输入标题文字

(1)在工作台的"用户窗口"选项卡中新建一个名为"主画面"的窗口,将其背景颜色设为浅灰色。

(2)打开"主画面"窗口,利用绘图工具箱中的"标签"工具,在窗口顶端中心位置输入标题文字"运料小车仿真系统"。将"填充颜色"设为"没有填充","边线颜色"设为"没有边线","字符字体"设为红色、"黑体"、"粗体"、"一号"。

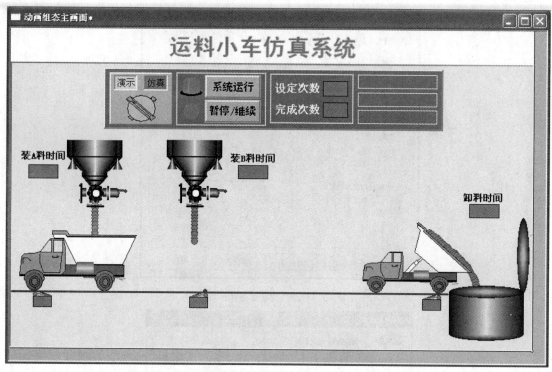

图 3-4 主画面

2. 料斗图形元件的制作及动画连接

(1)单击绘图工具箱中的"插入元件"按钮 ，从元件库中的"反应器"类中选择"反应器1"图形作为 A 料斗图形;再从"阀"类中选择"阀 20"图形,将其旋转 90°后移动到 A 料斗的下方,调整反应器和阀的大小比例,将它们合并,作为 A 料斗及装料阀组件,如图 3-5 所示。

(2)双击 A 料斗及装料阀组件,在"数据对象"选项卡中,在"连接类型"中选择"填充颜色",单击右边的 ? 按钮,从数据库中选择"A 装料阀",如图 3-6 所示。

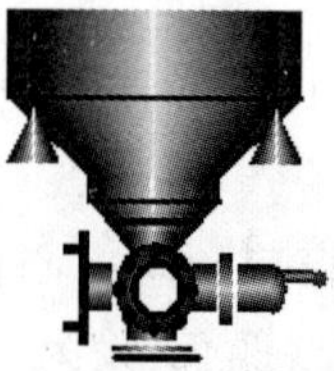

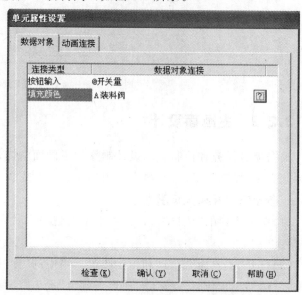

图 3-5 A 料斗及装料阀组件

图 3-6 A 装料阀数据对象属性设置

（3）通过复制 A 料斗及装料阀组件的方法制作 B 料斗及装料阀组件的图形。将其移动到 A 料斗及装料阀组件作为组件的右边适当位置。双击 B 料斗及装料阀组件，将"填充颜色"的数据对象连接设为"B 装料阀"。

3. 料粒串的制作及动画连接

本项目中料粒移动的动画效果是利用连续排列的三个小圆的可见度属性设置实现的，即让三个小圆按照时间顺序依次可见，从而实现小圆移动的装料效果。

下面以 A 料粒串为例来说明其制作过程：

（1）单击绘图工具箱中的"椭圆"按钮，在窗口空白处绘制一个直径为 10 的小圆（通过边绘制小圆边观察窗口右下角的状态栏的数据变化情况，从而控制小圆的直径大小），作为 A 料粒的图形。

（2）双击小圆，将"属性设置"选项卡中的"填充颜色"设为红色，选择"特殊动画连接"中的"可见度"，出现相应的"可见度"选项卡，如图 3-7 所示。

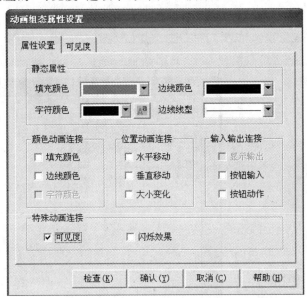

图 3-7　A 料粒属性设置

（3）在"可见度"选项卡中，在"表达式"中输入"A 装料阀＝1 AND Z＝1"，如图 3-8 所示。

（4）将 A 料粒小圆再复制两个，分别将其"可见度"选项卡中的"表达式"改为"A 装料阀＝1 AND Z＝2"和"A 装料阀＝1 AND Z＝3"。

（5）将三个小圆垂直排列成一串，如图 3-4 所示，然后用鼠标拖选的方法同时选择三个小圆，在选中的小圆图形上单击鼠标右键，在弹出的快捷菜单中选择"排列"→"合成单元"选项，将其合并成一个料粒组，如图 3-9 所示。

（6）将料粒组再复制两个（根据长度需要进行复制），然后将三个料粒组垂直排列起来并合成一个单元，即 A 料粒串，如图 3-9 所示。

（7）B 料粒串可通过复制的方法制作。复制一个 A 料粒串，双击后，在"数据对象"选项卡中，按照图 3-10 所示进行设置。

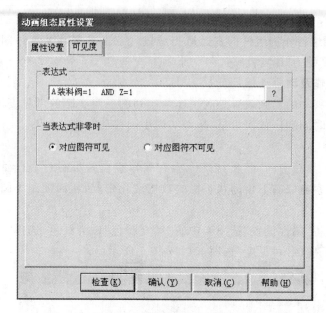

图 3-8   A 料粒可见度属性设置

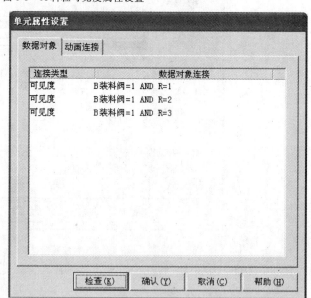

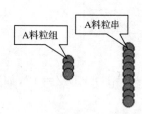

图 3-9   A 料粒组和 A 料粒串   　　　图 3-10   B 料粒可见度属性设置

(8)卸料串的制作方法与上述方法相似,只是卸料串的排列不是垂直的,而是曲线状的,如图 3-4 所示;另外,卸料串的可见度连接变量分别为"卸料阀＝1 AND X＝1","卸料阀＝1 AND X＝2"和"卸料阀＝1 AND X＝3"。

将 A 料串、B 料串和卸料串分别移动到 A 料斗、B 料斗下方和卸料处。

4. 小车的制作及动画连接

(1)用绘图工具箱中的"直线"工具绘制一条水平线,并将"边线线型"设为粗型,作为公路图形。

(2)单击绘图工具箱中的"插入元件"按钮 ,从元件库中的"车"类中选择"翻斗车 2"图形,调整大小并将其移动到 A 料斗下方作为小车图形。再从"车"类中选择"翻斗车 3"图形,调整大小并将其移动到卸料处,作为卸料状态的小车图形,如图 3-4 所示。

(3)双击 A 料斗下方的小车,在"动画连接"选项卡中,单击"组合图符",右边出现 ? > 两个小按钮。单击 ? 按钮,从数据库中选择"车移动"变量,如图 3-11 所示。然后再单击 > 按钮,将"水平移动"选项卡中的"水平移动连接"按照图 3-12 所示进行设置。

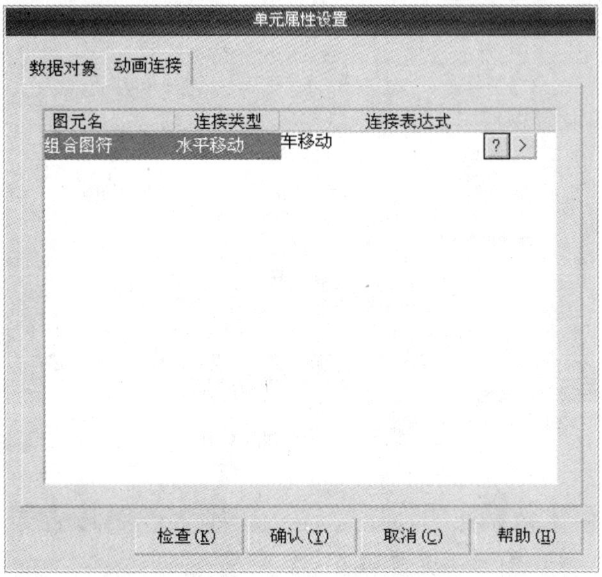

图 3-11 小车动画连接属性设置

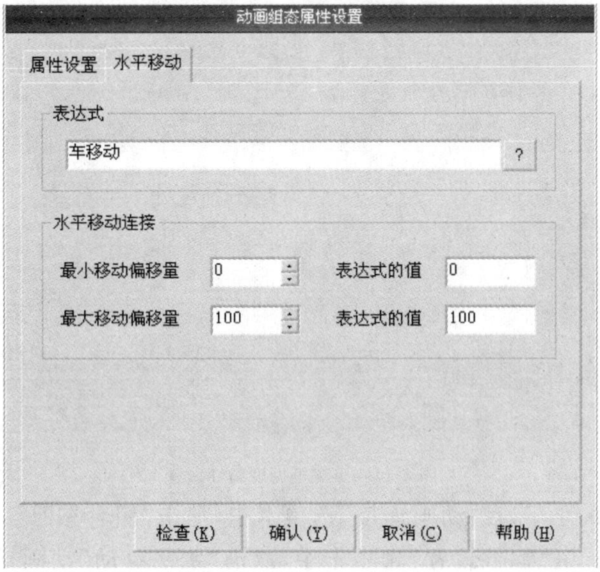

图 3-12 小车水平移动属性设置

(4)在"属性设置"选项卡中,选择"可见度",则出现"可见度"选项卡,如图 3-13 所示。然后在"可见度"选项卡中,将"表达式"设为"卸料阀","当表达式非零时"选择"对应图符不可见",如图 3-14 所示。

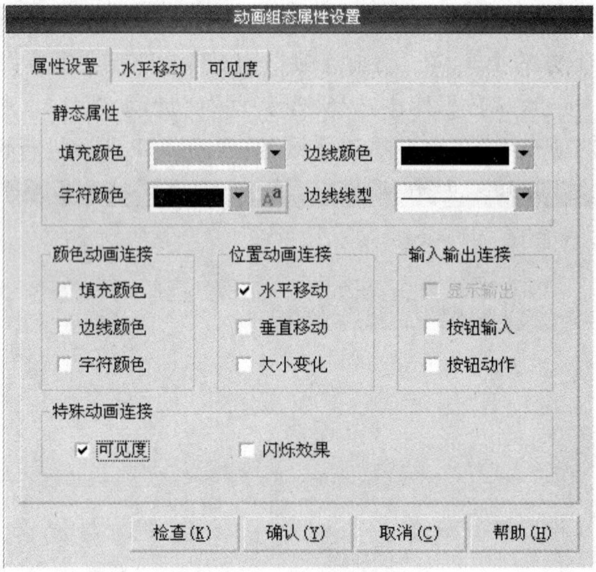

图 3-13　小车属性设置

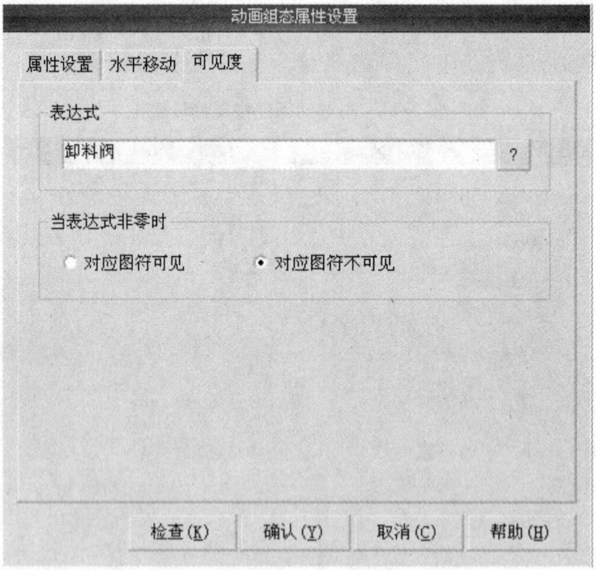

图 3-14　小车可见度属性设置

（5）双击卸料处的小车，在"动画连接"选项卡中，单击"组合图符"，右边出现 ? > 两个小按钮。单击 > 按钮，在"属性设置"选项卡中，取消"水平移动"动画功能，选择"可见度"，则出现"可见度"选项卡，如图 3-15 所示。然后在"可见度"选项卡中，将"表达式"设为"卸料阀"，"当表达式非零时"选择"对应图符可见"，如图 3-16 所示。

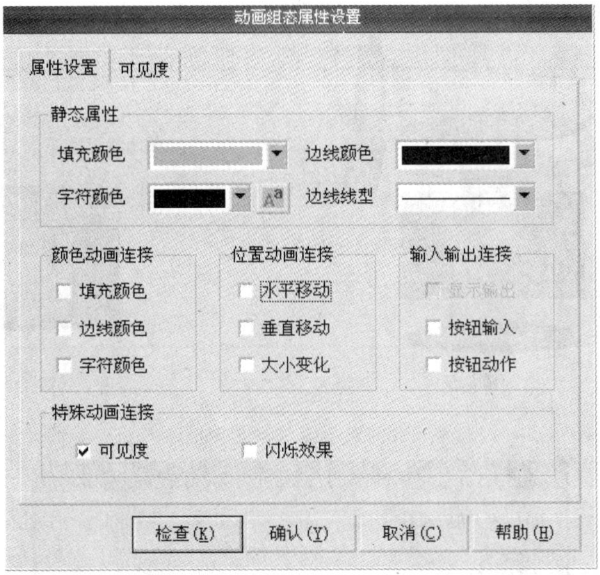

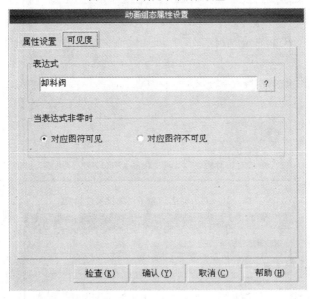

图 3-15 卸料处小车属性设置

图 3-16 卸料处小车可见度属性设置

5. 卸料罐的制作及动画连接

（1）利用绘图工具箱中的"椭圆"工具和"常用图符"工具箱中的"三维圆球"、"竖管道"工具，绘制卸料罐图形，如图 3-17 所示。

（2）双击打开状态的盖子图形，选择"可见度"，将可见度的"表达式"设为"盖子"，"当表达式非零时"选择"对应图符可见"，如图 3-18 所示。

（3）双击关闭状态的盖子图形，选择"可见度"，将可见度的"表达式"设为"盖子"，"当表达式非零时"选择"对应图符不可见"，如图 3-19 所示。

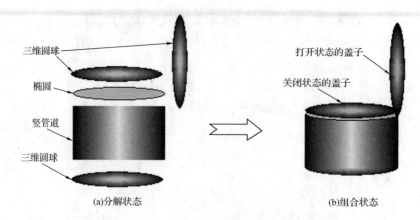

三维圆球

椭圆

竖管道

三维圆球

打开状态的盖子

关闭状态的盖子

(a)分解状态   (b)组合状态

图 3-17 绘制卸料罐图形

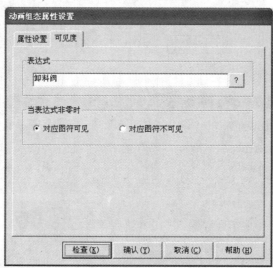

图 3-18 打开状态的盖子可见度属性设置

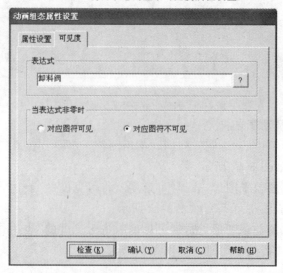

图 3-19 关闭状态的盖子可见度属性设置

6. 限位开关的制作及动画连接(以 SQ1 为例)

(1)利用绘图工具箱中的"直线"、"椭圆"和"矩形"工具,绘制如图 3-20 所示的限位开关图形。

(2)双击矩形图形,在"属性设置"选项卡中,选择"填充颜色",然后在"填充颜色"选项卡中,将"表达式"设为"SQ1",分段点 0"对应颜色"设为灰色,分段点 1"对应颜色"设为绿色。

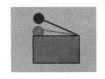

图 3-20　限位开关图形

(3)双击压下状态的触点小圆图形,在"属性设置"选项卡中,将"填充颜色"设为红色,同时选择"可见度",然后在"可见度"选项卡中,将"表达式"设为"SQ1","当表达式非零时"选择"对应图符可见"。

(4)双击压下状态的斜线图形,在"属性设置"选项卡中,将"边线颜色"设为红色,同时选择"可见度",然后在"可见度"选项卡中,将"表达式"设为"SQ1","当表达式非零时"选择"对应图符可见"。

(5)双击弹起状态的触点小圆图形,在"属性设置"选项卡中,将"填充颜色"设为深红色,同时选择"可见度",然后在"可见度"选项卡中,将"表达式"设为"SQ1","当表达式非零时"选择"对应图符不可见"。

(6)双击弹起状态的斜线图形,在"属性设置"选项卡中,将"边线颜色"设为深红色,同时选择"可见度",然后在"可见度"选项卡中,将"表达式"设为"SQ1","当表达式非零时"选择"对应图符不可见"。

(7)将限位开关组件合并成一个图元。

SQ2 和 SQ3 的制作通过复制、修改的方法较为简捷,复制后将所有的动画连接分别改为"SQ2"和"SQ3"即可。

7. 装卸料时间显示标签的制作及动画连接

本项目中,演示运行时装卸料时间选用了运行策略中的定时器构件,为了不与仿真运行时 PLC 中的定时器相互影响,这里的时间显示设两个显示标签,分别与不同的变量进行连接,利用可见度属性,实现演示运行和仿真运行时的显示。

(1)单击绘图工具箱中的"标签"按钮**A**,在 A 料斗旁边绘制一个小矩形,作为装 A 料粒时间显示标签。双击,在其"属性设置"选项卡中,选择"显示输出"和"可见度",将出现"显示输出"选项卡和"可见度"选项卡,如图 3-21 所示。

(2)在"显示输出"选项卡中,单击"表达式"下的 ? 按钮,从数据库中选择"计时时间 1","输出值类型"选择"数值量输出","输出格式"选择"十进制"和"自然小数位",如图 3-22 所示。

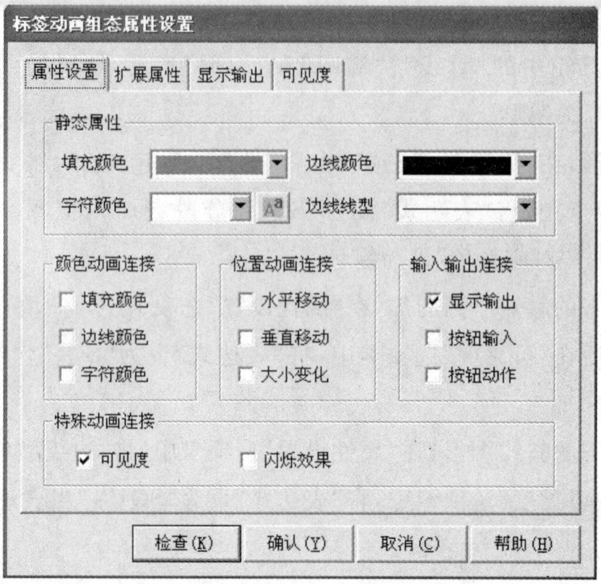

图 3-21　时间显示标签属性设置

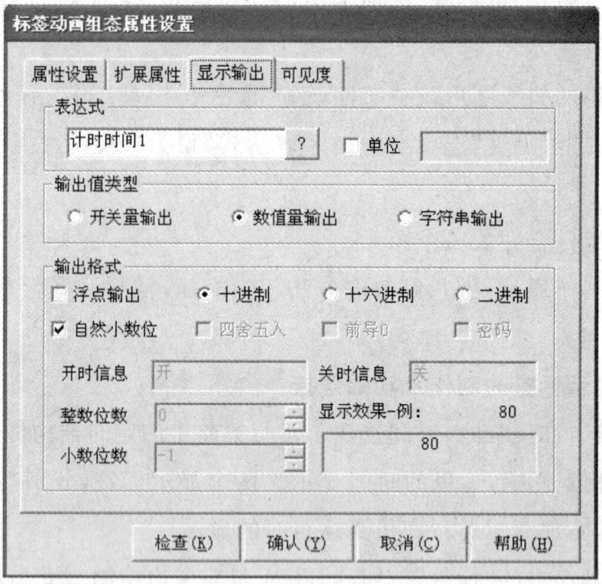

图 3-22　时间显示标签显示输出属性设置

　　(3)在"可见度"选项卡中,将"表达式"设为"演示运行","当表达式非零时"选择"对应图符可见",如图 3-23 所示。

　　(4)将刚刚设置好的时间显示标签再复制一个,双击新时间显示标签,将"显示输出"选项卡中的"表达式"改为"PLCT0",将"可见度"选项卡中的"表达式"改为"仿真运行"。最后将两个时间显示标签叠放在一起(中心对齐),并合成单元,作为装 A 料粒时间显示组件。

　　(5)将上述制作的装 A 料粒时间显示组件再复制两个,分别将它们移动到 B 料斗旁边和卸料处,作为装 B 料粒和卸料时间显示组件。

　　(6)双击装 B 料粒时间显示组件,将"数据对象"选项卡中的"计时时间 1"改为"计时时

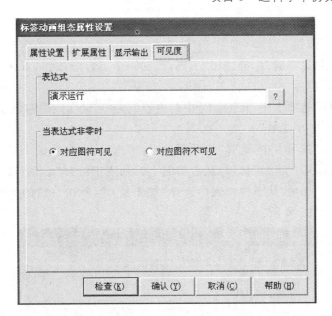

图 3-23 时间显示标签可见度属性设置

间 2",同时将"PLCT0"改为"PLCT1"即可。

(7)双击卸料时间显示组件,将"数据对象"选项卡中的"计时时间 1"改为"计时时间 3",同时将"PLCT0"改为"PLCT2"即可。

(8)最后,选择绘图工具箱中的"标签"工具,在各时间显示组件旁边输入注释文字。

保存、关闭"主画面"窗口。

3.2.3 各种提示子窗口设计

1."启动/放弃提示"窗口的制作

"启动/放弃提示"窗口如图 3-24 所示。

图 3-24 "启动/放弃提示"窗口

(1)创建新窗口

在工作台的"用户窗口"选项卡中新建一个名为"启动/放弃提示"的窗口,将其背景颜色设为黄色。

(2)制作凹槽平面

打开"启动/放弃提示"窗口,利用"常用图符"工具箱中的"凹槽平面"工具,在窗口顶部偏左位置绘制一个长方形凹槽平面,作为放置启动按钮和停止按钮的边框。凹槽平面的"填允颜色"设为绿色。

（3）制作"启动"按钮

①选择绘图工具箱中的"标准按钮"工具，绘制一个正方形按钮，双击后弹出"标准按钮构件属性设置"对话框。

②在"基本属性"选项卡中，将"文本"中的内容设为"启动"，"文本颜色"设为藏青色，"字符字体"设为"黑体"、"小二号"。

③在"操作属性"选项卡中，选择"打开用户窗口"选项，从右边的下拉列表中选择"主画面"窗口。选择"关闭用户窗口"选项，从右边的下拉列表中选择"启动/放弃提示"窗口。选择"数据对象值操作"选项，从下拉列表中选择"按 1 松 0"，单击右边的 ? 按钮，从数据库中选择"启动"。如图 3-25 所示。

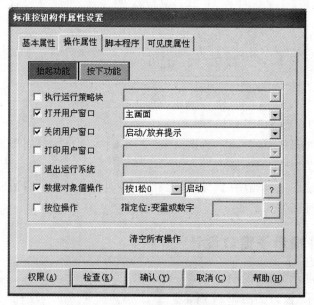

图 3-25　"启动"按钮操作属性设置

（4）制作"放弃"按钮

①选择绘图工具箱中的"标准按钮"工具，绘制一个与"启动"按钮大小相同的按钮，双击后弹出"标准按钮构件属性设置"对话框。

②在"基本属性"选项卡中，将"文本"中的内容设为"放弃"，"文本颜色"设为红色，"字符字体"设为黑体、"小二号"。

③在"操作属性"选项卡中，选择"打开用户窗口"选项，从右边的下拉列表中选择"主画面"窗口。选择"关闭用户窗口"选项，从右边的下拉列表中选择"启动/放弃提示"窗口。选择"数据对象值操作"选项，从下拉列表中选择"按 1 松 0"，单击右边的 ? 按钮，从数据库中选择"启动"。如图 3-26 所示。

保存、关闭"启动/放弃提示"窗口。

图 3-26 "放弃"按钮操作属性设置

2. "次数超限提示"窗口的制作

"次数超限提示"窗口如图 3-27 所示。

图 3-27 "次数超限提示"窗口

（1）创建新窗口

在工作台的"用户窗口"选项卡中新建一个名为"次数超限提示"的窗口，将其背景颜色设为黄色。

（2）输入提示文字

选择绘图工具箱中的"标签"工具，在窗口顶部左边位置输入提醒文字"次数设定超限（1<=次数<=20）！"。将"填充颜色"设为"没有填充"，"边线颜色"设为"没有边线"，"字符字体"设为红色、"黑体"、"粗体"、"二号"。

（3）制作"返回"按钮

①选择绘图工具箱中的"插入元件"工具，从元件库中的"按钮"类中选择"按钮 40"图形，调整大小并将其移动到提示文字的右边适当位置。

②双击按钮，弹出"单元属性设置"对话框，在"动画连接"选项卡中，单击"标准按钮"，再单击右边的 > 按钮，在"操作属性"选项卡中，选择"打开用户窗口"选项，从其右边的下拉列表中选择"主画面"窗口，选择"关闭用户窗口"选项，从其右边的下拉列表中选择"次数超限提示"窗口，如图 3-28 所示。

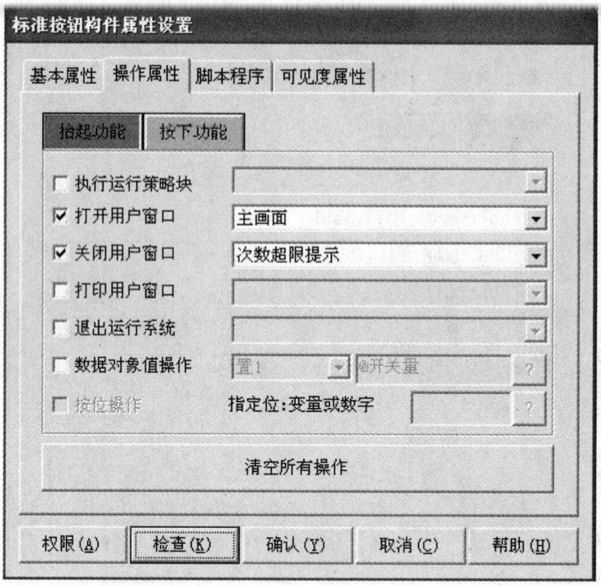

标准按钮构件属性设置

基本属性 | 操作属性 | 脚本程序 | 可见度属性

抬起功能 按下功能

☐ 执行运行策略块 [▼]
☑ 打开用户窗口 [主画面   ▼]
☑ 关闭用户窗口 [次数超限提示   ▼]
☐ 打印用户窗口 [▼]
☐ 退出运行系统 [▼]
☐ 数据对象值操作 [置1 ▼] 佳开关量 [?]
☐ 按位操作 指定位:变量或数字 [?]

清空所有操作

权限(A) | 检查(K) | 确认(Y) | 取消(C) | 帮助(H)

图 3-28 "返回"按钮操作属性设置

③利用绘图工具箱中的"标签"工具,在"返回"按钮的下面输入注释文字"返回","字符字体"设为"黑体"、"小三号"。

保存、关闭"次数超限提示"窗口。

3. 其他提示子窗口的制作

"系统正忙提示"、"运料完成提示"、"演示运行提示"和"仿真运行提示"窗口分别如图 3-29～图 3-32 所示。它们的制作方法与"次数超限提示"窗口的制作方法基本相同,只是提示文字和"返回"按钮的设置不同而已。采用复制、修改的方法制作较为简便,复制后除了将提示文字做相应的修改以外,"返回"按钮操作属性中的"关闭用户窗口"也要做相应修改。具体制作过程这里就不再做详细介绍。

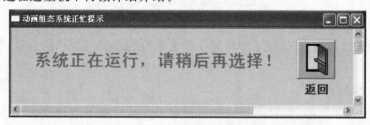

图 3-29 "系统正忙提示"窗口

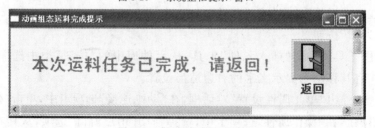

图 3-30 "运料完成提示"窗口

图 3-31　"演示运行提示"窗口

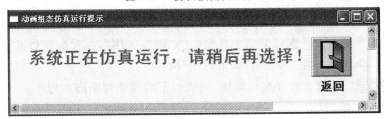

图 3-32　"仿真运行提示"窗口

3.3　运行策略和控制面板设计

3.3.1　运行策略设计

1. 运行判断策略

(1)在工作台的"运行策略"选项卡中,单击"新建策略"按钮,弹出"选择策略的类型"对话框,选择"用户策略",确认后返回。单击"策略属性"按钮,在弹出的"策略属性设置"对话框中,将"策略名称"设为"运行判断",确认后返回。

(2)双击"运行判断"策略,在策略组态环境中的空白处单击鼠标右键,选择"新增策略行"选项,增加一个策略行。选择策略工具箱中的"脚本程序",将鼠标指针移到策略块右端的图标—■■■上,单击鼠标左键,添加"脚本程序"构件,如图 3-33 所示。

图 3-33　添加"脚本程序"构件后的策略行

(3)双击—进入脚本程序编辑环境,输入如下的运行判断脚本程序:

```
IF 次数设定＞20 OR 次数设定＜＝0 THEN
    ! OpenSubWnd(次数超限提示,100,120,600,130,1)
    EXIT
ELSE
    IF 仿真任务＝1 OR 演示任务＝1 THEN
        ! OpenSubWnd(系统正忙提示,100,120,600,130,1)
        EXIT
    ELSE
        ! OpenSubWnd(启动/放弃提示,100,120,600,130,1)
```

```
        ENDIF
    ENDIF
```

（4）确认后返回，保存、关闭"运行判断"策略窗口。

2. 模式判断策略

（1）单击"运行策略"窗口上的"新建策略"按钮，弹出"选择策略的类型"对话框，选择"用户策略"，确认后返回。单击"策略属性"按钮，在弹出的"策略属性设置"对话框中，将"策略名称"设为"模式判断"，确认后返回。

（2）双击"模式判断"策略，在策略组态环境中的空白处单击鼠标右键，选择"新增策略行"选项，增加一个策略行。选择策略工具箱中的"脚本程序"，将鼠标指针移到策略块右端的图标—▨▨上，单击鼠标左键，添加"脚本程序"构件。

（3）双击—▨▨进入脚本程序编辑环境，输入如下的模式判断脚本程序：

```
IF 仿真任务＝1 THEN
    ！OpenSubWnd(仿真运行提示,100,120,600,130,1)
    EXIT
ELSE
    IF 演示任务＝1 THEN
        ！OpenSubWnd(演示运行提示,100,120,600,130,1)
        EXIT
    ENDIF
ENDIF
```

（4）确认后返回，保存、关闭"模式判断"策略窗口。

3. 小车运行策略

根据项目要求，系统需有演示运行和仿真运行两种运行模式。为了保证两种模式下小车均能正常运行，还需要有演示运行和仿真运行互锁程序。

（1）创建小车运行循环策略

按照上述方法，新建一个循环策略，在"策略属性设置"对话框中将"策略名称"设为"小车运行"，定时循环周期设为"100"ms，在"策略内容注释"中输入"小车运行控制策略"，确认后返回。

（2）演示运行脚本程序

①双击"小车运行"策略，进入策略组态环境，增加一个策略行。单击策略工具箱中的"脚本程序"，给策略行添加"脚本程序"构件，作为演示运行策略行。

②双击演示运行策略行的执行条件设置图标—▨▨，在"表达式"中输入"演示运行＝1"，"条件设置"选择"表达式的值非0时条件成立"，在"内容注释"中输入"演示运行＝1"，如图 3-34 所示。

③双击演示运行策略行的—▨▨进入脚本程序编辑环境，输入如下的演示运行脚本程序：

```
IF 启动＝1 AND SQ1＝1 THEN
    演示任务＝1
    循环＝1
```

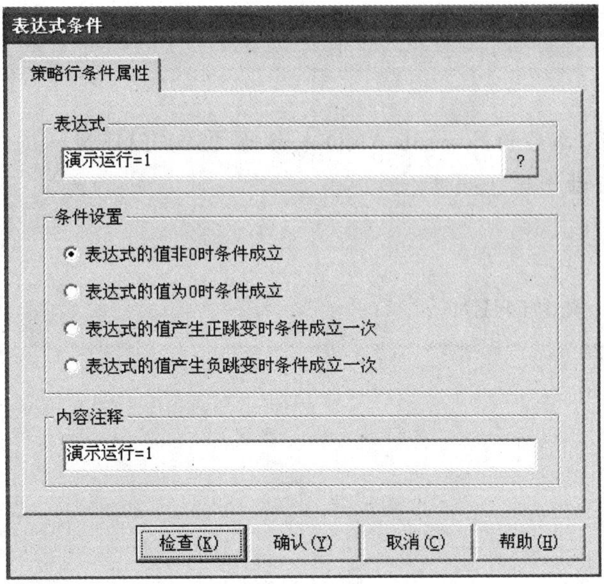

图 3-34　演示运行策略执行条件设置

```
ENDIF
IF 循环＝1 AND SQ1＝1 THEN
    A 装料阀＝1
    计时启动 1＝1
    IF 计时时间 1＞＝8 THEN
        右行＝1
        A 装料阀＝0
    ENDIF
ENDIF
IF 右行＝1 AND 车移动＜165 THEN
    车移动＝车移动＋2
    计时启动 1＝0
    计时复位＝1
    IF 车移动＞＝165 THEN
        计时复位＝0
        车移动＝165
        右行＝0
    ENDIF
ENDIF
IF SQ2＝1 THEN
    B 装料阀＝1
    计时启动 2＝1
    IF 计时时间 2＞＝6 THEN
        右行＝1
```

```
          B 装料阀＝0
      ENDIF
  ENDIF
  IF 右行＝1 AND 车移动＞＝165 AND 车移动＜520 THEN
      车移动＝车移动＋4
      计时启动 2＝0
      计时复位＝1
      IF 车移动＞＝520 THEN
          车移动＝520
          计时复位＝0
          右行＝0
      ENDIF
  ENDIF
  IF SQ3＝1 THEN
      卸料阀＝1
      计时启动 3＝1
      IF 计时时间 3＞＝10 THEN
          卸料阀＝0
          左行＝1
      ENDIF
  ENDIF
  IF 左行＝1 THEN
      车移动＝车移动－4
      计时启动 3＝0
      计时复位＝1
      IF 车移动＜＝0 THEN
          计时复位＝0
          车移动＝0
          左行＝0
      ENDIF
  ENDIF
  IF 次数设定＜＞0 AND 完成次数＝次数设定 THEN
      IF 车移动＜5 THEN
          循环＝0
          演示任务＝0
          ! OpenSubWnd(运料完成提示,100,120,600,130,1)
      ENDIF
  ENDIF
  IF 完成次数＝次数设定 AND SQ1＝1 THEN
```

```
    计数器复位＝1
ELSE
    计数器复位＝0
ENDIF
IF 暂停＝1 AND 左行＝1 THEN
    循环＝0
ELSE
    IF 暂停＝0 AND 演示任务＝1 THEN
    循环＝1
    ENDIF
ENDIF
IF 车移动＝0 THEN
    SQ1＝1
ELSE
    SQ1＝0
ENDIF
IF 车移动＝165 THEN
    SQ2＝1
ELSE
    SQ2＝0
ENDIF
IF 车移动＝520 THEN
    SQ3＝1
ELSE
    SQ3＝0
ENDIF
```

④在左下角的"标注"输入框中输入"演示运行脚本程序",确认后返回。

(3)仿真运行脚本程序

①在"小车运行"策略的组态环境中,再增加一个策略行。单击策略工具箱中的"脚本程序",给策略行添加"脚本程序"构件,作为仿真运行策略行,如图 3-35 所示。

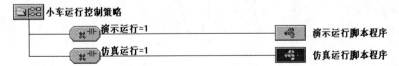

图 3-35　给第二个策略行添加"脚本程序"构件作为仿真运行策略

②双击仿真运行策略行的执行条件设置图标████,在"表达式"中输入"仿真运行＝1","条件设置"选择"表达式的值非 0 时条件成立",在"内容注释"中输入"仿真运行＝1",如图 3-36 所示。

③双击仿真运行策略行的████进入脚本程序编辑环境,输入如下的仿真运行脚本

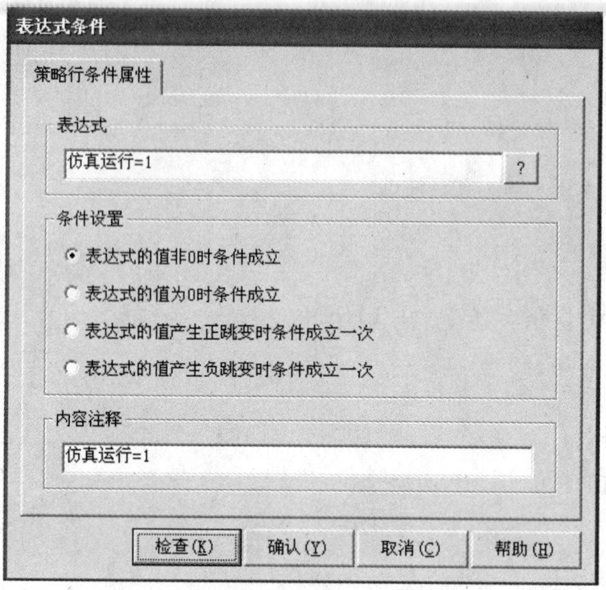

图 3-36 仿真运行策略执行条件设置

程序：

```
IF 右行＝1 THEN
    IF 车移动<165 THEN
        车移动＝车移动＋1
    ENDIF
    IF 车移动>＝165 THEN
        车移动＝车移动＋4
    ENDIF
    IF 车移动>＝520 THEN
        车移动＝520
    ENDIF
ENDIF
IF 左行＝1 THEN
    车移动＝车移动－4
    IF 车移动<＝0 THEN
        车移动＝0
    ENDIF
ENDIF
IF 次数设定<>0 AND PLCC0＝次数设定 THEN
    IF 车移动<5 THEN
        ! OpenSubWnd(运料完成提示,100,120,600,130,1)
    ENDIF
ENDIF
IF 车移动＝0 THEN
```

```
   SQ1＝1
ELSE
   SQ1＝0
ENDIF
IF 车移动＞160 AND 车移动＜＝165 THEN
   SQ2＝1
ELSE
   SQ2＝0
ENDIF
IF 车移动＝520 THEN
   SQ3＝1
ELSE
   SQ3＝0
ENDIF
```

④在左下角的"标注"输入框中输入"仿真运行脚本程序",确认后返回。

(4)演示运行和仿真运行互锁程序

①在"小车运行"策略的组态环境中,增加第三个策略行。单击策略工具箱中的"脚本程序",给策略行添加"脚本程序"构件,作为演示运行和仿真运行互锁策略行。

②双击演示运行和仿真运行互锁策略行的 进入脚本程序编辑环境,输入如下的演示运行和仿真运行互锁脚本程序:

```
IF 仿真＝0 THEN
   演示运行＝1
   仿真运行＝0
ELSE
   仿真运行＝1
   演示运行＝0
ENDIF
IF 仿真任务＝1 THEN
   仿真＝1
ENDIF
IF 演示任务＝1 THEN
   仿真＝0
ENDIF
```

③在左下角的"标注"输入框中输入"演示运行和仿真运行互锁脚本",确认后返回。

④保存、关闭"小车运行"策略窗口。

4.料粒动画策略

(1)按照上述方法,新建一个循环策略,在"策略属性设置"对话框中将"策略名称"设为"料粒动画",定时循环周期设为"50"ms,在"策略内容注释"中输入"料粒动画循环策略",确认后返回。

(2)双击"料粒动画"策略,进入策略组态环境。在策略组态环境中的空白处单击鼠标右键,选择"新增策略行"选项,增加一个策略行。单击策略工具箱中的"脚本程序",将鼠标指针移到策略块右端的图标— ▨ 上,单击鼠标左键,添加"脚本程序"构件。

(3)双击 ▨ 进入脚本程序编辑环境,输入如下的料粒动画脚本程序:

```
IFA 装料阀＝1 THEN
  Z＝Z＋1
  IF Z＞3 THEN
    Z＝1
  ENDIF
ENDIF
IF B 装料阀＝1 THEN
  R＝R＋1
  IF R＞3THEN
    R＝1
  ENDIF
ENDIF
IF 卸料阀＝1 THEN
  X＝X＋1
  IF X＞3 THEN
    X＝1
  ENDIF
ENDIF
```

5.计数和定时策略

(1)创建计数和定时策略

按照上述方法,新建一个循环策略,在"策略属性设置"对话框中将"策略名称"设为"计数和定时",定时循环周期设为"100"ms。在"策略内容注释"中输入"计数和定时循环运行策略",确认后返回。

(2)增加四个策略行

双击"计数和定时"策略,进入策略组态环境。在策略组态环境中的空白处单击鼠标右键,选择"新增策略行"选项,共增加四个策略行,即一个计数策略行、三个定时策略行,如图3-37所示。

(3)添加计数器和定时器构件

在策略工具箱中分别选择"计数器"和"定时器",将鼠标指针移到各策略块右端的图标—▨ 上,单击鼠标左键,添加一个"计数器"构件和三个"定时器"构件,如图3-37所示。

(4)设置各策略行的执行条件

双击各策略行的—▨—,所有策略行的执行条件均设置如下:

①表达式:演示运行＝1;

②表达式的值非0时条件成立;

③内容注释:演示运行＝1。

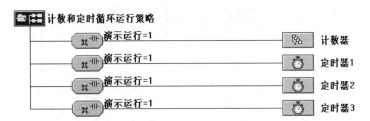

图 3-37　计数器和定时器策略行

(5) 设置计数器构件

双击 进入计数器基本属性设置对话框,按照图 3-38 所示进行设置。

(6) 设置定时器构件

双击 进入定时器基本属性设置对话框,对三个定时器分别按照图 3-39～图 3-41
所示进行设置。

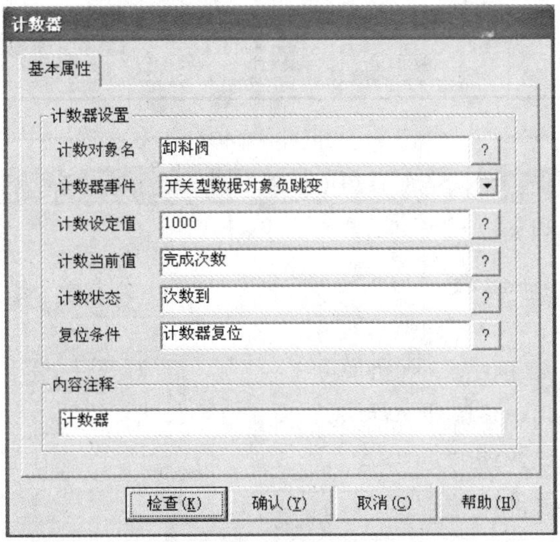

计数器

基本属性

计数器设置

计数对象名　卸料阀　?

计数器事件　开关型数据对象负跳变　▼

计数设定值　1000　?

计数当前值　完成次数　?

计数状态　次数到　?

复位条件　计数器复位　?

内容注释

计数器

检查(K)　确认(Y)　取消(C)　帮助(H)

图 3-38　计数器基本属性设置

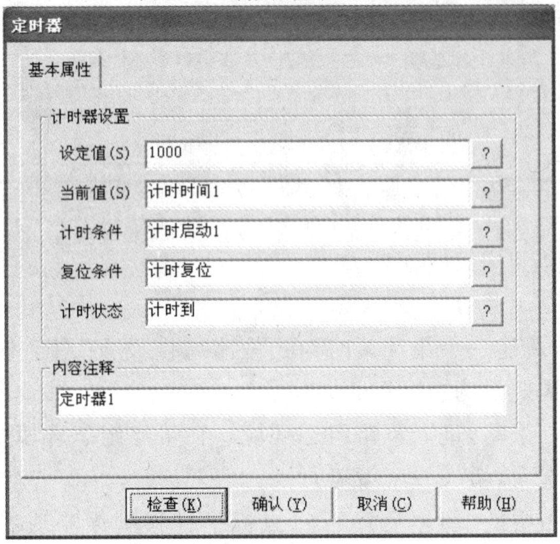

定时器

基本属性

计时器设置

设定值(S)　1000

当前值(S)　计时时间1

计时条件　计时启动1

复位条件　计时复位

计时状态　计时到

内容注释

定时器1

检查(K)　确认(Y)　取消(C)　帮助(H)

图 3-39　定时器 1 基本属性设置

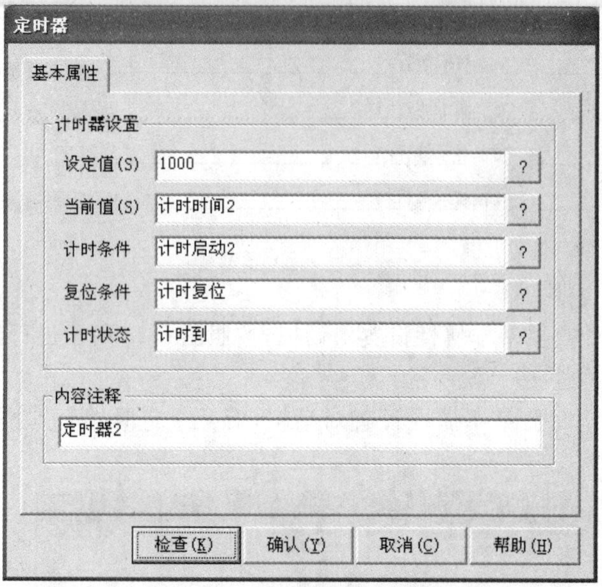

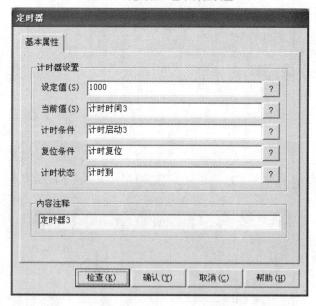

图 3-40   定时器 2 基本属性设置

图 3-41   定时器 3 基本属性设置

保存、关闭"计数和定时"策略窗口。

6. 日期显示策略

（1）按照上述方法，新建一个循环策略，在"策略属性设置"对话框中将"策略名称"设为"日期显示"，定时循环周期设为"100" ms。

（2）双击"日期显示"策略，进入策略组态环境。在策略组态环境中的空白处单击鼠标右键，选择"新增策略行"选项，增加一个策略行。

（3）选择策略工具箱中的"脚本程序"，将鼠标指针移到策略块右端的图标————上，单击鼠标左键，添加"脚本程序"构件。

(4)双击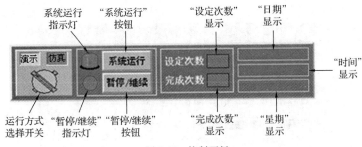进入脚本程序编辑环境,输入如下的日期显示脚本程序:

日期＝！str($year)+"年"+！str($month)+"月"+！str($day)+"日"

时间＝！str($hour)+"时"+！str($minute)+"分"+！str($second)+"秒"

星期＝"星期"+！str($week)

保存、关闭"日期显示"策略窗口。

3.3.2 控制面板设计

本项目控制面板较为复杂,它放置在主画面中,其构成如图 3-42 所示。主要由运行方式选择,系统运行控制,"设定次数"及"完成次数"显示,"日期"、"时间"和"星期"显示几部分组成。

图 3-42 控制面板

1.控制面板背景制作

打开"主画面"窗口,单击绘图工具箱中的"常用符号"按钮，从"常用图符"工具箱中选择"凸平面"工具,在窗口上部绘制一个适当大小的长方形凸平面。

2.运行方式选择开关的制作及动画连接

(1)单击绘图工具箱中的"插入元件"按钮，从元件库中的"开关"类中选择"开关 6"图形,调整大小并将其移动到控制面板的左边。双击开关,弹出"单元属性设置"对话框,选择"数据对象"选项卡,将"按钮输入"和"可见度"的"数据对象连接"均设为"仿真"(即"仿真"为0 时开关指向绿色表示选择演示运行,"仿真"为 1 时开关指向红色表示选择仿真运行),如图 3-43 所示。

图 3-43 运行方式选择开关数据对象属性设置

（2）利用"常用图符"工具箱中的"凹槽平面"工具，绘制一个绿色小凹槽平面和一个红色小凹槽平面，分别移动到开关图形的绿色凹槽和红色凹槽位置上（将原凹槽覆盖住），然后利用"标签"工具分别在绿色凹槽和红色凹槽上输入"演示"和"仿真"的注释文字，如图3-42所示。

3."系统运行"按钮的制作及动画连接

（1）选择绘图工具箱中的"标准按钮"工具，绘制一个小按钮。双击后，在"基本属性"选项卡中，将"文本"设为"系统运行"。

（2）选择绘图工具箱中的"标签"工具，绘制一个与小按钮大小相同的标签。双击后，在"属性设置"选项卡中，将"填充颜色"设为"没有填充"，"边线颜色"设为"没有边线"；选择"输入输出连接"中的"按钮输入"和"按钮动作"，此时相应出现"按钮输入"和"按钮动作"选项卡，如图3-44所示。

图3-44 "系统运行"标签属性设置

（3）在"按钮输入"选项卡中，在"对应数据对象的名称"中选择"次数设定"，在"输入值类型"中选择"数值量输入"，在"提示信息"中输入"请输入运料次数"，"输入最小值"设为"0"，"输入最大值"设为"20"，如图3-45所示。

（4）在"按钮动作"选项卡中，在"按钮对应的功能"中选择"执行运行策略块"，并从右边的下拉列表中选择"运行判断"策略，如图3-46所示。

（5）最后，将按钮元件和标签元件调整到相同大小，并中心对齐（注意层次，按钮在下，标签在上），再合并图元，移动到控制面板适当位置，如图3-42所示。

4. 系统运行指示灯的制作及动画连接

单击绘图工具箱中的"插入元件"按钮🔲，从元件库中的"指示灯"类中选择"指示灯11"图形，移动到系统按钮左边适当位置，如图3-42所示，调整其大小，作为系统运行指示灯图形元件。双击指示灯，在"数据对象"选项卡中，选择"可见度"，将"可见度"的"数据对象连接"设为"演示任务＝1 OR 仿真任务＝1"，如图3-47所示。

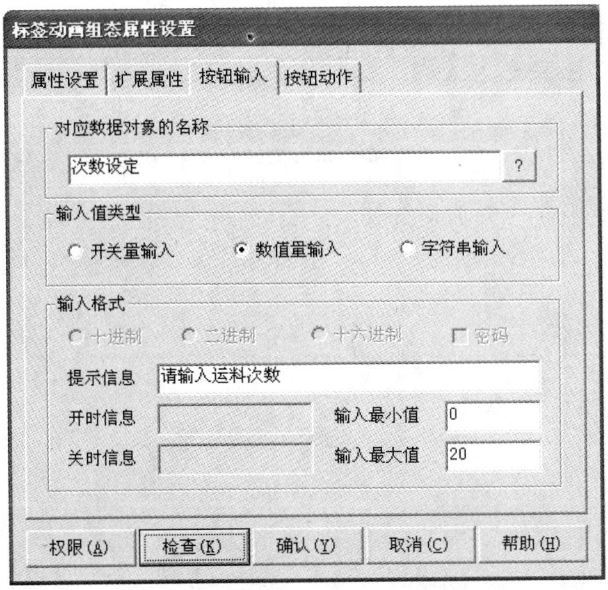

图 3-45　"系统运行"标签按钮输入属性设置

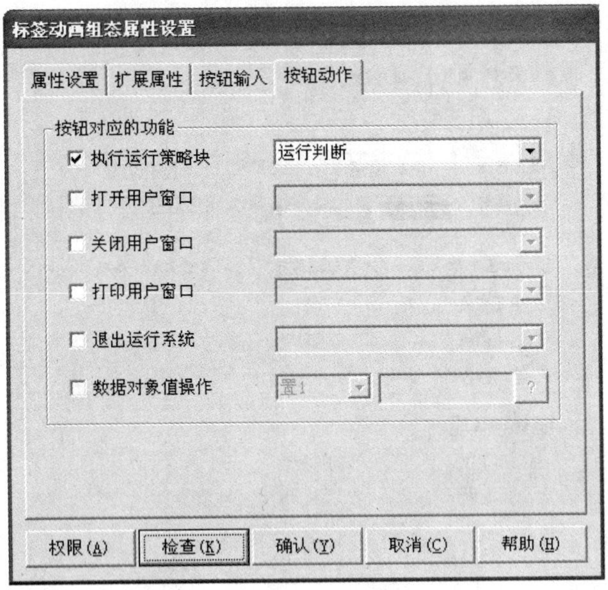

图 3-46　"系统运行"标签按钮动作属性设置

5."暂停/继续"按钮的制作及动画连接

(1)选择绘图工具箱中的"标准按钮"工具,绘制一个小按钮。双击后,在"基本属性"选项卡中,将"文本"中的文字删除。

(2)选择绘图工具箱中的"标签"工具,绘制一个与小按钮大小相同的标签,并输入"暂停/继续"文字。双击后,在"属性设置"选项卡中,将"填充颜色"设为"没有填充","边线颜色"设为"没有边线",选择"颜色动画连接"中的"填充颜色",相应出现"填充颜色"选项卡,如图 3-48 所示。

(3)在"填充颜色"选项卡中,在"表达式"中选择"暂停",在"填充颜色连接"中,将分段点

图 3-47　系统运行指示灯数据对象属性设置

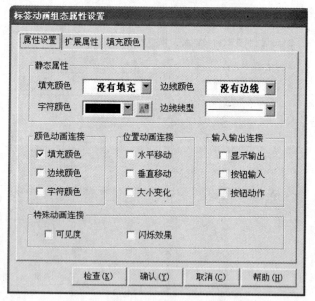

图 3-48　"暂停/继续"标签属性设置

0"对应颜色"设为灰色(与按钮的颜色一致),将分段点 1"对应颜色"设为红色,如图 3-49 所示。

　　(4)最后,将按钮元件和标签元件调整到相同大小,并中心对齐(注意层次,按钮在下,标签在上),再合并图元,移动到系统运行按钮下方适当位置,如图 3-42 所示。

　　6. "暂停/继续"指示灯的制作及动画连接

　　(1)选择绘图工具箱中的"椭圆"工具,绘制一个直径为 25 的圆。双击后,将"填充颜色"设为绿色。

　　(2)复制小圆,将新复制的小圆"填充颜色"改为"红色",双击红色小圆,选择"可见度"和

图 3-49 "暂停/继续"标签填充颜色属性设置

"闪烁效果"两个"特殊动画连接"选项,相应出现"可见度"和"闪烁效果"选项卡,如图 3-50 所示。

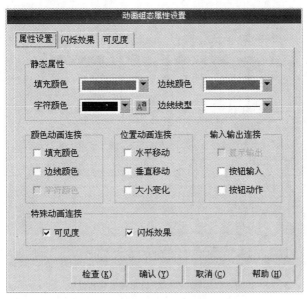

图 3-50 "暂停/继续"指示灯属性设置

(3)在"闪烁效果"选项卡中,将"表达式"设为"暂停"。在"可见度"选项卡中,将"表达式"设为"暂停",其他为默认,如图 3-51 所示。

(4)最后将绿色小圆和红色小圆中心对齐,合并图元,移动到"暂停/继续"按钮左边适当位置,如图 3-42 所示。

7."设定次数"显示标签的制作及动画连接

(1)选择工具箱中的"标签"工具,绘制一个标签。双击后,将"填充颜色"设为深灰色,"字符颜色"设为黄色,"字符字体"设为"宋体"、"小四号",选择"输入输出连接"中的"显示输

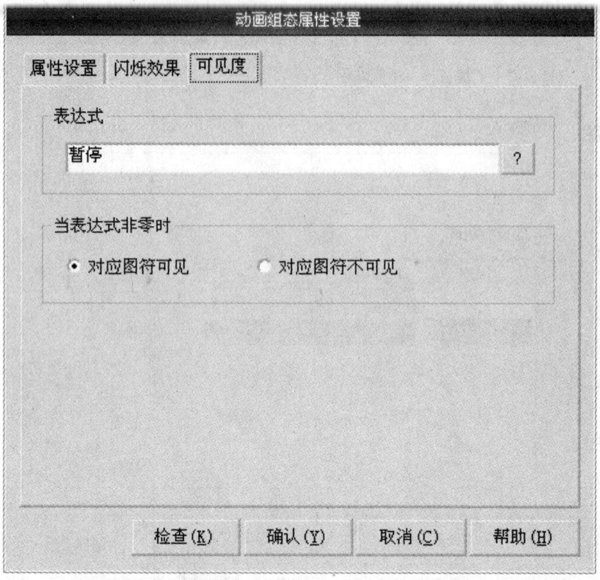

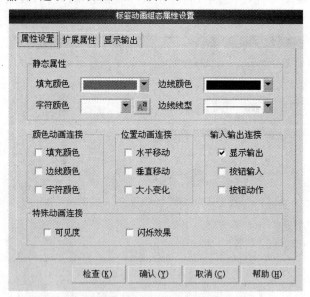

图 3-51 "暂停/继续"指示灯可见度属性设置

出",相应出现"显示输出"选项卡,如图 3-52 所示。

图 3-52 "设定次数"显示标签属性设置

(2)在"显示输出"选项卡中,将"表达式"设为"次数设定","输出值类型"选择"数值量输出","输出格式"选择"十进制"和"自然小数位",如图 3-53 所示。

(3)将上述制作的显示标签移动到控制面板适当位置,如图 3-42 所示,然后选择绘图工具箱中的"标签"工具,输入"设定次数"注释文字。

8."完成次数"显示标签的制作及动画连接

本项目中,由于演示运行的次数统计选用了 MCGS"计数器"构件,而仿真运行的次数统计采用的是 PLC 计数器 C0,为了使两种计数器互不影响,这里采用不同的变量和显示标签来分别显示两种运行模式下的完成次数。

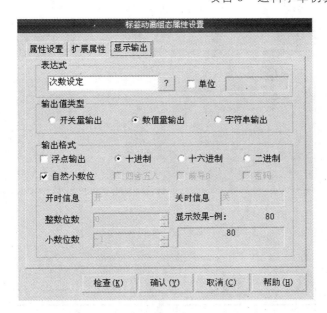

图 3-53　"设定/次数"显示标签可见度属性设置

（1）选择绘图工具箱中的"标签"工具，绘制一个标签。双击后，将"填充颜色"设为深灰色，"字符颜色"设为黄色，"字符字体"设为"宋体"、"小四号"，选择"输入输出连接"中的"显示输出"和"特殊动画连接"中的"可见度"，相应出现"显示输出"选项卡和"可见度"选项卡。

（2）在"显示输出"选项卡中，将"表达式"设为"完成次数"，"输出值类型"选择"数值量输出"，"输出格式"选择"十进制"和"自然小数位"，如图 3-54 所示。

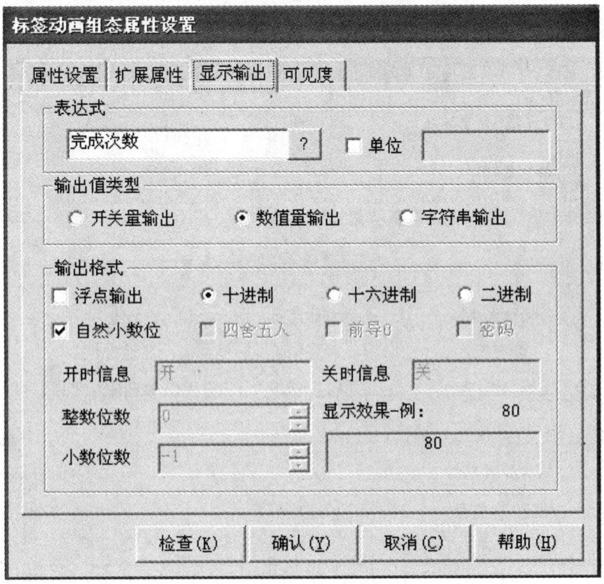

图 3-54　"完成次数"显示标签属性设置

（3）在"可见度"选项卡中，将"表达式"设为"演示运行"，其他为默认，如图 3-55 所示。

（4）复制刚刚制作的"完成次数"显示标签，双击后，在"显示输出"选项卡中，将"表达式"改为"PLCC0"；在"可见度"选项卡中，将"表达式"改为"仿真运行"。

（5）将两个显示标签中心对齐后移动到控制面板适当位置，如图 3-42 所示。

图 3-55 "完成次数"显示标签可见度属性设置

（6）最后选择绘图工具箱中的"标签"工具，输入"完成次数"注释文字。

9. "日期"、"时间"和"星期"显示标签的制作及动画连接

（1）选择绘图工具箱中的"标签"工具，绘制一个适当大小的长方形标签，如图 3-42 所示。双击后，在"属性设置"选项卡中，将"填充颜色"设为"没有填充"，"边线颜色"设为浅灰色，"字符颜色"设为黄色，"字符字体"设为"宋体"、"五号"，选择"输入输出连接"中的"显示输出"，相应出现"显示输出"选项卡，如图 3-56 所示。

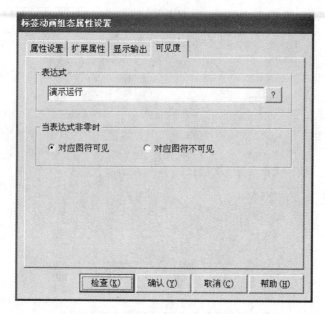

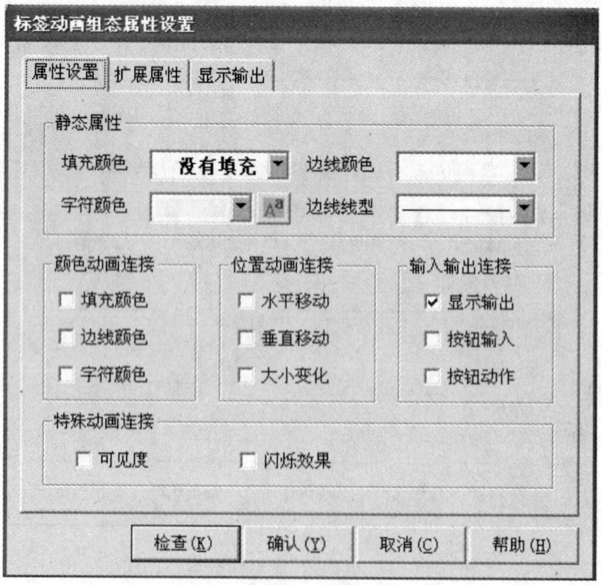

图 3-56 "日期"显示标签属性设置

（2）在"显示输出"选项卡中，将"表达式"设为"日期"，"输出值类型"选择"字符串输出"，如图 3-57 所示。

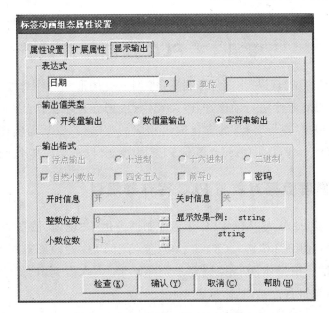

图 3-57　"日期"显示标签显示输出属性设置

（3）"时间"显示标签和"星期"显示标签可通过复制的方法制作。复制刚刚制作的"日期"显示标签两个,分别将它们的"显示输出"选项卡中的"表达式"改为"时间"和"星期"即可。

（4）最后将"日期"、"时间"和"星期"显示标签垂直对齐、均匀分布,如图 3-42 所示。

（5）保存、关闭"主画面"窗口。

3.3.3　模拟（演示）运行调试

在控制面板制作完毕后可进行模拟（演示）运行调试,若有错误随时进行修改。

（1）关闭"主画面"窗口,在工作台中右键单击"主画面",在弹出的快捷菜单中选择"设置为启动窗口"选项,将"主画面"窗口设置为启动窗口。

（2）按键盘中的"F5"键或单击工具条中的▣按钮,弹出"下载配置"对话框。选择"模拟运行",单击"工程下载"开始下载,数秒钟后下载结束。单击"启动运行",系统会运行"主画面"窗口。

（3）单击运行方式选择开关,选择"演示"运行方式（实际上系统默认方式为"演示"运行方式）。单击"系统运行"按钮,系统会弹出"运行次数设置"窗口,设定好运料次数后,单击"启动"按钮,系统会演示运行,同时系统运行指示灯变绿。

（4）如果在系统正在运行的情况下单击运行方式选择开关,则会弹出提示窗口,提醒操作者等本次运料任务完成后,方可进行方式选择。

（5）如果系统正在运行,若有人再次按下"运行"按钮,系统会弹出"系统正忙提示"窗口。只有在本次运料任务完成后,才能重新进行系统次数设定和启动。

（6）如果在运行中途有人按下"暂停/继续"按钮,则"暂停/继续"指示灯闪烁,但小车不能立即停止,只有在完成本次运料循环后才会停止在初始位置。若再次按下"暂停/继续"按钮,小车将完成剩余次数的运料任务后自动停止。

（7）当本次设定的运料任务完成后,系统会自动停止并弹出"运料完成提示"窗口。

3.4 PLC 控制程序设计

本项目仿真运行方式是以 PLC 为控制器,将 MSGS 图形元件作为控制对象,通过 PLC 的控制,使其按照 PLC 程序进行动作,同时,MCGS 图形元件也会产生相应的"现场"信息,反馈给 PLC,PLC 根据"现场"信息的变化输出相应的控制信号,从而实现运料小车自动运行的仿真效果。因此,MCGS 图形元件既是 PLC 的控制对象,又是整个系统的监控画面。

3.4.1 触摸屏数据对象与 PLC 寄存器规划

本项目选用三菱 FX3U-32MR PLC 作为控制器。由于"现场"信息由 MCGS 图形元件演示产生,所以不能使用 PLC 输入(X)端子,只能使用 PLC 的内部寄存器,这里选用 PLC 通用辅助寄存器 M。根据本项目控制要求与 MCGS 仿真需要,PLC 共有 18 个通道与 MCGS 相关数据对象进行连接,具体见表 3-4。

表 3-4 触摸屏数据对象与 PLC 寄存器规划

触摸屏数据对象	PLC 寄存器	触摸屏数据对象	PLC 寄存器
启动	M100	A 装料阀	Y000
SQ1	M101	B 装料阀	Y001
SQ2	M102	卸料阀	Y002
SQ3	M103	右行	Y004
暂停	M107	左行	Y005
仿真运行	M110	PLCT0	T0
仿真任务	M120	PLCT1	T1
演示任务	M121	PLCT2	T2
次数设定	D0	PLCC0	C0

3.4.2 PLC 控制程序

根据运料小车的工作过程和表 3-4 分配的 I/O 地址,绘制出运料小车仿真系统 PLC 状态转移图,如图 3-58 所示。据此状态转移图编制的 PLC 梯形图程序如图 3-59 所示。

利用 GX Developer 编程软件输入如图 3-59 所示程序,并将其写入 PLC 中。

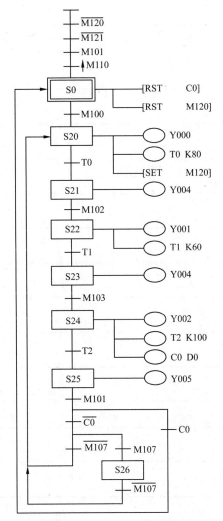

图 3-58　运料小车仿真系统 PLC 状态转移图

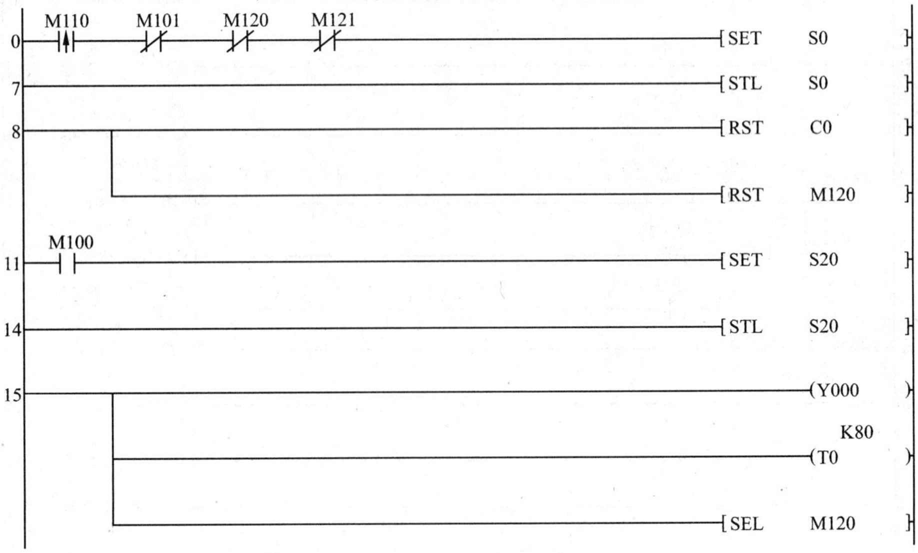

图 3-59　运料小车仿真系统 PLC 梯形图程序

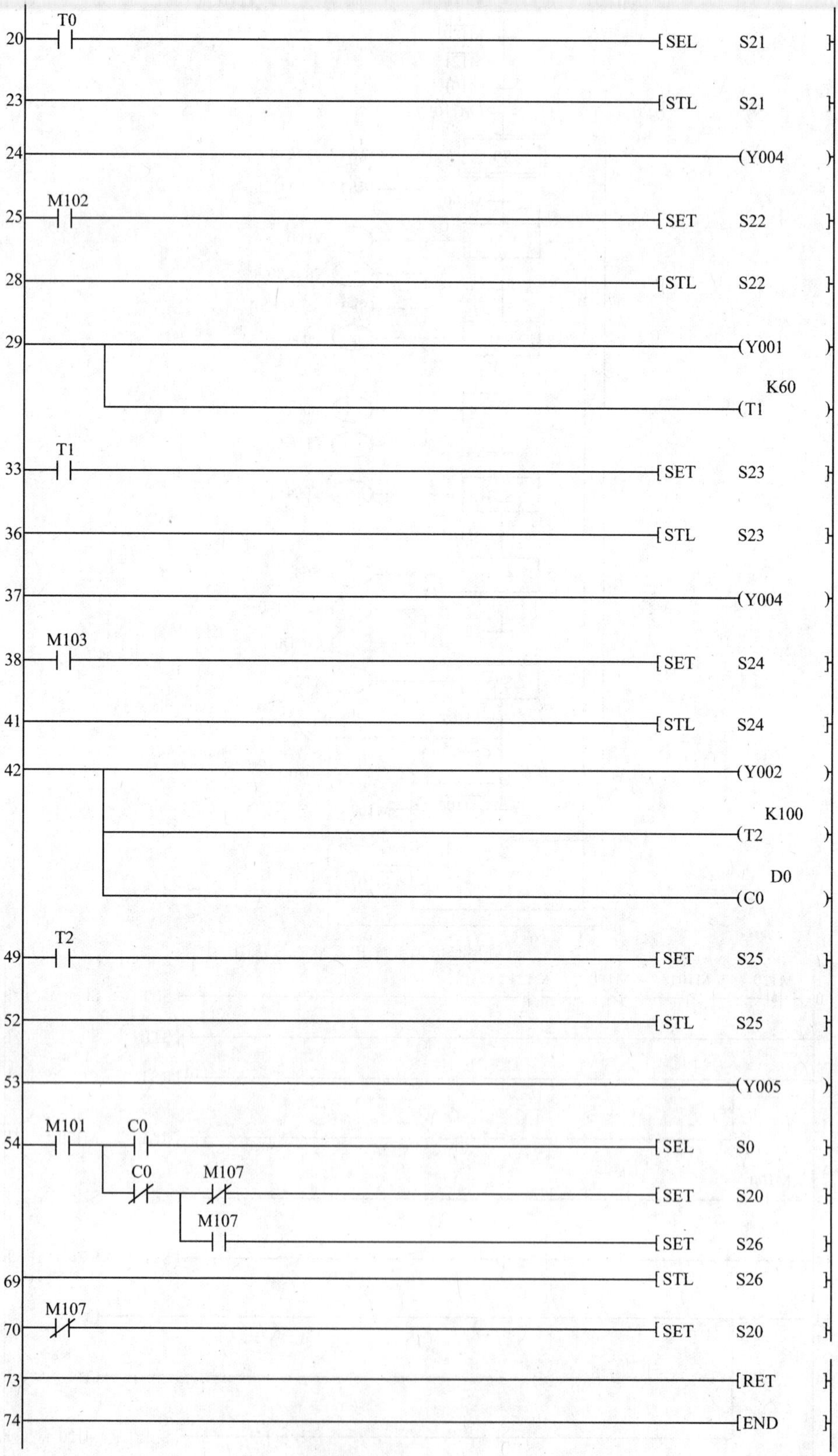

```
      T0
20   ─┤├────────────────────────────────────────────[SEL    S21   ]
23   ──────────────────────────────────────────────[STL    S21   ]
24   ─────────────────────────────────────────────────(Y004  )
      M102
25   ─┤├────────────────────────────────────────────[SET    S22   ]
28   ──────────────────────────────────────────────[STL    S22   ]
29   ─────────────┬───────────────────────────────────(Y001  )
                  │                                   K60
                  └───────────────────────────────────(T1    )
      T1
33   ─┤├────────────────────────────────────────────[SET    S23   ]
36   ──────────────────────────────────────────────[STL    S23   ]
37   ─────────────────────────────────────────────────(Y004  )
      M103
38   ─┤├────────────────────────────────────────────[SET    S24   ]
41   ──────────────────────────────────────────────[STL    S24   ]
42   ─────────────┬───────────────────────────────────(Y002  )
                  │                                   K100
                  ├───────────────────────────────────(T2    )
                  │                                   D0
                  └───────────────────────────────────(C0    )
      T2
49   ─┤├────────────────────────────────────────────[SET    S25   ]
52   ──────────────────────────────────────────────[STL    S25   ]
53   ─────────────────────────────────────────────────(Y005  )
      M101    C0
54   ─┤├─────┤├──────────────────────────────────────[SEL    S0    ]
              C0      M107
           ──┤/├────┤/├───────────────────────────────[SET    S20   ]
                    M107
                 ──┤├──────────────────────────────────[SET    S26   ]
69   ──────────────────────────────────────────────[STL    S26   ]
      M107
70   ─┤/├────────────────────────────────────────────[SET    S20   ]
73   ──────────────────────────────────────────────[RET   ]
74   ──────────────────────────────────────────────[END   ]
```

图 3-59　运料小车 PLC 梯形图程序(续)

3.5 MCGS 设备组态与连机调试

3.5.1 设备组态

1. 添加 PLC 设备

(1)打开"运料小车仿真系统"工程,在工作台中激活"设备窗口",双击 进入设备组态画面,弹出设备组态窗口,窗口内为空白,没有任何设备。

(2)在设备工具箱中,按先后顺序双击"通用串口父设备"和"三菱_FX 系列编程口",将它们添加至组态画面。

2. PLC 设备属性设置及通道连接

(1)在设备组态窗口中双击已添加的"通用串口父设备 0－[通用串口父设备]",弹出"通用串口设备属性编辑"对话框。在"基本属性"选项卡中对通信端口和通信参数进行设置。

(2)双击"设备 0－[三菱_FX 系列编程口]",弹出"设备编辑窗口"对话框。单击"删除全部通道"按钮,将不用的通道 X0000～X0007 删除。

(3)单击"增加设备通道"按钮,按照表 3-4 中所列的 PLC 寄存器地址,添加所需要的 PLC 通道。然后按照表 3-4 中所列的数据对象与 PLC 寄存器之间的对应关系,进行数据通道连接。本项目的设备通道连接情况如图 3-60 所示。

图 3-60 MCGS 变量与 PLC 通道连接

（4）选择 PLC 类型：单击"设备编辑窗口"对话框中的"CPU 类型"，从右边的下拉列表中选择"4-FX3UCPU"。

（5）确认、保存，设备组态结束。

3.5.2　在线运行调试

1. 在线模拟运行调试

如果没有 MCGS 触摸屏，也可以在计算机上在线模拟运行调试。方法如下：

（1）将 PLC 与计算机用专用通信线连接好，然后利用 GX Developer 编程软件将如图 3-59 所示程序写入到 PLC 中，下载结束后将 PLC 置于"RUN"运行状态。

（2）设置好通信端口和通信参数。即打开设备组态窗口，在设备组态窗口中双击已添加的"通用串口父设备 0－[通用串口父设备]"，弹出"通用串口设备属性编辑"对话框，在"基本属性"选项卡中将其通信参数设置成 PLC 通信参数相同，串口端口号应按 PLC 与计算机之间实际连接的端口号进行设置。

（3）设置好通信参数后单击"确认"按钮返回，保存后关闭设备组态窗口。

（4）按键盘中的"F5"键或单击工具条中的按钮，弹出"下载配置"对话框。

（5）选择"模拟运行"，单击"工程下载"开始下载，数秒钟后下载结束。

（6）单击"启动运行"，系统会进入模拟运行环境，运行"运料小车仿真系统"工程。

（7）单击运行方式选择开关，选择"仿真"运行方式。单击"系统运行"按钮，系统会弹出"运行次数设置"窗口，设定好运料次数后，单击"启动"按钮，系统会仿真运行，同时系统运行指示灯变绿。

（8）如果在系统正在运行的情况下单击运行方式选择开关，则会弹出提示窗口，提醒操作者等本次运料任务完成后，方可进行方式选择。

（9）如果系统正在运行，若有人再次按下"运行"按钮时，系统会弹出"系统正忙提示"窗口。只有在本次运料任务完成后，才能重新进行系统次数设定和启动。

（10）如果在运行中途有人按下"暂停/继续"按钮，则"暂停/继续"指示灯闪烁，但小车不能立即停止，只有在完成本次运料循环后才会停止在初始位置。若再次按下"暂停/继续"按钮，小车将完成剩余次数的运料任务后自动停止。

（11）当本次设定的运料任务完成后，系统会自动停止并弹出"运料完成提示"窗口。

2. 在线连机运行调试

如果有 MCGS 触摸屏，则可进行在线连机运行调试：

（1）利用 GX Developer 编程软件将如图 3-59 所示的程序写入 PLC 中，下载结束后将 PLC 置于"RUN"运行状态。

（2）将 MCGS 触摸屏与 FX3U-32MR PLC 用专用通信线连接好。

（3）将普通的 USB 线，一端为扁平接口，插到计算机的 USB 口，一端为微型接口，插到 TPC（触摸屏）端的 USB2 口。

（4）在下载 MCGS 工程之前，一定要将"通用串口父设备"的通信端口设置为"COM1"（此为触摸屏的默认通信端口）。然后按键盘中的"F5"键或单击工具条中的按钮，弹出"下载配置"对话框。

（5）选择"连机运行"，连接方式选择"USB 通信"，然后单击"工程下载"开始下载，数秒钟后下载结束。

（6）单击"启动运行"或用手直接单击触摸屏上的"进入运行环境"按钮，输入正确的密码登录后，系统会运行"主画面"窗口。

（7）单击运行方式选择开关，选择"仿真"运行方式。单击"系统运行"按钮，系统会弹出"运行次数设置"窗口，设定好运料次数后，单击"启动"按钮，系统会仿真运行，同时系统运行指示灯变绿。

（8）如果在系统正在运行的情况下单击运行方式选择开关，则会弹出提示窗口，提醒操作者等本次运料任务完成后，方可进行方式选择。

（9）如果系统正在运行，若有人再次按下"运行"按钮时，系统会弹出"系统正忙提示"窗口。只有在本次运料任务完成后，才能重新进行系统次数设定和启动。

（10）如果在运行中途有人按下"暂停/继续"按钮，则"暂停/继续"指示灯闪烁，但小车不能立即停止，只有在完成本次运料循环后才会停止在初始位置。若再次按下"暂停/继续"按钮，小车将完成剩余次数的运料任务后自动停止。

（11）当本次设定的运料任务完成后，系统会自动停止并弹出"运料完成提示"窗口。

3.6　自主项目——搬运机械手监控系统设计

3.6.1　项目描述

机械手的动作过程如图 3-61 所示。其任务是将某工件从 A 点搬运到运输带上的 B 点，然后由运输带将工件运输出去。机械手的全部动作均由气缸驱动，而气缸又由相应的电磁阀控制。其中，上升/下降、伸出/收缩和放松/夹紧均由一个线圈两位置电磁阀控制。

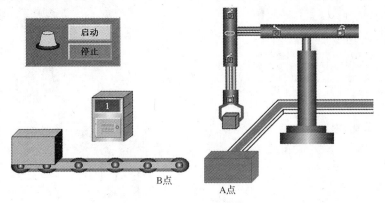

图 3-61　机械手的动作过程

（1）搬运机械手监控系统定义原点为右上方所到达的极限位置，机械手处于放松状态。

（2）机械手工作过程：按下"启动"按钮后，工件首先通过水平滑道，然后经过垂直滑道移动到机械手下方，即 A 点，当 A 点传感器检测到有工件时，机械手开始下降抓取工件，其动作顺序依次为：机械手垂直下降到下限 A 点→机械手夹紧工件→夹住工件上升到顶端→横向左移到左端→垂直下降到 B 点→机械手松开，把工件放到 B 处→机械手上升到顶端→横向右移到右极限原点处,如此循环。当 B 点有工件时,传送带运行将 B 点工件送走。若中途按"停止"按钮时,机械手并不立即停止,而是在本次循环所有过程都执行完后回到原点才能停止。

3.6.2 设计要求

利用 MCGS 和 PLC 设计搬运机械手监控系统。具体要求如下:

(1)系统应具有演示运行和仿真运行两种运行方式。演示运行方式是指完全由 MCGS 的动画功能模拟机械手工作过程。仿真运行是指由 MCGS 与 PLC 连接共同完成搬运机械手工作过程,即由 MCGS 搬运机械手画面中的图形元件模拟现场设备,按照 PLC 控制程序实现搬运机械手工作过程,同时图形元件模拟发出相应的现场信号反馈给 PLC,作为下一动作执行的条件。

(2)画面中应有当前日期、时间和星期等显示功能。

(3)机械手搬运工件的次数可在画面中设置和显示,同时,应有结束提示信息。

(4)系统要有必要的工程安全设置。

项目 4　自动配料监控系统设计

✍学习目标

通过本项目的学习，应达到以下目标：

(1)学习 MCGS 系统变量的应用方法；

(2)学习 MCGS 配方组态设计方法及应用；

(3)学习 MCGS 与 PLC 及其 A/D 模块的连接及使用方法；

(4)会使用 MCGS 与 PLC 设计自动配料监控系统。

4.1　项目描述及设计要求

4.1.1　项目描述

某企业需要对四种颗粒状工业原料利用四台电子秤进行定量自动配料,原料的流动性较好。四种原料分别放在四个圆锥形原料仓内,每个原料仓的底部安装了一个气缸控制的进料阀,用以给对应的电子秤料斗上料,如图 4-1 所示。气缸杆带动阀杆左右移动,产生开、关阀的动作。控制气缸的电磁阀线圈通电时,进料阀打开,原料流出;电磁阀线圈断电时,进料阀关闭,原料停止流出。

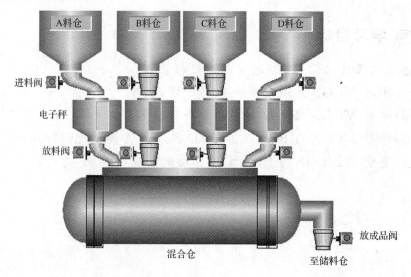

图 4-1　自动配料监控系统示意图

电子秤用称重传感器测量原料的质量。每个电子秤的料斗底部安装了一个气缸控制的放料阀。

电子秤的下方是混合仓,混合仓外的电动机带动内部的搅拌桨,搅动混合器内的原料。

控制要求:

按下“启动”按钮后,每个原料仓底部的进料阀同时打开,给对应的电子秤料斗上料,当电子秤料斗中原料质量达到所预设的配料质量时,各进料阀自动关闭。等四种原料均称好后,再同时打开各电子秤的放料阀开始放料,放完料后放料阀自动关闭。当四个电子秤放料均结束后,搅拌器启动开始搅拌。搅拌一定的时间后,搅拌器停止,放成品阀打开,开始放成品料。当成品料放完后,完成一次配料循环任务,如此循环。中途如果按下“停止”按钮,配料工作不能立即停止,而是等本次循环结束再停止。

4.1.2　设计要求

利用 MCGS 触摸屏和 PLC 设计自动配料监控系统。具体要求如下:

(1)系统应具有手动和自动两种控制方式。当进入手动控制界面,系统的各生产过程完全由手动操作完成;当进入自动运行界面,各生产过程按照工艺要求自动完成。

(2)系统应具有工艺流程、配方操作与显示、报警显示、数据报表、趋势曲线等显示画面,各画面可通过菜单进行切换显示。

(3)系统要有必要的工程安全设置。

4.2 系统监控画面设计

4.2.1 工程框架

1.确定需要设置的画面

根据系统工艺过程及设计要求,自动配料监控系统需要设置下列画面:

(1)主菜单画面,开机时显示的初始画面,可选择所要进入的画面。

(2)自动运行画面,也称为主画面。

(3)手动控制画面,系统手动操作画面。

(4)配方操作与显示画面,配方选择、编辑及其参数显示。

(5)报警显示画面,显示报警信息记录。

2.画面切换关系设计

因为画面个数不多,以主菜单画面为中心,采用"单线联系"的星形切换方式。开机后显示主菜单画面,在主菜单画面中设置切换到其他画面的画面切换按钮,从主菜单画面切换到所有其他画面,其他画面只能返回主菜单画面。

主菜单画面之外的画面之间不能互相切换,需要经过主菜单画面的"中转"来切换。

4.2.2 建立新工程

1.建立新工程

在 MCGS 组态环境中创建一个名为"自动配料监控系统"的工程,并保存。

2.创建用户窗口

在新建的"自动配料监控系统"工程中的工作台上创建五个用户窗口,窗口的名称分别为"主菜单"、"自动运行"、"手动控制"、"配方操作与显示"、"报警显示",如图4-2所示。

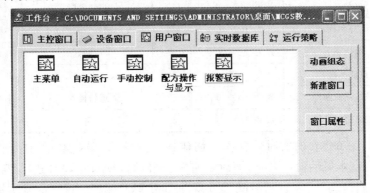

图 4-2 创建用户窗口

4.2.3 创建实时数据库

根据设计要求,自动配料监控系统所需的数据对象共 54 个,见表 4-1。

表 4-1 自动配料监控系统数据对象(变量)

序 号	变量名称	类 型	初 值	序 号	变量名称	类 型	初 值
1	启动	开关	0	28	放料初始料位	数值	0
2	停止	开关	0	29	混合仓料位	数值	0
3	A 料配方值	数值	0	30	搅拌	开关	0
4	B 料配方值	数值	0	31	搅拌桨	开关	0
5	C 料配方值	数值	0	32	搅拌器	开关	0
6	D 料配方值	数值	0	33	搅拌时间	数值	0
7	A 料质量	数值	0	34	搅拌时间设置	数值	0
8	B 料质量	数值	0	35	进 A 料	开关	0
9	C 料质量	数值	0	36	进 A 料阀	开关	0
10	D 料质量	数值	0	37	进 A 料时间	数值	0
11	A 料累加值	数值	0	38	进 B 料	开关	0
12	B 料累加值	数值	0	39	进 B 料阀	开关	0
13	C 料累加值	数值	0	40	进 B 料时间	数值	0
14	D 料累加值	数值	0	41	进 C 料	开关	0
15	dd	数值	0	42	进 C 料阀	开关	0
16	放 A 料	开关	0	43	进 C 料时间	数值	0
17	放 A 料阀	开关	0	44	进 D 料	开关	0
18	放 B 料	开关	0	45	进 D 料阀	开关	0
19	放 B 料阀	开关	0	46	进 D 料时间	数值	0
20	放 C 料	开关	0	47	配方号	数值	0
21	放 C 料阀	开关	0	48	配方名称	字符	0
22	放 D 料	开关	0	49	进料限时	数值	50
23	放 D 料阀	开关	0	50	缺料报警组	组对象	4 个成员
24	放成品	开关	0	51	时间到	开关	0
25	放成品阀	开关	0	52	自动	开关	0
26	放成品时间	数值	0	53	运行模式	字符	0
27	放成品时间设置	数值	0	54	设备字符串	字符	0

按照表 4-1,在工作台的实时数据库中创建各个变量(数据对象)。对于一般的数据对象只要设置它的基本属性就可以了,而对于有关报警的数据对象,如"进 A 料时间"、"进 B 料时间"、"进 C 料时间"、"进 D 料时间"、"缺料报警组"等,除了设置它的基本属性外还要对其存盘属性和报警属性进行设置。具体说明如下:

1.变量的报警属性和存盘属性设置

以"进 A 料时间"变量进行说明。

(1)建立一个数据对象名为"进 A 料时间"的数值型变量后,双击,在"报警属性"选项卡中,选择"允许进行报警处理",然后在"报警设置"中选择"上限报警",在出现的"报警注释"中输入"缺 A 料",同时在"报警值"中输入报警值"50"。

(2)在"存盘属性"选项卡中,选择"自动保存产生的报警信息"。

"进 B 料时间"、"进 C 料时间"和"进 D 料时间"的报警属性和存盘属性设置与上述方法相同。

2."缺料报警组"数据对象设置

定义组对象与定义其他数据对象略有不同,需要进行存盘属性设置和对组对象成员进行选择。

(1)建立一个数据对象名为"缺料报警组"的组对象变量后,双击,在"组对象成员"选项卡中,从"数据对象列表"中选择"进 A 料时间"、"进 B 料时间"、"进 C 料时间"和"进 D 料时间",将它们一一添加到"组对象成员列表"。

(2)在"存盘属性"选项卡中,"数据对象值的存盘"选择"定时存盘",并将"存盘周期"设为"5"秒。

4.2.4　主菜单画面设计

主菜单画面是系统运行的初始画面,其主要作用是实现各个画面之间的切换。画面的整体效果如图 4-3 所示。为了使画面美观,所有画面的顶部采用统一模板,即背景为一优美的图片,左边为运行模式显示框,中间为日期、已运行时间和星期显示框。下面介绍其制作过程。

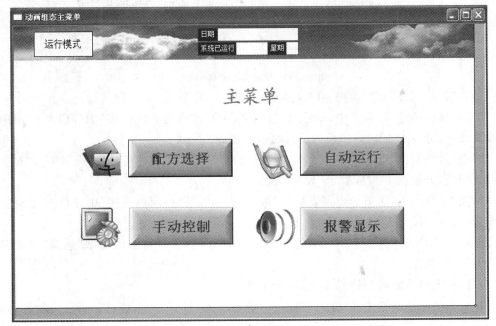

图 4-3　主菜单画面

1. 插入顶部背景图片

（1）事先准备一张背景图片，并将此图片保存为".bmp"（位图）格式。

（2）单击绘图工具箱中的"位图"按钮，在窗口顶部拖出一个适当大小的位图框，右键单击位图框，在弹出的快捷菜单中选择"装载位图"选项，选择事先准备好的".bmp"格式的图片，然后调整图片大小，如图 4-3 所示。

2. 运行模式显示框动画连接

单击绘图工具箱中的"标签"按钮 **A**，在窗口顶部背景区左边位置绘制适当大小的标签。双击后，弹出"标签动画组态属性设置"对话框，对其进行如下设置：

（1）在"属性设置"选项卡中，将"填充颜色"设为白色，"边线颜色"设为黑色，选择"颜色动画连接"中的"填充颜色"、"边线颜色"、"字符颜色"及"输入输出连接"中的"显示输出"，如图 4-4 所示。

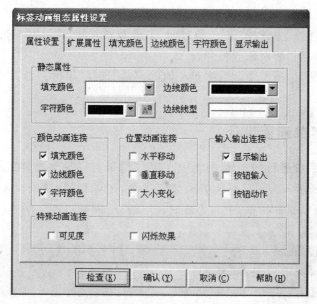

图 4-4　运行模式显示框属性设置

（2）在"扩展属性"选项卡中，在"文本框内容输入"中输入"运行模式"。

（3）在"填充颜色"选项卡中，"表达式"选择"自动"，"填充颜色连接"中分段点 0"对应颜色"设为红色，分段点 1"对应颜色"设为绿色，如图 4-5 所示。

（4）在"边线颜色"选项卡中，"表达式"选择"自动"，"边线颜色连接"中分段点 0"对应颜色"设为绿色，分段点 1"对应颜色"设为红色。

（5）在"字符颜色"选项卡中，"表达式"选择"自动"，"字符颜色连接"中分段点 0"对应颜色"设为蓝色，分段点 1"对应颜色"设为黑色。

（6）在"显示输出"选项卡中，"表达式"选择"运行模式"，"输出值类型"选择"字符串输出"，如图 4-6 所示。

3. 日期、已运行时间、星期显示框动画连接

（1）单击绘图工具箱中的"标签"按钮 **A**，分别输入"日期"、"系统已运行"、"星期"，如图 4-3 所示。将所有标签的"填充颜色"设为深蓝色，"字符颜色"设为白色，"字符字体"设为

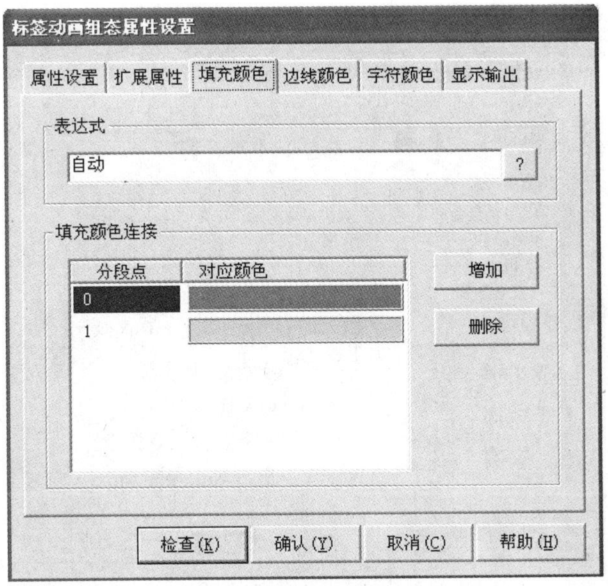

图 4-5　运行模式显示框填充颜色属性设置

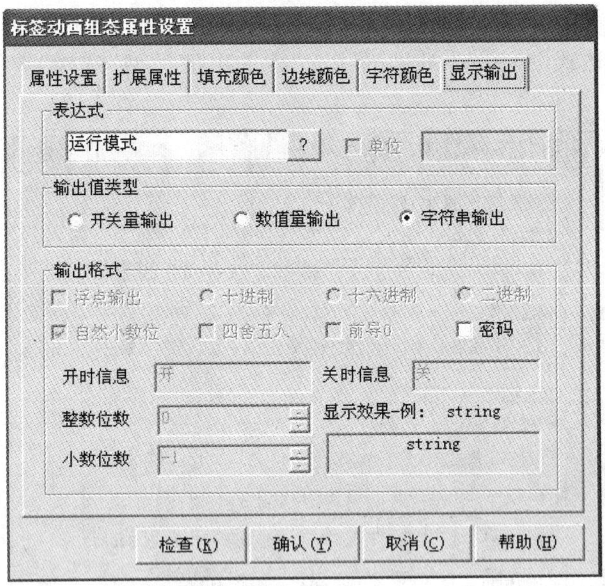

图 4-6　运行模式显示框显示输出属性设置

"宋体"、"小五号"。

(2)再单击"标签"按钮 **A**，分别在"日期"、"系统已运行"、"星期"文字的右边绘制大小适当的矩形框，分别作为日期、已运行时间和星期的显示框，显示框的背景颜色均设为白色，如图 4-3 所示。

(3)双击日期显示框，在"属性设置"选项卡中选择"显示输出"，在出现的"显示输出"选项卡中，在"表达式"中输入"＄Date＋"　"＋＄time"（"　"表示 Date 与 time 之间的空格，双引号之间的空格越大，Date 与 time 之间的空格越大），"输出值类型"选择"字符串输出"，如图 4-7 所示。

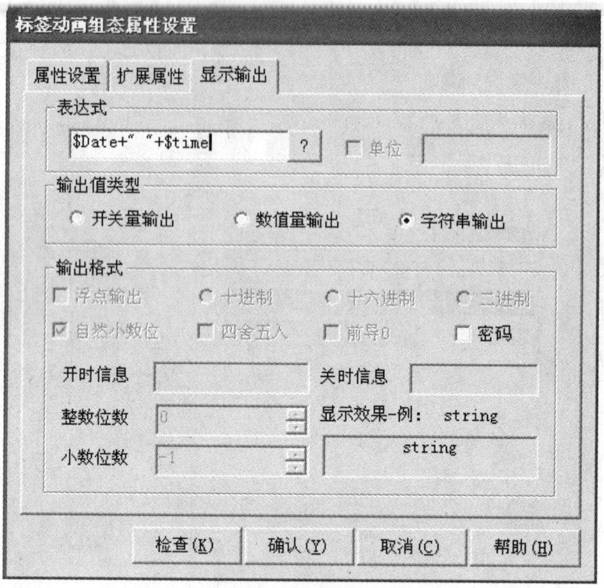

图 4-7　日期显示框显示输出属性设置

　　（4）双击已运行时间显示框，在"属性设置"选项卡中选择"显示输出"，在出现的"显示输出"选项卡中，在"表达式"中输入"＄RunTime"，"输出值类型"选择"数值量输出"，如图 4-8 所示。

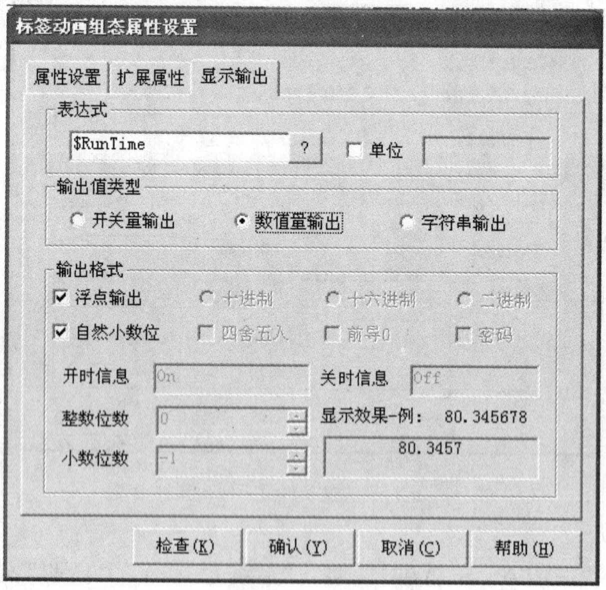

图 4-8　已运行时间显示框显示输出属性设置

　　（5）双击星期显示框，在"属性设置"选项卡中选择"显示输出"，在出现的"显示输出"选项卡中，在"表达式"中输入"＄Week"，"输出值类型"选择"数值量输出"，如图 4-9 所示。

　　注：上述表达式中的"＄Date"、"＄time"、"＄RunTime"和"＄Week"分别是 MCGS 系统提供的日期、时间、运行时间、星期之内部变量，内部变量前用"＄"作标记。

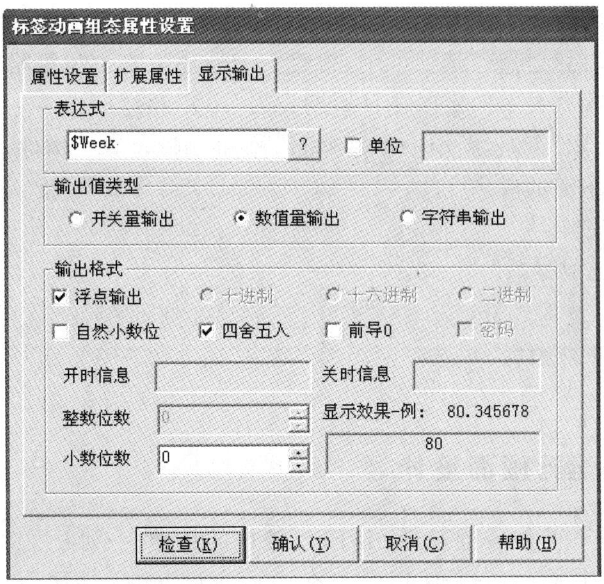

图 4-9　星期显示框显示输出属性设置

4. 画面选择(切换)按钮动画连接

以"配方选择"按钮为例:利用绘图工具箱中的"标准按钮"工具,绘制一个标准按钮。双击后弹出其属性设置对话框,在"基本属性"选项卡中将其命名为"配方选择"。在"操作属性"选项卡中,选择"打开用户窗口"选项,并从右边的下拉列表中选择"配方操作与显示";选择"关闭用户窗口"选项,并从右边的下拉列表中选择"主菜单",如图 4-10 所示。

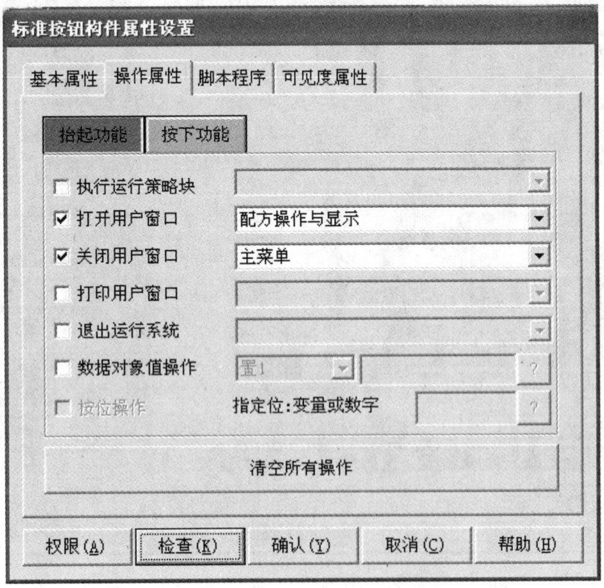

图 4-10　"配方选择"按钮操作属性设置

其他画面选择(切换)按钮采用复制、修改的方法制作。将"配方选择"按钮再复制三个,分别将其名称改为"自动运行"、"手动控制"和"报警显示",并将它们的操作属性中的"打开用户窗口"分别改为"自动运行"、"手动控制"和"报警显示"即可。

5.运行模式显示策略

（1）在工作台的"运行策略"选项卡中，新建一个循环策略，在"策略属性设置"对话框中将"策略名称"设为"模式显示"，定时循环周期设为"100"ms。

（2）双击"模式显示"策略，新增一个策略行，添加"脚本程序"构件，双击 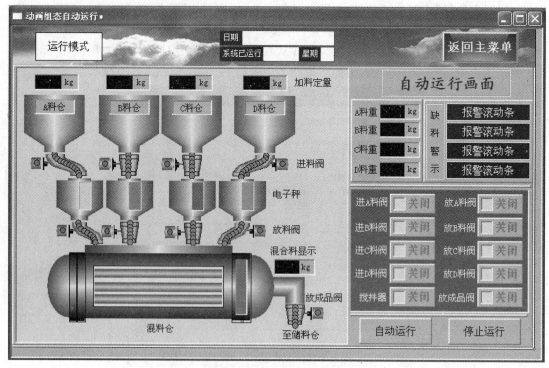 进入脚本程序编辑环境，输入下面的程序：

```
IF 自动＝1 THEN
    运行模式＝"自动运行"
ELSE
    运行模式＝"手动控制"
ENDIF
```

4.2.5 自动运行画面设计

系统有自动和手动两种运行方式，由 PLC 外接的自动/手动开关来选择。自动模式运行的画面称为自动运行画面，它是使用最多的画面，也可以称为主画面。自动运行画面的整体效果如图 4-11 所示。它可分为顶部公共区域、左部工艺流程区域、右部控制及状态显示区域三部分，下面简要介绍各部分的制作及动画连接。

图 4-11 自动运行画面

1.顶部公共区域画面的制作

（1）通过复制的方法，将主菜单画面顶部的背景画面复制到自动运行画面。

（2）利用绘图工具箱中的"标准按钮"工具，在窗口顶部背景区右边位置绘制适当大小的按钮。双击后弹出其属性设置对话框，对其进行如下设置：

①在"基本属性"选项卡中,在"文本"中输入"返回主菜单"。

②在"操作属性"选项卡中,"打开用户窗口"选择"主菜单","关闭用户窗口"选择"自动运行"窗口。

2. 加料定量值显示框的制作

(1)利用绘图工具箱中的"标签"工具绘制一显示框,适当设置颜色。

(2)双击显示框,在"属性设置"选项卡中选择"显示输出",打开"显示输出"选项卡,在"表达式"中输入"A料配方值","输出值类型"选择"数值量输出"。

B料、C料和D料设定值显示框制作方法与此相同,只是将显示输出"表达式"中数据对象分别改为"B料配方值"、"C料配方值"、"D料配方值"即可。

3. 原料仓的制作

利用"常用图符"工具箱中的"三维锥体"和"竖管道"工具,绘制适当大小的三维锥体和竖管道,通过组合的方法制作其中一个原料仓图形,然后再复制三个,分别作为A料仓、B料仓、C料仓和D料仓的图形,如图4-11所示。

4. 进料阀的制作及动画连接

(1)利用"矩形"、"椭圆"和各种管道工具自制一个阀门图形,如图4-11所示,其中,小圆是用来显示阀门打开或关闭的图形。双击阀门图形中的小圆,打开其属性设置对话框,选择"颜色动画连接"中的"填充颜色",如图4-12所示,打开"填充颜色"选项卡,在"表达式"中选择"进A料阀",如图4-13所示。

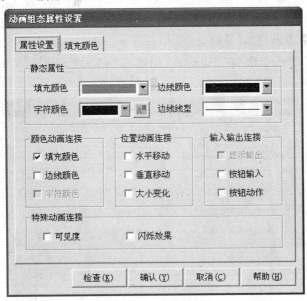

图4-12　小圆属性设置

(2)选择所有阀门图形,单击鼠标右键,在弹出的快捷菜单中选择"排列"→"合并单元"选项,将阀门图形组合成一个整体。

(3)通过复制的方法,再复制三个阀门,将它们的"填充颜色"选项卡中的"表达式"分别改为"进B料阀"、"进C料阀"和"进D料阀"。

5. 进料粒的制作及动画连接

进料粒的制作和动画连接与运料小车(项目3)中的料粒制作相似,其动画效果也是利

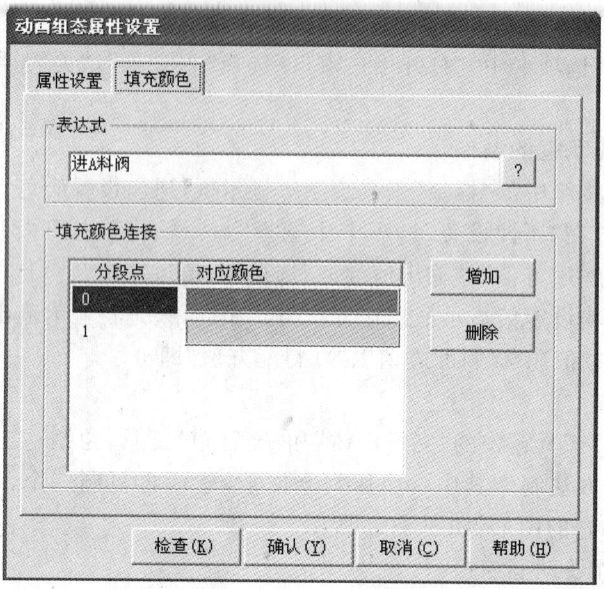

图 4-13 小圆填充颜色属性设置

用连续排列的三个小圆的可见度属性设置实现的。下面以进 A 料粒串为例来说明其制作过程：

（1）单击绘图工具箱中的"椭圆"按钮 ○，在窗口空白处绘制一个直径为 10 的小圆。

（2）双击小圆图形，在"属性设置"选项卡中，将"填充颜色"设为红色，选择"特殊动画连接"中的"可见度"，相应出现"可见度"选项卡。

（3）在"可见度"选项卡中，在"表达式"中输入"dd＝0 and 进 A 料阀＝1"，如图 4-14 所示。

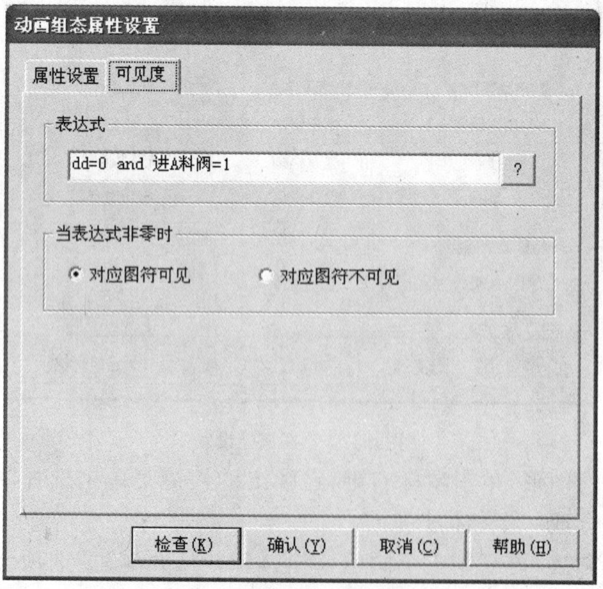

图 4-14 进 A 料粒可见度属性设置

（4）将进 A 料粒小圆再复制两个，分别将其"可见度"选项卡中的"表达式"改为"dd＝

1 and 进 A 料阀＝1"和"dd＝2 and 进 A 料阀＝1"。

（5）将三个小圆排列成一串，如图 4-11 所示，然后将其合并成一个料粒组。

（6）将料粒组再复制 2～3 组（根据长短需要），然后将它们按管道形状排列起来并合成一个单元，即进 A 料粒串。

（7）进 B 料粒串、进 C 料串和进 D 料串可通过复制进 A 料粒串的方法制作，对它们的数据对象属性分别按照图 4-15～图 4-17 所示进行设置即可。

图 4-15　进 B 料粒数据对象属性设置

图 4-16　进 C 料粒数据对象属性设置

6. 电子秤料斗(秤斗)的制作及料位显示动画连接

（1）通过复制原料仓的方法制作电子秤料斗。

图 4-17　进 D 料粒数据对象属性设置

（2）单击绘图工具箱中的"矩形"按钮 □，绘制 A 秤斗料位显示框。

（3）双击 A 秤斗料位显示框，在"属性设置"选项卡中，选择"位置动画连接"中的"大小变化"，如图 4-18 所示。

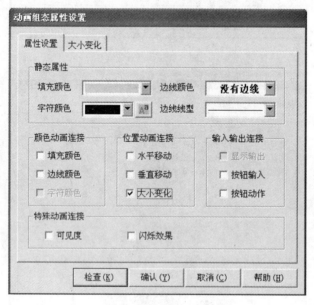

图 4-18　A 秤斗料位显示框属性设置

（4）在"大小变化"选项卡中，在"表达式"中输入"A 料质量"，"大小变化连接"中"最大变化百分比"设为"100"，"表达式的值"设为"50"，"变化方向"选择"向上"，"变化方式"选择"缩放"，如图 4-19 所示。

（5）复制三个 A 秤斗料位显示框，作为 B 秤斗、C 秤斗和 D 秤斗料位显示框，分别将它们的"大小变化"选项卡中的"表达式"改为"B 料质量"、"C 料质量"和"D 料质量"。

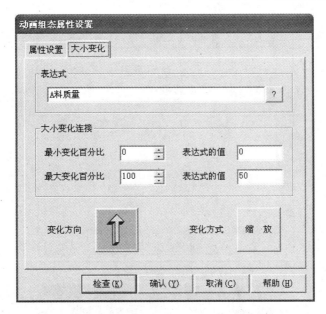

图 4-19　A 秤斗料位显示框大小变化属性设置

7. 放料阀的制作和放料粒动画连接

（1）放料阀的制作和动画连接，可直接复制上述对应的四个进料阀，然后将它们对应的"填充颜色"选项卡中的"表达式"分别改为"放 A 料阀"、"放 B 料阀"、"放 C 料阀"和"放 D 料阀"即可。

（2）放料粒串的制作和动画连接，也可直接复制上述对应的四个进料粒串，然后将它们对应的数据对象属性分别按照图 4-20～4-23 所示进行设置即可。

图 4-20　放 A 料粒数据对象属性设置

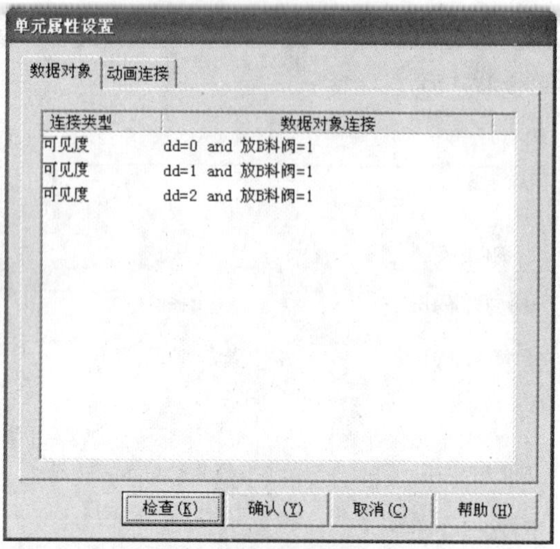

图 4-21　放 B 料粒数据对象属性设置

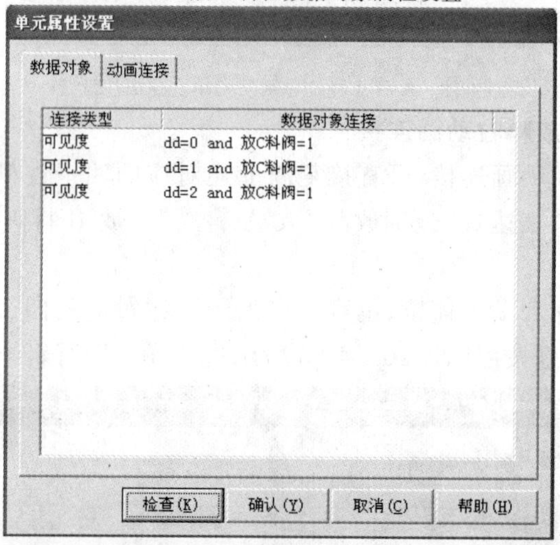

图 4-22　放 C 料粒数据对象属性设置

图 4-23　放 D 料粒数据对象属性设置

8.混合仓、料位显示框和搅拌桨的制作及动画连接

（1）混合仓图形制作：单击绘图工具箱中的"常用符号"按钮 🖉，打开"常用图符"工具箱，利用"横管道"、"竖管道"、"管道接头"、"三维圆球"等工具，自制一个混合仓、料位显示框和搅拌桨组合图形，如图 4-24 所示。

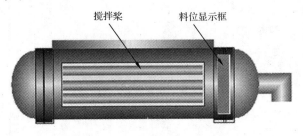

图 4-24　混合仓、料位显示框和搅拌桨组合图形

（2）搅拌桨的动画连接：搅拌桨由三个水平放置的圆柱体构成，利用三个圆柱体垂直移动产生搅拌效果（注意：为了产生翻转搅动效果，中间圆柱体与最下面圆柱体之间的距离要小一些）。双击各圆柱体，在"属性设置"选项卡中，选择"位置动画连接"中的"垂直移动"，然后在"垂直移动"选项卡中，分别按照图 4-25～图 4-27 所示进行设置。

图 4-25　最上面圆柱体垂直移动属性设置

（3）混合仓料位高低显示：双击料位显示框（矩形），在"属性设置"选项卡中，选择"位置动画连接"中的"大小变化"，然后在"大小变化"选项卡中，"表达式"选择"混合仓料位"，将"最大变化百分比"设为"60"，"表达式的值"设为"100"。

（4）混合仓料位数值显示：利用绘图工具箱中的"标签"工具，绘制水平矩形显示框，双击后将"填充颜色"设为黑色，"字符颜色"设为白色，选择"输入输出连接"中的"显示输出"，在"显示输出"选项卡中，"表达式"选择"混合仓料位"，"输出值类型"选择"数值量输出"。

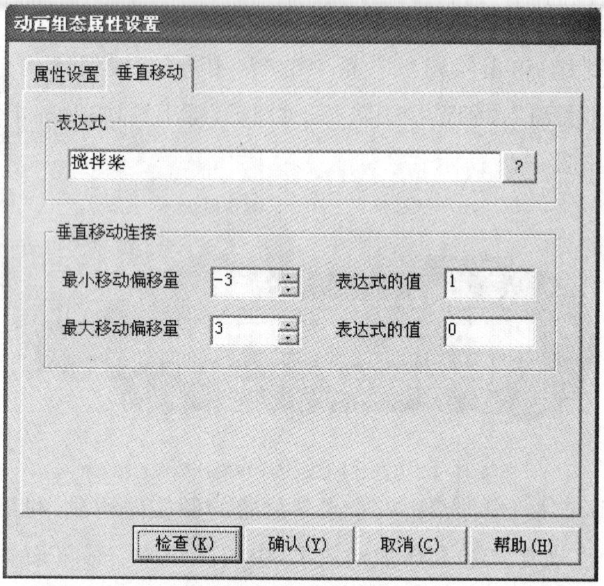

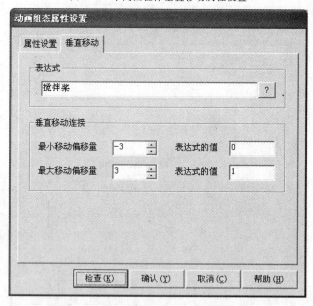

图 4-26　中间圆柱体垂直移动属性设置

图 4-27　最下面圆柱体垂直移动属性设置

9. 放成品阀和成品料粒的制作及动画连接

（1）复制一个放 B 料阀，将其拖放到混合仓放料口处，双击后将其"填充颜色"选项卡中的"表达式"改为"放成品阀"即可。

（2）复制一组放 B 料粒串，将其拖放到混合仓放料口处，双击后将其数据对象属性按照图 4-28 所示进行修改。

最后绘制一个凹平面，将其设为最底层，"填充颜色"设为浅绿色，作为工艺流程区域的背景，如图 4-11 所示。

图 4-28　放成品料粒数据对象属性设置

10. 标题文字的制作

利用绘图工具箱中的"标签"工具,输入"自动运行画面"的标题文字,调整大小和位置,然后用"凹槽平面"工具绘制一个装饰框。

11. 电子秤原料量(秤料量)显示的制作及动画连接

(1)秤料量图形显示(大小变化)的制作与上述电子秤料斗料位显示画面的制作方法相同。

(2)秤料量数字显示通过标签的显示输出属性设置,各秤料量的显示输出属性设置分别如图 4-29~4-32 所示。

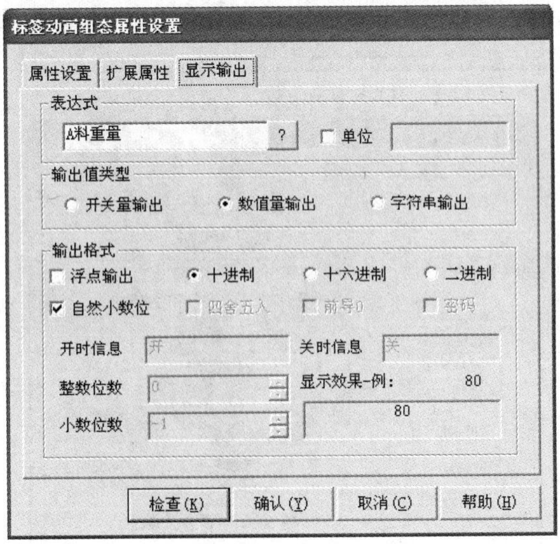

图 4-29　A 秤料量显示输出属性设置

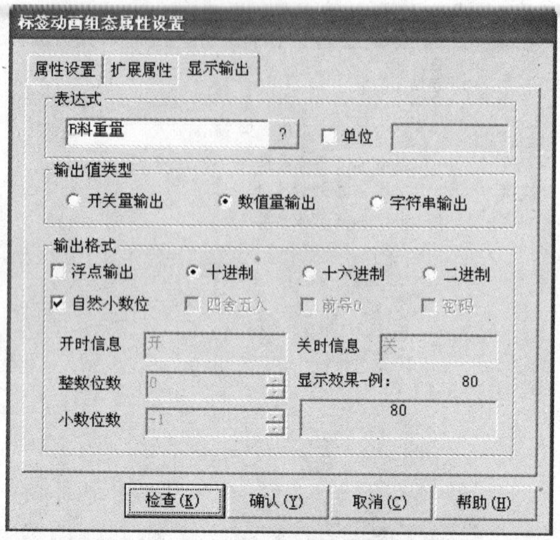

图 4-30　B 秤料量显示输出属性设置

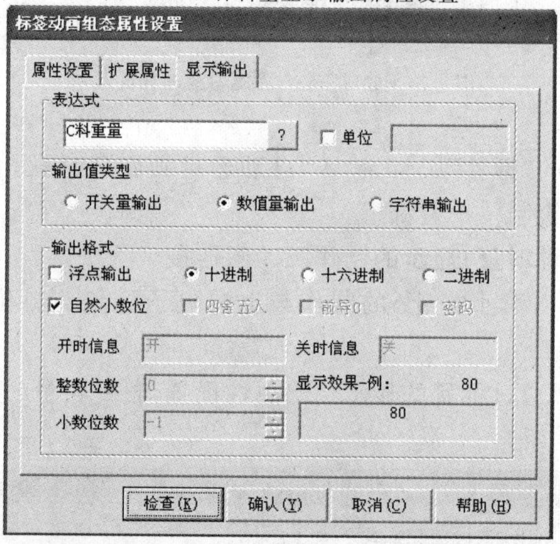

图 4-31　C 秤料量显示输出属性设置

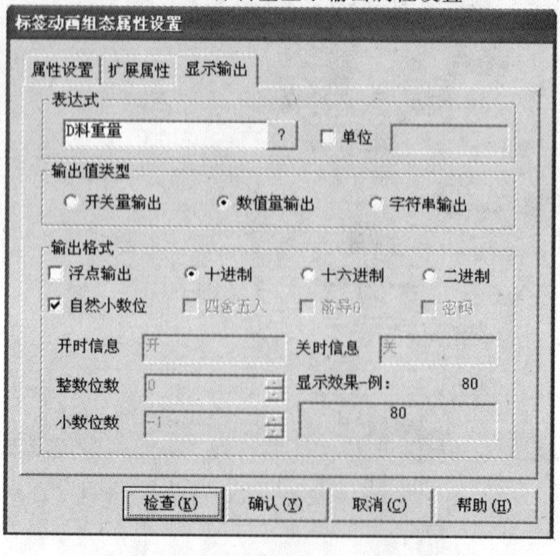

图 4-32　D 秤料量显示输出属性设置

12. 缺料报警滚动条的制作

若某个原料仓中无料时,系统应发出报警提示信息。为了检测是否缺料,可以安装料位传感器,也可以设置延时,即如果在设定的时间内原料斗流入秤斗的料达不到设定的质量,可以间接判断该原料斗缺料。本项目采用设置延时的方法。

(1)选择绘图工具箱中的"报警条"工具,绘制一长方形报警滚动条。

(2)双击报警滚动条,在"基本属性"选项卡的"显示报警对象"中输入"进A料时间"。

(3)B料、C料和D料的缺料报警滚动条的制作与此相同,只是将"显示报警对象"分别改为"进B料时间"、"进C料时间"和"进D料时间"即可。

13. 设备状态显示的制作及动画连接

这一部分的功能主要是为了显示进料阀、放料阀、搅拌器和放成品阀的工作状态,每个设备的工作状态由一个颜色随工作状态变化的小矩形图形和文字提示构成。下面以进A料阀状态显示为例说明其组态过程。

(1)利用"标准按钮"、"凹平面"、"矩形"、"标签"等工具,制作如图4-33(a)所示的按钮、小凹平面、小矩形图形以及"关闭"和"打开"文字。其中小矩形略小于小凹平面图形。

(a)　　　　　　　　　　　　　　　(b)

图4-33　进A料阀状态显示图形绘制

(2)双击小矩形图形,在"属性设置"选项卡中选择"填充颜色",在"填充颜色"选项卡中,在"表达式"中输入"进A料阀",分段点0"对应颜色"设为红色,分段点1"对应颜色"设为绿色。

(3)"关闭"标签属性设置:双击"关闭"标签,打开其属性设置对话框,进行如下设置。

①在"属性设置"选项卡中,将"填充颜色"设为"没有填充","边线颜色"设为"没有边线","字符颜色"设为红色,"字符字体"设为"宋体"、"五号",选择"特殊动画连接"中的"可见度"和"闪烁效果"。

②在"可见度"选项卡中,在"表达式"中输入"进A料阀","当表达式非零时"选择"对应图符不可见"。

③在"闪烁效果"选项卡中,在"表达式"中输入"1"。

(4)"打开"标签属性设置:双击"打开"标签,打开其属性设置对话框,进行如下设置。

①在"属性设置"选项卡中,将"填充颜色"设为"没有填充","边线颜色"设为"没有边线","字符颜色"设为绿色,"字符字体"设为"宋体"、"五号",选择"特殊动画连接"中的"可见度"和"闪烁效果"。

②在"可见度"选项卡中,在"表达式"中输入"进A料阀",当"表达式非零时"选择"对应图符可见"。

③在"闪烁效果"选项卡中,在表达式中输入"1"。

(5)将小矩形与凹平面重叠(凹平面在底层),"关闭"和"打开"文字相互重叠,然后将整个进A料阀状态显示图形合并单元,如图4-33(b)所示。

(6)将上述制作的进 A 料阀状态显示图形连续复制九个,分别将它们的"填充颜色"选项卡中的"表达式"改为"进 B 料阀"、"进 C 料阀"、"进 D 料阀"、"放 A 料阀"、"放 B 料阀"、"放 C 料阀"、"放 D 料阀"、"搅拌器"和"放成品阀"。

(7)最后将它们进行排列整齐,并输入相应的文字,如图 4-11 所示。

14."自动运行"和"停止运行"按钮的制作及动画连接

利用绘图工具箱中的"标准按钮"工具,绘制两个按钮图形,将其名称分别设为"自动运行"和"停止运行",然后将它们的操作属性分别按照图 4-34 和图 4-35 所示进行设置。

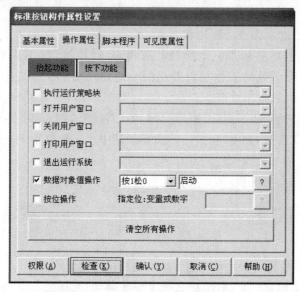

图 4-34 "自动运行"按钮操作属性设置

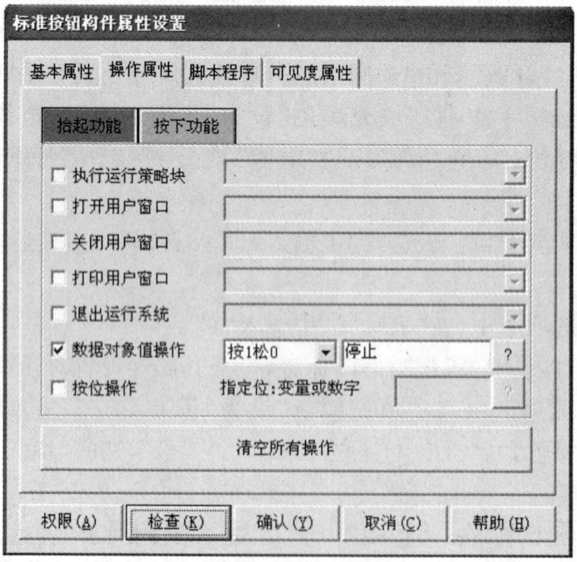

图 4-35 "停止运行"按钮操作属性设置

4.2.6　运行策略设计

1.料粒动画显示策略

（1）在工作台的"运行策略"选项卡中，新建一个循环策略，在"策略属性设置"对话框中将"策略名称"设为"料粒动画"，定时循环周期设为"100" ms。

（2）双击"料粒动画"策略，新增一个策略行，添加"脚本程序"构件，双击 进入脚本程序编辑环境，输入下面的程序：

dd＝dd＋1

IF dd＞2 THEN

　　dd＝0

ENDIF

2.搅拌动画显示策略

（1）在工作台的"运行策略"选项卡中，新建一个循环策略，在"策略属性设置"对话框中将"策略名称"设为"搅拌动画"，定时循环周期设为"200" ms。

（2）双击"搅拌动画"策略，新增一个策略行，添加"脚本程序"构件，双击 进入脚本程序编辑环境，输入下面的程序：

IF 搅拌器＝1 THEN

　　搅拌桨＝1－搅拌桨

ENDIF

3.混合仓料位变化策略

为了能在设定的放料时间内放完成品料，通过循环策略每0.1 s将混合仓料位减去放料初始料位除以放成品时间设定值（单位为0.1 s）之商，基本上能保证放料时间达到设定值时刚刚好放完。其循环脚本程序设计如下：

（1）在工作台的"运行策略"选项卡中，新建一个循环策略，在"策略属性设置"对话框中将"策略名称"设为"混合仓料位"，定时循环周期设为"100" ms。

（2）双击"混合仓料位"策略，新增一个策略行，添加"脚本程序"构件，双击 进入脚本程序编辑环境，输入下面的程序：

IF 放 A 料阀＝1 AND 放成品阀＝0 THEN

　　混合仓料位＝混合仓料位＋0.1

ENDIF

IF 放 B 料阀＝1 AND 放成品阀＝0 THEN

　　混合仓料位＝混合仓料位＋0.1

ENDIF

IF 放 C 料阀＝1 AND 放成品阀＝0 THEN

　　混合仓料位＝混合仓料位＋0.1

ENDIF

IF 放 D 料阀＝1 AND 放成品阀＝0 THEN

    混合仓料位＝混合仓料位＋0.1

ENDIF

IF 放 A 料阀＝0 AND 放 B 料阀＝0 AND 放 C 料阀＝0 AND 放 D 料阀＝0 AND 放成品阀＝1 THEN

    混合仓料位＝混合仓料位－放料初始料位/(放成品时间设置 * 10)

    IF 混合仓料位＜＝0 THEN

        混合仓料位＝0

    ENDIF

ENDIF

IF 混合仓料位＜＝0 THEN

    混合仓料位＝0

ENDIF

4. 混合仓放料初始料位获取策略

(1)在工作台的"运行策略"选项卡中,新建一个事件策略,在"策略属性设置"对话框中将"策略名称"设为"初始料位获取","策略执行方式"中,"关联数据对象"选择"放成品阀","事件的内容"选择"数据对象的值正跳变时,执行一次",如图 4-36 所示。

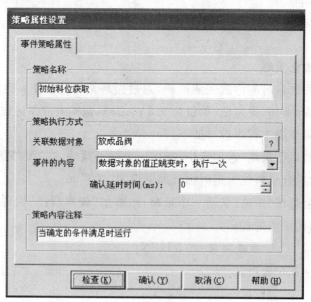

图 4-36　事件策略属性设置

(2)双击"初始料位获取"策略,新增一个策略行,添加"脚本程序"构件,双击进入脚本程序编辑环境,输入下面的程序:

    放料初始料位＝混合仓料位

4.2.7 手动控制画面设计

手动控制画面的整体效果如图 4-37 所示。其顶部公共区域和左部工艺流程区域与自动运行画面基本相同,只是控制区域界面有所不同而已,所以采用复制、修改自动运行画面的方法制作。

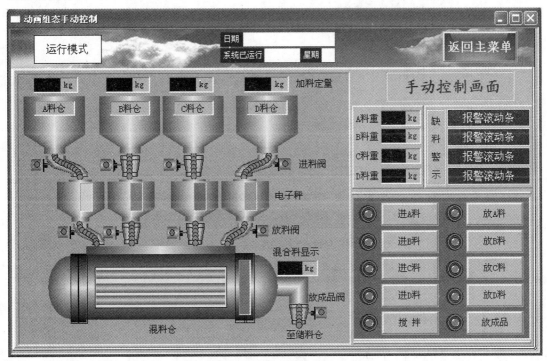

图 4-37 手动控制画面

1. 复制自动运行画面

(1)打开自动运行画面,单击"编辑"菜单中的"全选"选项,此时画面中的所有元件处于被选中状态,然后再单击"编辑"菜单中的"拷贝"选项,关闭自动运行画面。

(2)打开手动控制画面,单击"编辑"菜单中的"粘贴"选项,则自动运行画面中的所有元件被复制到手动控制画面中。

2. 修改"返回主菜单"按钮操作属性和标题文字

(1)双击"返回主菜单"按钮,将操作属性中的"关闭用户窗口"改为"手动控制"。

(2)将标题文字"自动运行画面"改为"手动控制画面"。

3. 设备状态指示灯和手动控制按钮的制作

(1)删除原设备状态显示部分的所有图形及"自动运行"和"停止运行"按钮。

(2)从元件库中选择某指示灯(如"指示灯 14")作为设备状态指示灯图形,如图 4-37 所示。双击后,按照图 4-38 所示进行设置(这里以进 A 料阀状态指示灯为例)。

(3)绘制一个标准按钮,将其名称改为"进 A 料"(以"进 A 料"手动按钮为例)。双击后,按照图 4-39 所示进行设置。

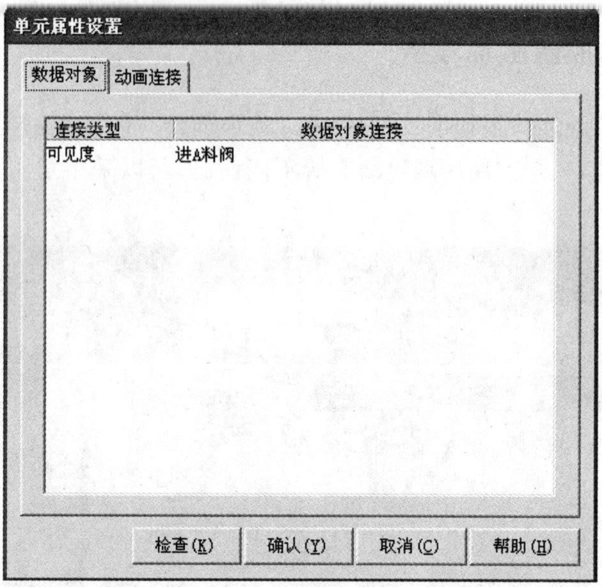

图 4-38 进 A 料阀状态指示灯数据对象属性设置

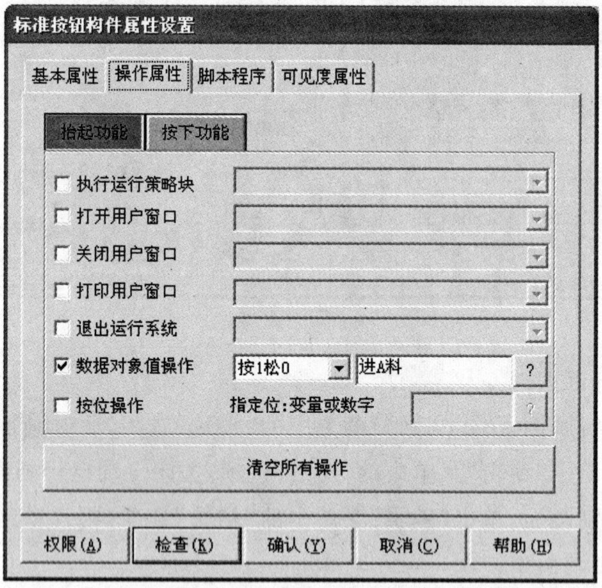

图 4-39 "进 A 料"手动按钮操作属性设置

(4)其他状态指示灯和手动按钮可通过复制、修改的方法进行制作,复制后将它们的属性做相应修改即可。

4.2.8 配方操作与显示画面设计

本配料系统生产工艺参数采用 MCGS 提供的配方功能实现。它包括配方组态设计和配方操作与显示画面设计两部分。

配方是用来描述生产一件产品所用的不同配料之间的比例关系,是生产过程中一些变量对应的参数设定值的集合。例如,面包厂生产面包时有一个配料配方,此配方列出所有要用来生产面包的配料(如水、面粉、糖、鸡蛋、蜂蜜等),而不同口味的面包会有不同的配料用量,如甜面包会使用更多的糖,而低糖面包则使用更少的糖。在 MCGS 配方构件中,所有配料的列表就是一个配方组,而每一种口味的面包原料用量则是一个配方。可以把配方组想象成一张表格,表格的每一列就是一种原料,而每一行就是一个配方,单元格的数据则是每种原料的具体用量。

MCGS 配方功能设有一个"输出系数"参数,可以从整体上控制原料的用量。例如,某配方组中的原料用量是生产 100 个产品的原料用量,现在要一次性投放生产 1 000 个产品的原料,只要把"输出系数"设置为"10"即可。同理,设置"输出系数"为"0.5",则可以投放生产 50 个产品的原料。

MCGS 配方构件采用数据库处理方式:可以在一个用户工程中同时建立和保存多个配方组;每个配方组的成员变量和配方可以任意修改;各个配方组的成员变量的值可以在组态和运行环境中修改;可随时指定配方组中的某个配方为配方组的当前配方;可以把指定配方组的当前配方的参数值装载到实时数据库的对应变量中,也可以把实时数据库的变量值保存到指定配方组的当前配方中。此外,MCGS 还提供了追加配方、插入配方、对当前配方改名等功能。

1. 配方组态设计

(1)单击"工具"菜单下的"配方组态设计"选项,进入 MCGS "配方组态设计"窗口,如图 4-40 所示。"配方组态设计"窗口是一个独立的编辑环境。用户通过菜单、工具栏按钮以及键盘热键能够完成配方和配方组成员的新建、编辑、删除等操作。

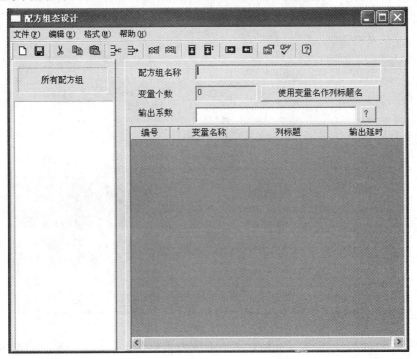

图 4-40 "配方组态设计"窗口

"配方组态设计"窗口主要分为三部分:左边是配方组列表,工程中所有的配方组都会显示在这里。右边上部是配方组的名称、成员变量个数等配方组信息,下方则显示这个配方组的成员变量列表及其对应的数据对象名称、列标题等信息。用户要查看或者修改某一个配方组的成员及其参数,必须先从列表中选中要操作的配方组,然后在右边进行相应的操作。

(2)新建配方组:选择"文件"菜单中的"新增配方组"选项或者单击工具栏中的"增加一个配方组"按钮,会自动建立一个缺省的配方组。缺省的配方组名称为"配方组 X",没有任何成员变量,输出系数为空。

(3)修改配方组名称:从左边配方组列表中选中要改名的配方组,再选择"文件"菜单中的"配方组改名"选项,然后在对话框中输入"混合料配方"。

(4)输入配方组信息:选中配方组,在右边上方输入配方组的新信息,将"输出系数"设为"1"。

(5)编辑配方组成员变量:选中配方组后,右边会显示配方组的信息和成员变量列表,每个成员变量就是成员变量列表窗口中的一行。通过"格式"菜单中的选项或者工具栏中的"插入一行"按钮 ⇥,连续添加四个成员(利用"删除一行"按钮 ⇥ 可删除成员)。右键单击成员变量单元格,从数据库中选择所对应的数据对象,或左键双击成员变量单元格,直接输入所对应的数据对象名称(如果用户输入的数据对象不存在于实时数据库中,"配方组态设计"窗口会提示用户是否添加此数据对象,单击"是"后补建数据变量),如图 4-41 所示。单击"使用变量名作列标题名"按钮,则在列标题的单元格中产生与对应变量名称相同的列标题名称。

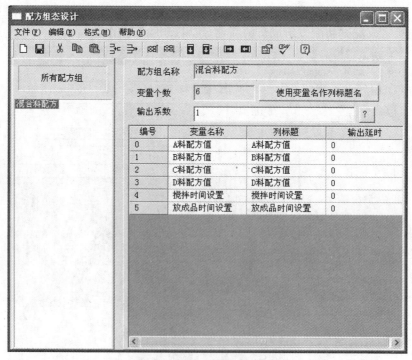

图 4-41　编辑配方组成员变量

(6)配方编辑:配方组设置完成后就可以对配方数据进行录入了。在左边配方组列表中双击需要修改的配方组或者选择"编辑"菜单的"编辑配方"选项,打开"配方修改"窗口,如图4-42(a)所示。在"配方修改"窗口配方列表中每一列就是一个配方,可以通过右边的"增加"按钮添加多个配方,并为每个配方设置不同的变量值,如图 4-42(b)所示。通过"删除"、"左移"、"右移"等按钮可以编辑配方列表。单击"保存"按钮后,单击"退出"按钮则返回"配方组态设计"窗口。

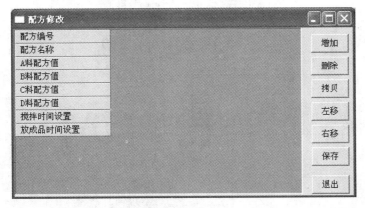

(a)初始打开的空配方表

配方编号	0	1	2	3	4	增加
配方名称	均匀型	偏A型	偏B型	偏C型	偏D型	删除
A料配方值	25	35	15	20	30	拷贝
B料配方值	25	30	35	15	25	左移
C料配方值	25	20	30	35	15	右移
D料配方值	25	15	20	30	35	保存
搅拌时间设置	15	14	16	17	18	退出
放成品时间设置	15	15	15	15	15	

(b)编辑后的配方表

图 4-42　"配方修改"窗口

(7)保存后,关闭"配方组态设计"窗口,返回工作台。

2. 配方操作与显示画面设计

当组好一个配方后,在运行环境下就需要对配方进行操作,如装载配方记录,保存配方记录值等。MCGS 使用特定的配方脚本函数来实现对配方记录的操作。

配方操作与显示画面的整体效果如图 4-43 所示。其顶部公共区域与主菜单画面相同,通过复制、修改的方法制作即可(将"返回主菜单"按钮的操作属性中的"关闭用户窗口"改为"配方操作与显示"),这里不再重复。整个画面主要分为 TPC 配方操作区域和 PLC 实际数据显示区域。下面简要介绍这两个区域各图形的制作方法。

(1)"选择配方"按钮制作

①在绘图工具箱中,利用"标准按钮"工具绘制一个名为"选择配方"的按钮。

②双击"选择配方"按钮,选择"脚本程序"选项卡,在脚本程序编辑区内输入以下脚本程序:

！RecipeLoadByDialog("混合料配方","装入配方")

配方名称＝！RecipeGetName("混合料配方")

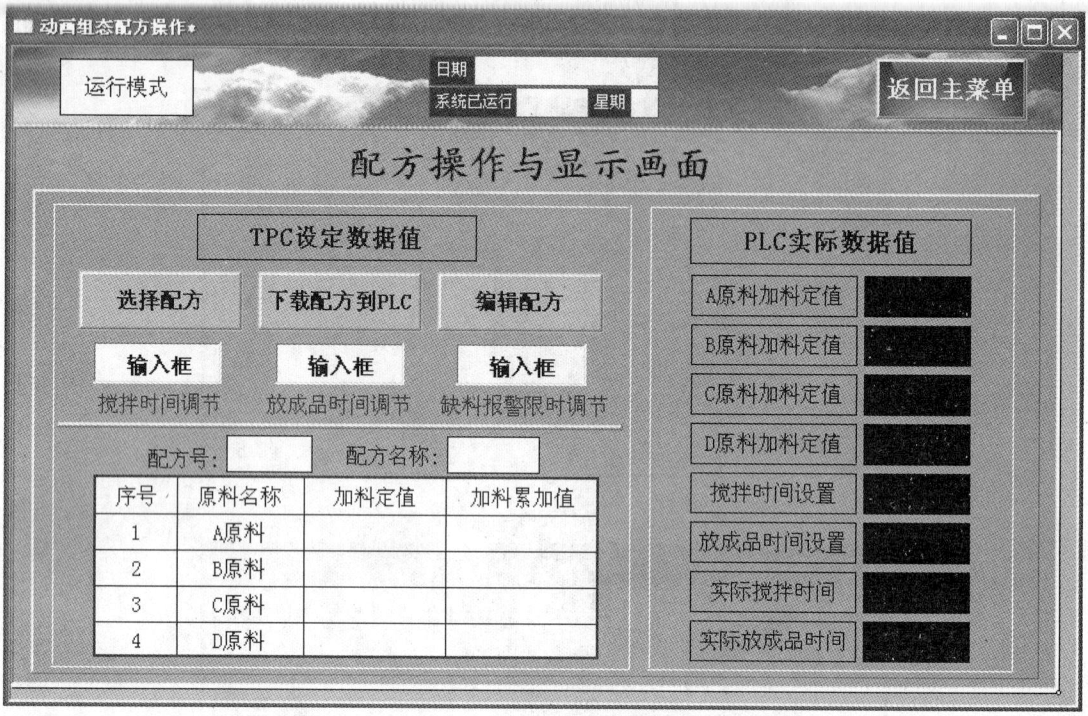

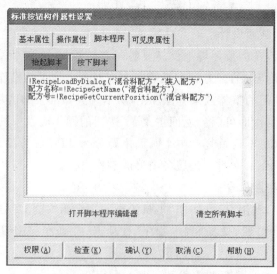

图 4-43   配方操作与显示画面

配方号＝！RecipeGetCurrentPosition("混合料配方")

如图 4-44 所示。其中，"！RecipeLoadByDialog("混合料配方","装入配方")"函数的意义是：弹出"混合料配方"配方选择对话框，让用户选择要装入的配方，选择后配方变量的值会输出到对应数据对象上；"！RecipeGetName("混合料配方")"函数的意义是：得到"混合料配方"配方组当前配方的名称；"！RecipeGetCurrentPosition("混合料配方")"函数的意义是：获取"混合料配方"配方组当前配方的编号。

图 4-44   "选择配方"按钮脚本程序设置

(2)"下载配方到 PLC"按钮制作

由于此按钮的设置要用到设备 PLC(即设备 0),所以,要先在"设备窗口"添加"通用串口父设备"和"三菱_FX 系列编程口",然后再回到"配方操作与显示"窗口进行下面的设置。

①在绘图工具箱中,利用"标准按钮"工具绘制一个名为"下载配方到 PLC"的按钮。

②双击"下载配方到 PLC"按钮,选择"脚本程序"选项卡,在脚本程序编辑区内输入以下脚本程序:

设备字符串＝! StrFormat("%g,%g,%g,%g,%g,%g",A 料配方值,B 料配方值,C 料配方值,D 料配方值,搅拌时间设置,放成品时间设置)

! SetDevice(设备 0,6,"WriteBlock(D,11,[WUB][WUB][WUB][WUB][WUB][WUB],1,设备字符串)")

如图 4-45 所示。其中,"! StrFormat("%g,%g,%g,%g,%g,%g",A 料配方值,B 料配方值,C 料配方值,D 料配方值,搅拌时间设置,放成品时间设置)"函数的意义是:格式化字符串,即将 A 料配方值、B 料配方值、C 料配方值、D 料配方值、搅拌时间设置、放成品时间设置变量格式化;"! SetDevice(设备 0,6,"WriteBlock(D,11,[WUB][WUB][WUB][WUB][WUB][WUB],1,设备字符串)")"函数的意义是:按照设备名称对设备进行操作,即表示将 A 料配方值变量的值、B 料配方值变量的值、C 料配方值变量的值、D 料配方值变量的值、搅拌时间设置变量的值、放成品时间设置变量的值,以 16 位无符号二进制形式写入 D11 开始的连续 6 个寄存器中。

图 4-45　"下载配方到 PLC"按钮脚本程序设置

(3)"编辑配方"按钮制作

①在绘图工具箱中,利用"标准按钮"工具绘制一个名为"编辑配方"的按钮。

②双击"编辑配方"按钮,选择"脚本程序"选项卡,在脚本程序编辑区内输入以下脚本程序:

! RecipeModifyByDialog("混合料配方")

如图 4-46 所示。其中,"! RecipeModifyByDialog("混合料配方")"函数的意义是:通过配方编辑对话框,让用户在运行环境中编辑配方。

图 4-46 "编辑配方"按钮脚本程序设置

（4）搅拌时间调节输入框制作

①在绘图工具箱中，利用"输入框"工具绘制一个输入框。

②双击输入框，将其操作属性按照图 4-47 所示进行设置。

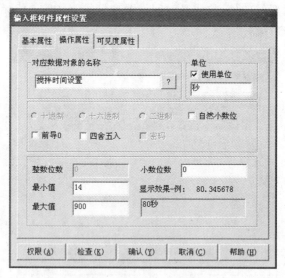

图 4-47 搅拌时间调节输入框操作属性设置

（5）放成品时间调节输入框制作

①在绘图工具箱中，利用"输入框"工具绘制一个输入框。

②双击输入框，将其操作属性按照图 4-48 所示进行设置。

（6）缺料报警限时调节输入框制作

①在绘图工具箱中，利用"输入框"工具绘制一个输入框。

②双击输入框，将其操作属性按照图 4-49 所示进行设置。

（7）配方号显示框制作

①在绘图工具箱中，利用"标签"工具绘制一个矩形框。

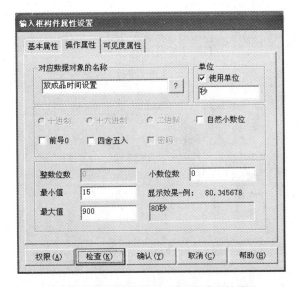

图 4-48　放成品时间调节输入框操作属性设置

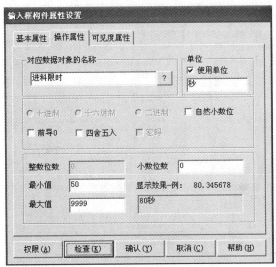

图 4-49　缺料报警限时调节输入框操作属性设置

②双击矩形框,在"属性设置"选项卡中选择"显示输出"。

③在"显示输出"选项卡中,按照图 4-50 所示进行设置。

(8)配方名称显示框制作

①在绘图工具箱中,利用"标签"工具绘制一个矩形框。

②双击矩形框,在"属性设置"选项卡中选择"显示输出"。

③在"显示输出"选项卡中,按照图 4-51 所示进行设置。

(9)参数显示表格制作

①在绘图工具箱中,利用"自由表格"工具绘制一个自由表格。

②双击自由表格进入编辑状态,调整行、列宽度。

③保持编辑状态,在表格中单击鼠标右键,在弹出的快捷菜单中选择"增加一行"选项,将表格调整为 5 行 4 列。

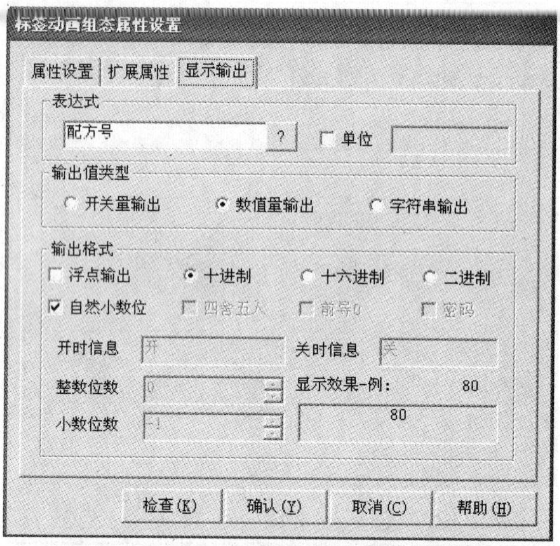

图 4-50 配方号显示框显示输出属性设置

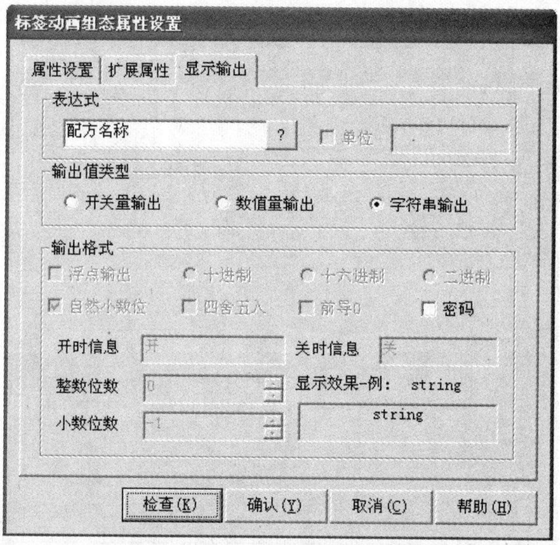

图 4-51 配方名称显示框显示输出属性设置

④保持编辑状态,在 A 列的 5 个单元格中分别输入"序号"、"1"、"2"、"3"、"4";在 B 列的 5 个单元格中分别输入"原料名称"、"A 原料"、"B 原料"、"C 原料"、"D 原料";在 C 列的第一个单元格中输入"加料定值";在 D 列的第一个单元格中输入"加料累加值"。如图 4-52 所示。

⑤保持编辑状态,在 C 列中,选中 A 原料对应的单元格,单击鼠标右键,在弹出的快捷菜单中选择"连接"选项,再次单击鼠标右键,弹出数据对象列表,双击数据对象"A 料配方值"。

⑥按照上述操作,将 C 列的 3～5 行分别与数据对象"B 料配方值"、"C 料配方值"、"D 料配方值"建立连接;将 D 列的 2～5 行分别与数据对象"A 料累加值"、"B 料累加值"、"C 料累加值"、"D 料累加值"建立连接。如图 4-53 所示。

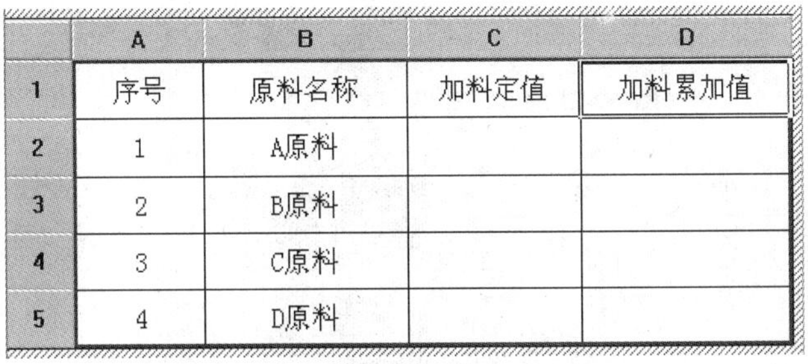

	A	B	C	D
1	序号	原料名称	加料定值	加料累加值
2	1	A原料		
3	2	B原料		
4	3	C原料		
5	4	D原料		

图 4-52　编辑状态下输入文字后的自由表格

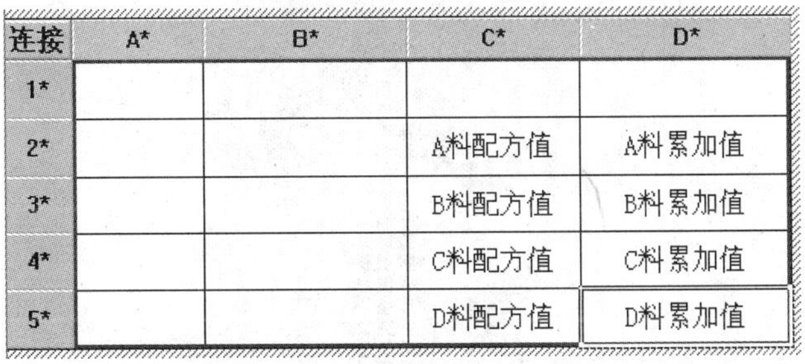

连接	A*	B*	C*	D*
1*				
2*			A料配方值	A料累加值
3*			B料配方值	B料累加值
4*			C料配方值	C料累加值
5*			D料配方值	D料累加值

图 4-53　编辑状态下与数据变量连接后的自由表格

(10)PLC 实际数据值显示

假设在 PLC 程序中,"A 原料加料定值"、"B 原料加料定值"、"C 原料加料定值"、"D 原料加料定值"、"搅拌时间设置"、"放成品时间设置"数据分别存放在数据寄存器 D11~D16 中,搅拌时间定时器为 T0,放成品时间定时器为 T1,据此,可进行如下的设置。

以"A 原料加料定值"显示框制作为例:

①利用绘图工具箱中的"标签"工具输入"A 原料加料定值"的文字。

②再利用"标签"工具绘制一个矩形框。双击矩形框,在"属性设置"选项卡中,将"填充颜色"设为黑色,"字符颜色"设为白色,"字符字体"设为"宋体"、"小四号",选择"输入输出连接"中的"显示输出"。

③在"显示输出"选项卡中,单击"表达式"右边的 ? 按钮,弹出实时数据库,"变量选择方式"选择"根据采集信息生成","选择采集设备"选择"设备 0[三菱_FX 系列编程口]","通道类型"选择"D 数据寄存器","通道地址"设为"11",其他为默认,如图 4-54 所示。确认返回到"显示输出"选项卡,"输出值类型"选择"数值量输出","输出格式"选择"十进制"、"自然小数位",如图 4-55 所示。

B 原料加料定值、C 原料加料定值、D 原料加料定值、搅拌时间设置、放成品时间设置、实际搅拌时间、实际放成品时间的数据显示与上述设置方法基本相同,也是采用"根据采集信息生成"的方式进行选择,只是通道连接分别选择 D12、D13、D14、D15、D16、T0、T1。

3. 报警限值调整运行策略

配方操作与显示画面中的"缺料报警限时调节"是为了调整进料延时时间的,即调整缺料报警限值,虽然报警限值调整交互界面制作已完成,但要在运行中实时调整报警限值,还需通过运行策略调用相关函数才能实现。

(1)在工作台的"运行策略"选项卡中,新建一个循环策略,在"策略属性设置"对话框中将"策略名称"设为"报警限值调整",定时循环周期设为"100" ms。

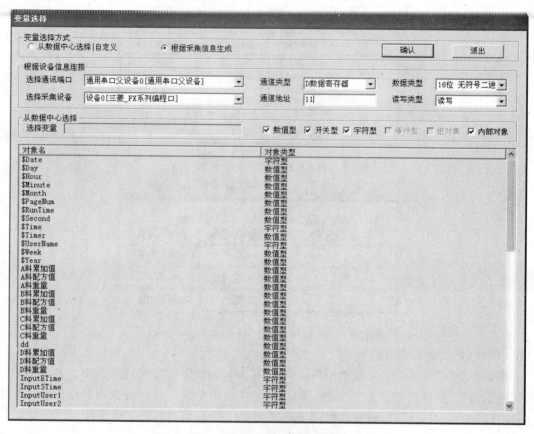

图 4-54　根据采集信息生成进行变量连接

图 4-55　A 原料加料定值显示框显示输出属性设置

（2）双击"报警限值调整"策略,新增一个策略行,添加"脚本程序"构件,双击 进入脚本程序编辑环境,输入以下脚本程序:

! SetAlmValue(进 A 料时间,进料限时,3)

! SetAlmValue(进 B 料时间,进料限时,3)

! SetAlmValue(进 C 料时间,进料限时,3)

! SetAlmValue(进 D 料时间,进料限时,3)

4.2.9　报警显示画面设计

报警显示画面主要是为了实时显示各原料仓缺料情况,并及时发出报警提示。为了检测是否缺料,本项目采用设置进料限时时间的办法,即如果在设定的时间内原料仓流入秤斗的料达不到设定的质量,可以间接判断该原料仓缺料。

报警显示画面的整体效果如图 4-56 所示。其顶部公共区域与主菜单画面相同,通过复制、修改的方法制作即可(将"返回主菜单"按钮的操作属性中的"关闭用户窗口"改为"报警显示"),这里不再重复。

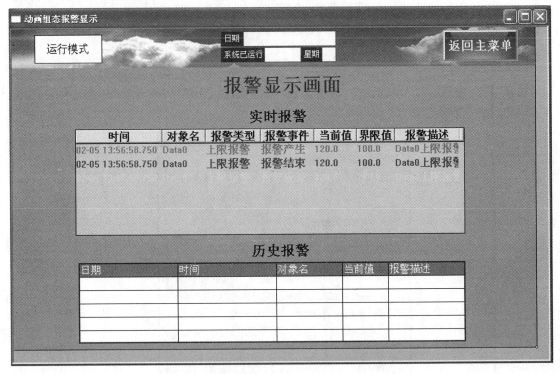

图 4-56　报警显示画面

1. 实时报警显示

(1)在绘图工具箱中,单击"报警显示"按钮，鼠标指针呈十字形后,在适当位置拖动鼠标至适当大小。

(2)选中该图形,双击,再双击,则弹出"报警显示构件属性设置"对话框,在"基本属性"选项卡中,将"对应的数据对象的名称"设为"缺料报警组","最大记录次数"设为"10",如图4-57 所示。

2. 历史报警显示

(1)在绘图工具箱中,单击"报警浏览"按钮，鼠标指针呈十字形后,在适当的位置拖

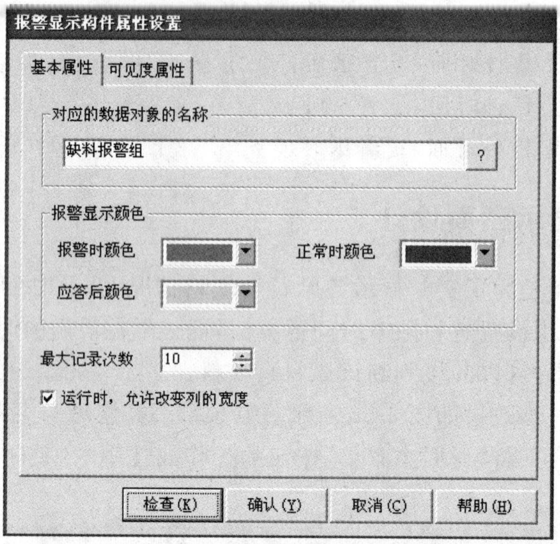

图 4-57 实时报警显示基本属性设置

动鼠标至适当大小。

(2)选中该图形,双击,则弹出"报警浏览构件属性设置"对话框,在"基本属性"选项卡中,选择"历史报警数据",然后选择需要显示的时间范围,如图 4-58 所示,其他属性按照图 4-58 所示进行设置。

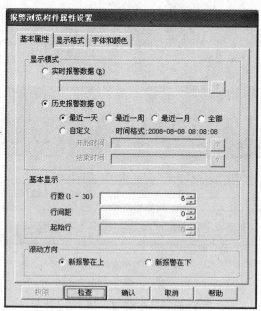

图 4-58 历史报警显示基本属性设置

(3)如果表格的列宽不合适,可通过"显示格式"选项卡进行修改。

3. 进料定时器策略

为了记录进料时间,以便判断是否缺料,这里采用 MCGS 提供的定时器策略构件进行计时。

(1)新建一个循环策略,在"策略属性设置"对话框中将"策略名称"设为"进料定时器",

定时循环周期设为"100" ms。

（2）增加四个策略行：双击"进料定时器"策略，进入策略组态环境。在策略组态环境中的空白处单击鼠标右键，在弹出的快捷菜单中选择"新增策略行"选项，共增加四个策略行。

（3）添加"定时器"构件：在策略工具箱中选择"定时器"，分别给每个策略行添加"定时器"构件，如图 4-59 所示。

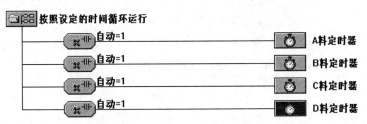

图 4-59　进料定时器策略行

（4）设置各策略行的执行条件：双击各策略行的执行条件设置图标 ，所有策略行的执行条件均设置如下：

①表达式：自动；

②表达式的值非 0 时条件成立；

③内容注释：自动＝1。

（5）设置"定时器"构件：双击 进入定时器基本属性设置对话框，对四个定时器基本属性分别按照图 4-60～图 4-63 所示进行设置。

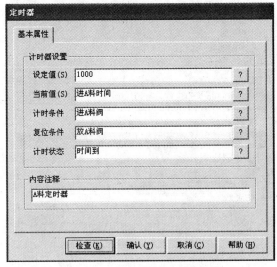

图 4-60　A 料定时器基本属性设置

4. 离线模拟调试

所有画面制作完毕后，将"配方操作与显示"窗口设置为初始运行窗口，然后可以进行运行或模拟调试了。对于比较复杂的系统，可以先进行离线模拟，检查 HMI 设备的某些功能，如画面的切换、配方操作功能、手动控制功能和报警显示功能等。离线模拟时可以添加一些模拟按钮、滑动输入器等，通过操作这些按钮和滑动输入器，模拟相关设备的启停和参数的变化，检查系统的相关功能，待离线检查结束后，删除这些模拟按钮和滑动输入器。

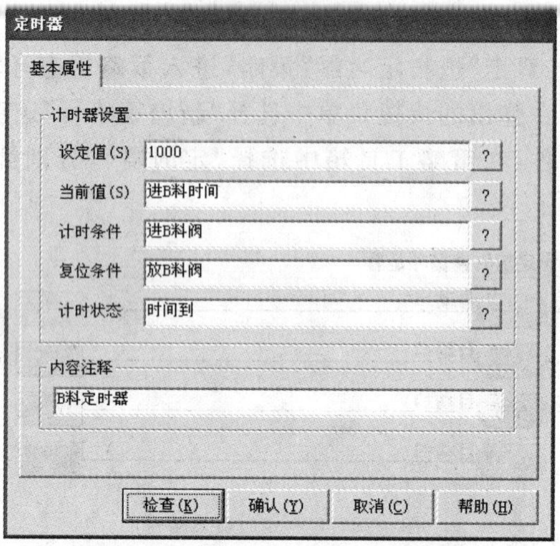

定时器

基本属性

计时器设置

设定值(S) 1000 ?

当前值(S) 进B料时间 ?

计时条件 进B料阀 ?

复位条件 放B料阀 ?

计时状态 时间到 ?

内容注释

B料定时器

检查(K) 确认(Y) 取消(C) 帮助(H)

图 4-61 B 料定时器基本属性设置

定时器

基本属性

计时器设置

设定值(S) 1000 ?

当前值(S) 进C料时间 ?

计时条件 进C料阀 ?

复位条件 放C料阀 ?

计时状态 时间到 ?

内容注释

C料定时器

检查(K) 确认(Y) 取消(C) 帮助(H)

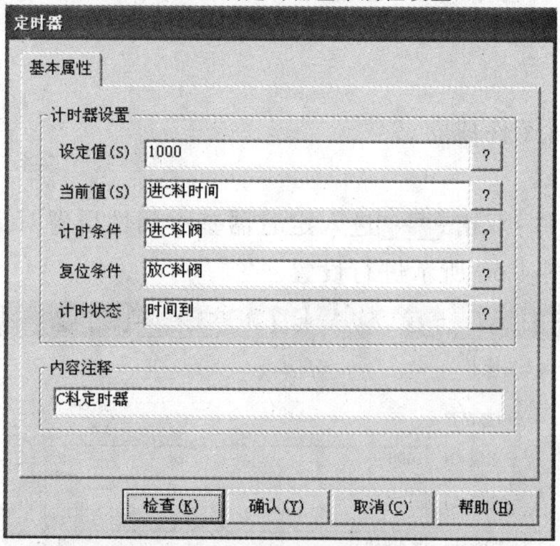

图 4-62 C 料定时器基本属性设置

定时器

基本属性

计时器设置

设定值(S) 1000 ?

当前值(S) 进D料时间 ?

计时条件 进D料阀 ?

复位条件 放D料阀 ?

计时状态 时间到 ?

内容注释

D料定时器

检查(K) 确认(Y) 取消(C) 帮助(H)

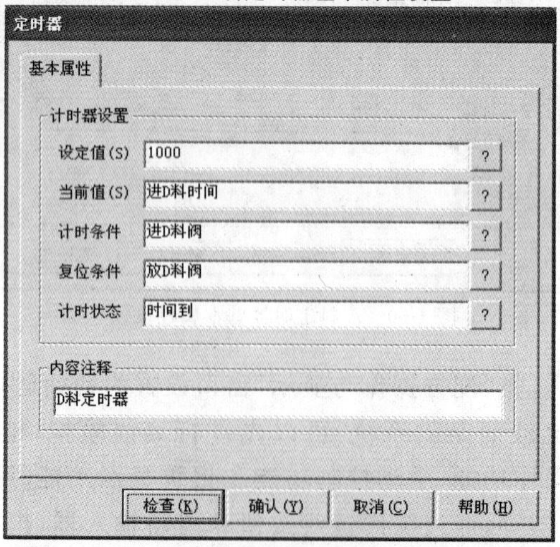

图 4-63 D 料定时器基本属性设置

4.3　PLC 控制程序设计

4.3.1　PLC 控制 I/O 接线图

1. PLC 输入/输出地址分配

自动配料监控系统采用现场控制和触摸屏两地控制,对于现场控制设备,根据控制要求分析,系统共需要 PLC 输入点 13 个,输出点 10 个,选用型号为 FX3U-32MR 的小型三菱 PLC 即可满足要求,PLC 的 I/O 地址分配见表 4-2。

表 4-2　　　　　　　　　　　　　　PLC 的 I/O 地址分配

输　入		输　出	
设备名称/符号	PLC 输入	设备名称/符号	PLC 输出
自动/手动开关/SA	X000	进 A 料阀/KV1	Y000
启动按钮/SB0	X001	进 B 料阀/KV2	Y001
停止按钮/SB1	X002	进 C 料阀/KV3	Y002
进 A 料按钮/SB2	X003	进 D 料阀/KV4	Y003
进 B 料按钮/SB3	X004	放 A 料阀/KV5	Y004
进 C 料按钮/SB4	X005	放 B 料阀/KV6	Y005
进 D 料按钮/SB5	X006	放 C 料阀/KV7	Y006
放 A 料按钮/SB6	X007	放 D 料阀/KV8	Y007
放 B 料按钮/SB7	X010	放成品阀/KV9	Y010
放 C 料按钮/SB8	X011	搅拌机驱动/KM	Y011
放 D 料按钮/SB9	X012		
搅拌器按钮/SB10	X013		
放成品按钮/SB 11	X014		

2. PLC 控制 I/O 接线图

根据表 4-2,可绘制出 PLC 控制 I/O 接线图,如图 4-64 所示。图中 FX2N-2AD 为电子秤称重传感器用的模拟量输入模块,每个模块有两个输入通道,故选用两个 FX2N-2AD 模块。

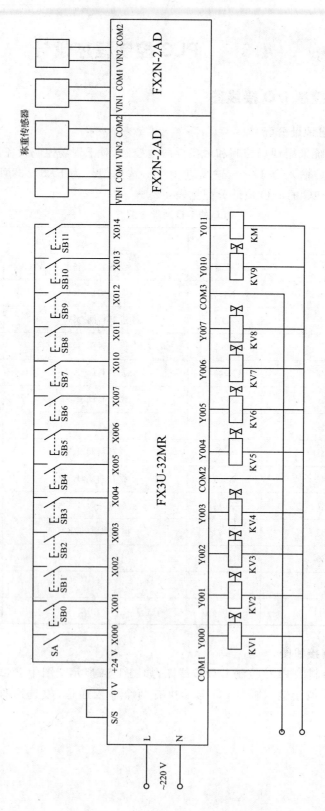

图 4-64　PLC控制 I/O 接线图

4.3.2　PLC 控制程序

1. 触摸屏数据对象与 PLC 寄存器规划

触摸屏数据对象与 PLC 寄存器规划见表 4-3。表中 A 料质量～D 料质量(D1～D4)等是经过 PLC 程序运算出来的。

表 4-3　　　　　　　　　　　触摸屏数据对象与 PLC 寄存器规划

序　号	触摸屏数据对象	PLC 寄存器	序　号	触摸屏数据对象	PLC 寄存器
1	进 A 料阀	Y000	18	放 B 料	M10
2	进 B 料阀	Y001	19	放 C 料	M11
3	进 C 料阀	Y002	20	放 D 料	M12
4	进 D 料阀	Y003	21	搅拌	M13
5	放 A 料阀	Y004	22	放成品	M14
6	放 B 料阀	Y005	23	自动	M50
7	放 C 料阀	Y006	24	A 料质量	D1
8	放 D 料阀	Y007	25	B 料质量	D2
9	放成品阀	Y010	26	C 料质量	D3
10	搅拌器	Y011	27	D 料质量	D4
11	启动	M1	28	A 料累加值	D5
12	停止	M2	29	B 料累加值	D6
13	进 A 料	M3	30	C 料累加值	D7
14	进 B 料	M4	31	D 料累加值	D8
15	进 C 料	M5	32	混合仓料位	D10
16	进 D 料	M6	33	进料限时	D25
17	放 A 料	M7			

2. PLC 状态转移图

自动配料监控系统 PLC 状态转移图如图 4-65 所示。自动运行和手动控制是由选择开关 SA(PLC 输入端 X000)的通断进行转换的：当 SA 使 X000 接通(ON)时为手动控制；当 SA 使 X000 断开(OFF)时为自动运行。

3. 秤斗原料质量的计算

电子秤称重传感器提供的质量信号用模拟量输入点采集,选用两个 FX2N-2AD 模拟量输入模块,此模块有两个输入通道,其分辨率为 12 位。输入的模拟电压选择 DC 0～10 V 挡,对应的最大数字值为 4 000。假设称重传感器的量程为 0～100 kg,则将 FX2N-2AD 中的数字值 N 转换为秤斗原料质量的公式为

$$总质量＝100 \times N/4\,000$$

4. PLC 控制程序

由状态转移图很容易设计出整个系统的 PLC 梯形图程序,如图 4-66 所示。

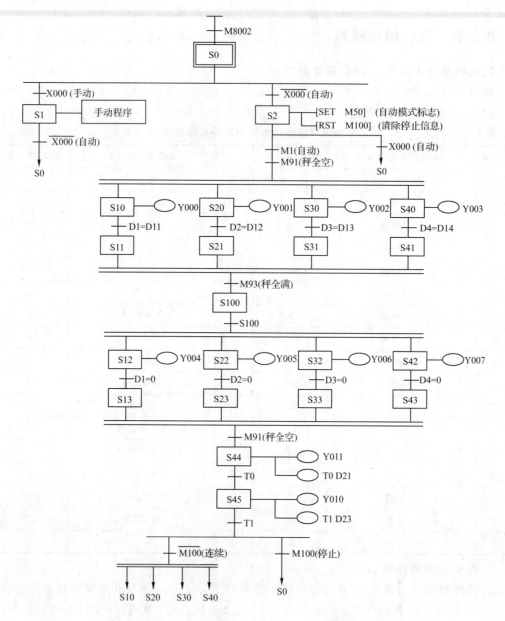

图 4-65 自动配料监控系统 PLC 状态转移图

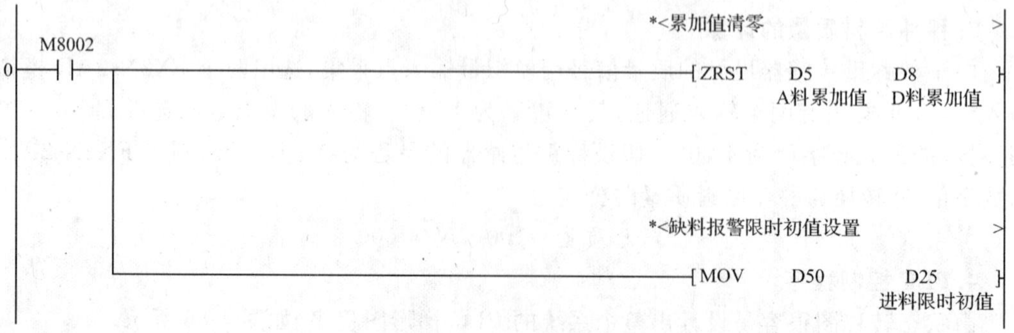

图 4-66 自动配料监控系统 PLC 梯形图程序

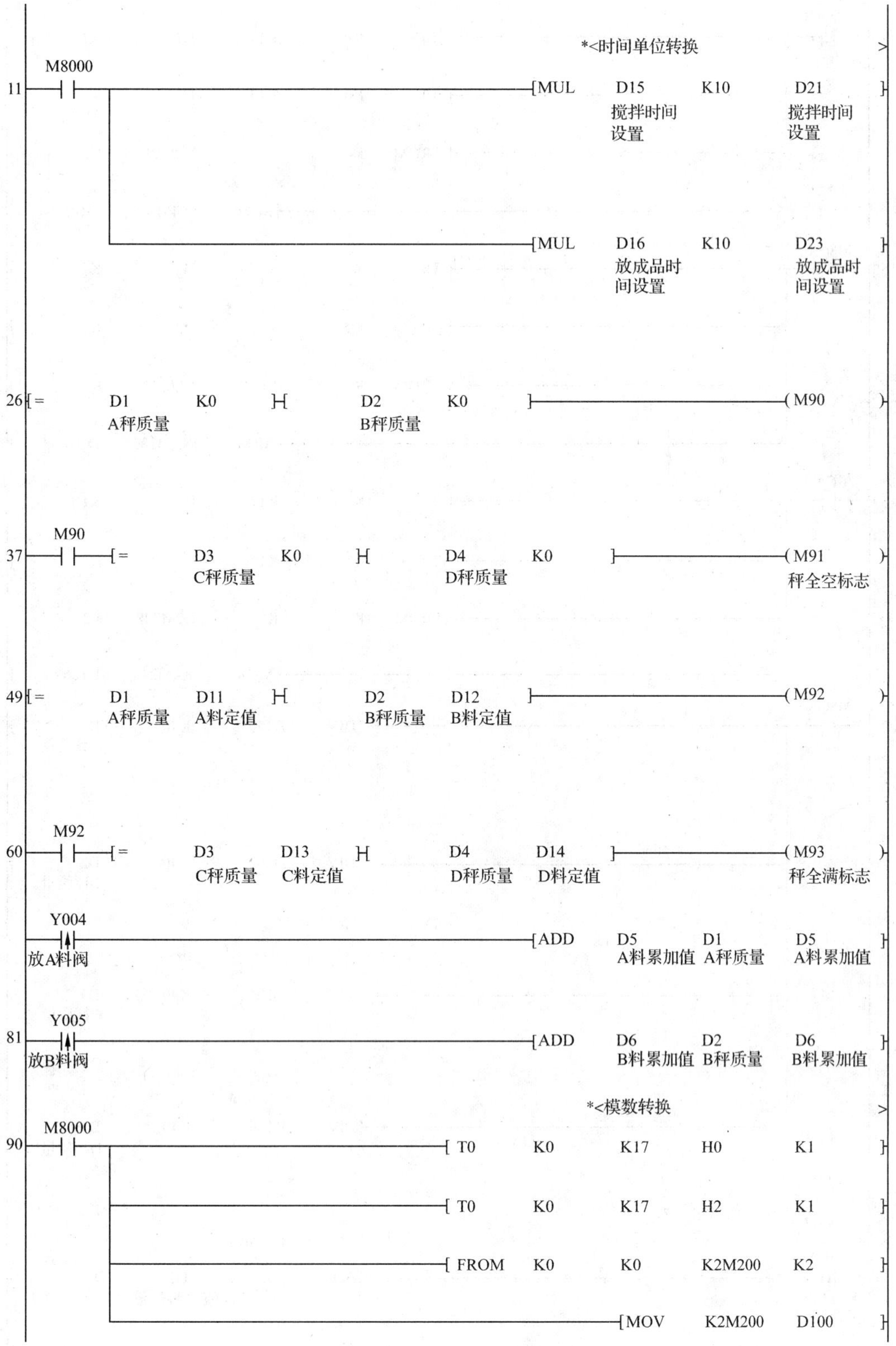

```
                                                         *<时间单位转换                       >
      M8000
11   ├─┤├─────────────────────────────────[MUL    D15        K10        D21       ]┤
     │                                            搅拌时间              搅拌时间
     │                                            设置                  设置
     │
     └──────────────────────────────────────[MUL    D16        K10        D23       ]┤
                                                    放成品时              放成品时
                                                    间设置                间设置

26  [=      D1        K0       ]├    ┤[    D2        K0    ]├──────────────(M90       )┤
            A秤质量                        B秤质量

     M90
37  ├─┤├──[=    D3        K0    ]├    ┤[    D4    K0    ]├──────────────────(M91       )┤
            C秤质量                        D秤质量                            秤全空标志

49  [=      D1        D11      ]├    ┤[    D2        D12   ]├──────────────(M92       )┤
            A秤质量    A料定值              B秤质量    B料定值

     M92
60  ├─┤├──[=    D3        D13   ]├    ┤[    D4        D14   ]├────────────────(M93       )┤
            C秤质量    C料定值              D秤质量    D料定值                     秤全满标志

     Y004
    ├─↑↓├────────────────────────────────[ADD    D5        D1         D5        ]┤
     放A料阀                                      A料累加值 A秤质量  A料累加值

     Y005
81  ├─↑↓├────────────────────────────────[ADD    D6        D2         D6        ]┤
     放B料阀                                      B料累加值 B秤质量  B料累加值
                                                         *<模数转换                         >
     M8000
90  ├─┤├─────────────────────────────────[T0     K0        K17        H0         K1     ]┤
     │
     ├──────────────────────────────────────[T0     K0        K17        H2         K1     ]┤
     │
     ├──────────────────────────────────────[FROM   K0        K0         K2M200     K2     ]┤
     │
     └──────────────────────────────────────[MOV    K2M200    D100      ]┤
```

图 4-66　自动配料监控系统 PLC 梯形图程序（续 1）

```
       M8000
123 ──┤├──────────────────────────────[ T0    K0    K17    H1    K1  ]─┤

      ├──────────────────────────────[ T0    K0    K17    H3    K1  ]─┤

      ├──────────────────────────────[ FROM  K0    K0    K2M216  K2 ]─┤

      └──────────────────────────────────────[ MOV   K4M216   D102 ]─┤

       M8000
156 ──┤├──────────────────────────────[ T0    K1    K17    H0    K1  ]─┤

      ├──────────────────────────────[ T0    K1    K17    H2    K1  ]─┤

      ├──────────────────────────────[ FROM  K1    K0    K2M232  K2 ]─┤

      └──────────────────────────────────────[ MOV   K4M232   D104 ]─┤

       M8000
189 ──┤├──────────────────────────────[ T0    K1    K17    H1    K1  ]─┤

      ├──────────────────────────────[ T0    K1    K17    H3    K1  ]─┤

      ├──────────────────────────────[ FROM  K1    K0    K2M248  K2 ]─┤

      └──────────────────────────────────────[ MOV   K4M248   D106 ]─┤

       M8000
222 ──┤├──────────────────────────────[ DIV   D100   K40    D1  ]─┤
                                                            A秤质量

      ├──────────────────────────────[ DIV   D102   K40    D2  ]─┤
                                                            B秤质量

      ├──────────────────────────────[ DIV   D104   K40    D3  ]─┤
                                                            C秤质量

      └──────────────────────────────[ DIV   D106   K40    D4  ]─┤
                                                            D秤质量

                                            *<求累加值
       Y004
251 ──┤↑↓├──────────────────────[ ADD    D5     D1     D5  ]─┤
      放A料阀                          A料累加值 A秤质量 A料累加值
```

图 4-66 自动配料监控系统 PLC 梯形图程序(续 2)

```
        Y005
260 ───┤↑├──────────────────────────────[ADD      D6        D2        D6    ]
        放B料阀                                     B料累加值   B秤质量    B料累加值

        Y006
269 ───┤↑├──────────────────────────────[ADD      D7        D3        D7    ]
        放C料阀                                     C料累加值   C秤质量    C料累加值

        Y007
278 ───┤↑├──────────────────────────────[ADD      D8        D4        D8    ]
        放D料阀                                     D料累加值   C秤质量    D料累加值

        X002
287 ───┤├──┬──────────────────────────────────────────────[SET   M100   ]
        停止  │                                                    停止标志
             │
        M2   │
    ───┤├──┘
        触摸屏停止

        X001
290 ───┤├──┬──────────────────────────────────────────────[RST   C0     ]
        启动  │
             │
        M1   │
    ───┤├──┘
        触摸屏启动

                                        *<自动程序                          >
        M8002
294 ───┤├────────────────────────────────────────────────[SET   S0     ]

297 ──────────────────────────────────────────────────────[STL   S0     ]

        X000
298 ───┤├────────────────────────────────────────────────[SET   S1     ]
        自动/手动

        X000
301 ───┤/├───────────────────────────────────────────────[SET   S2     ]
        自动/手动

304 ──────────────────────────────────────────────────────[STL   S2     ]

305 ──┬───────────────────────────────────────────────────[SET   M50    ]
      │                                                          自动标志
      │
      └───────────────────────────────────────────────────[RST   M100   ]
                                                                 停止标志
```

图 4-66 自动配料监控系统 PLC 梯形图程序(续 3)

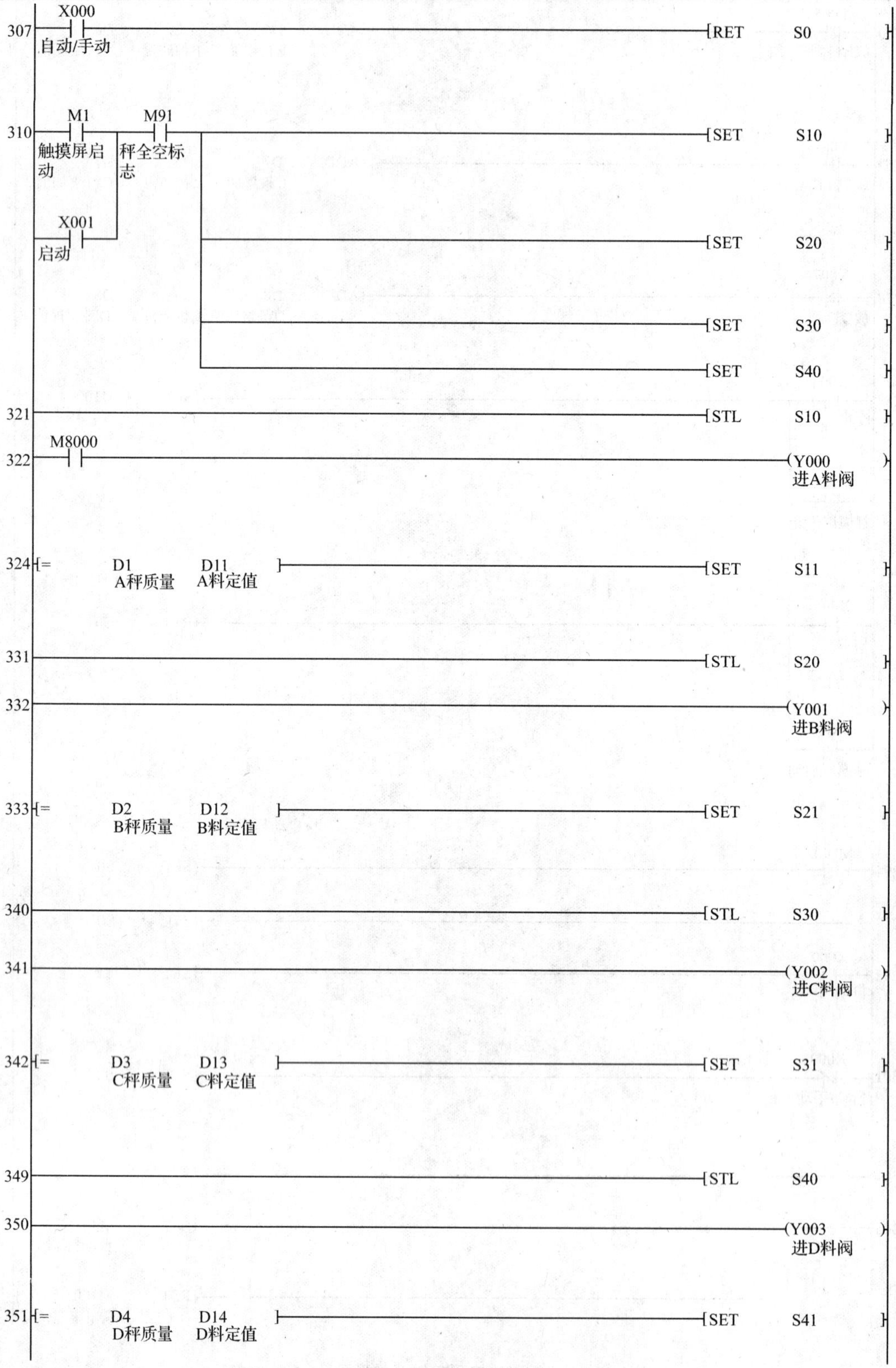

```
      X000                                                    ┤RET    S0
307   ┤├
      自动/手动

      M1      M91
310   ┤├──────┤├──────┬───────────────────────────────────┤SET    S10
      触摸屏启  秤全空标  │
      动      志      │
                      │
      X001          │
      ┤├────────────┼─────────────────────────────────┤SET    S20
      启动          │
                    │
                    ├─────────────────────────────────┤SET    S30
                    │
                    └─────────────────────────────────┤SET    S40

321                                                          ┤STL    S10
      M8000                                                  (Y000  )
322   ┤├                                                     进A料阀

324   ┤= D1      D11      ├─────────────────────────────┤SET    S11
         A秤质量   A料定值

331                                                          ┤STL    S20
332   ─────────────────────────────────────────────────────(Y001  )
                                                             进B料阀

333   ┤= D2      D12      ├─────────────────────────────┤SET    S21
         B秤质量   B料定值

340                                                          ┤STL    S30
341   ─────────────────────────────────────────────────────(Y002  )
                                                             进C料阀

342   ┤= D3      D13      ├─────────────────────────────┤SET    S31
         C秤质量   C料定值

349                                                          ┤STL    S40
350   ─────────────────────────────────────────────────────(Y003  )
                                                             进D料阀

351   ┤= D4      D14      ├─────────────────────────────┤SET    S41
         D秤质量   D料定值
```

图 4-66 自动配料监控系统 PLC 梯形图程序(续 4)

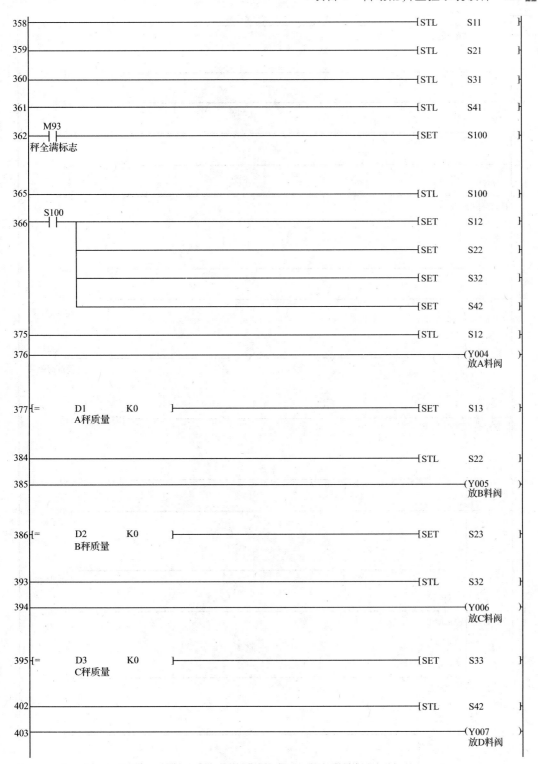

图 4-66 自动配料监控系统 PLC 梯形图程序(续 5)

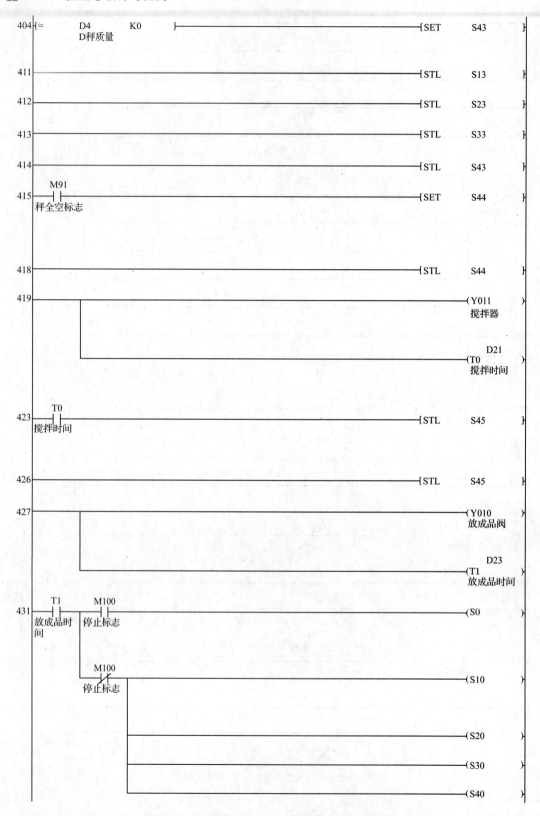

图 4-66　自动配料监控系统 PLC 梯形图程序(续 6)

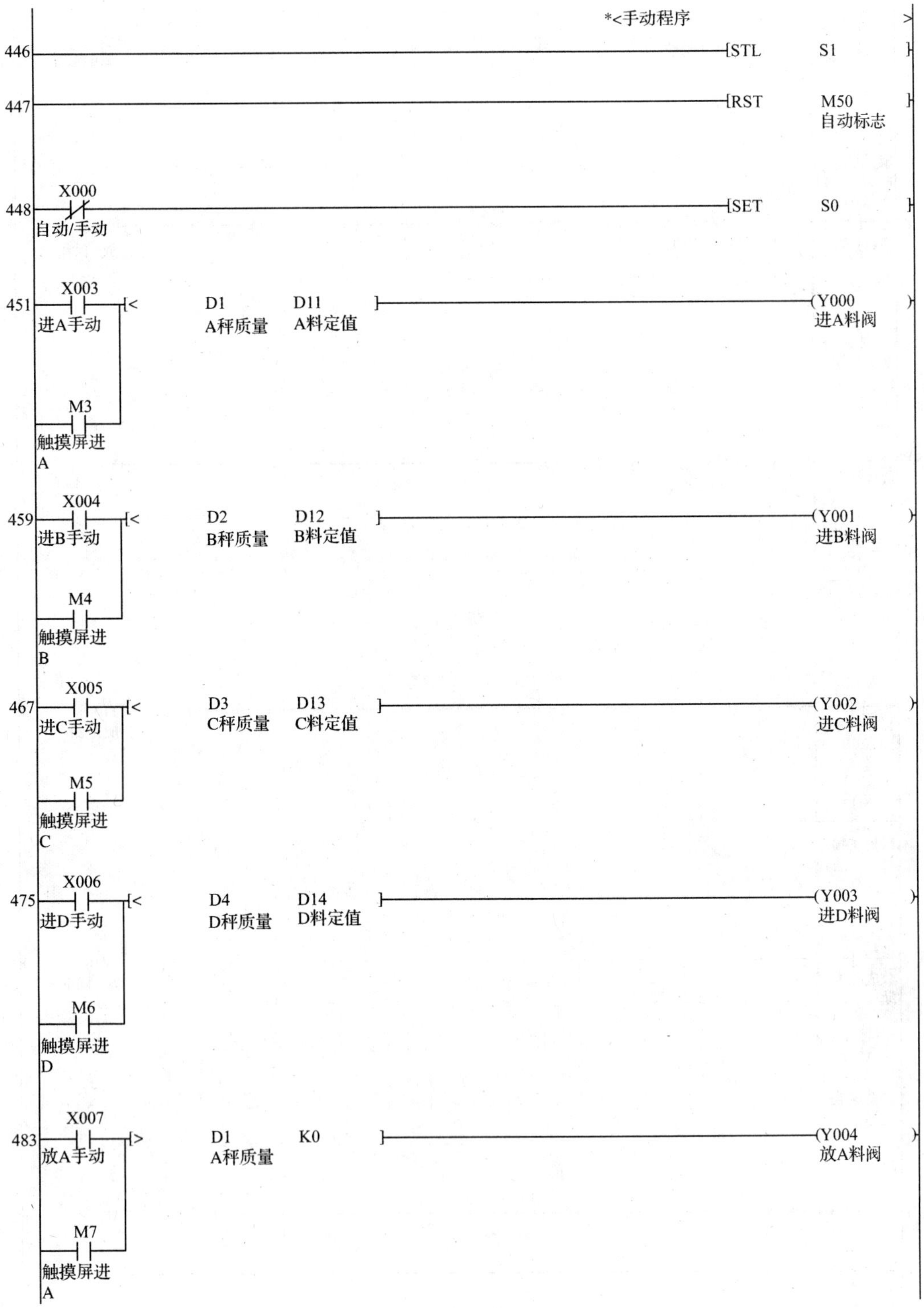

```
                                                              *<手动程序                              >

446 ──────────────────────────────────────────────────────────[STL      S1      ]

447 ──────────────────────────────────────────────────────────[RST      M50     ]
                                                                         自动标志

      X000
448 ──┤↑├────────────────────────────────────────────────────[SET      S0      ]
    自动/手动

      X003
451 ──┤├──┤<    D1      D11    ├────────────────────────────────(Y000    )
    进A手动   A秤质量  A料定值                                       进A料阀
         │
      M3 │
       ┤├┘
    触摸屏进
    A

      X004
459 ──┤├──┤<    D2      D12    ├────────────────────────────────(Y001    )
    进B手动   B秤质量  B料定值                                       进B料阀
         │
      M4 │
       ┤├┘
    触摸屏进
    B

      X005
467 ──┤├──┤<    D3      D13    ├────────────────────────────────(Y002    )
    进C手动   C秤质量  C料定值                                       进C料阀
         │
      M5 │
       ┤├┘
    触摸屏进
    C

      X006
475 ──┤├──┤<    D4      D14    ├────────────────────────────────(Y003    )
    进D手动   D秤质量  D料定值                                       进D料阀
         │
      M6 │
       ┤├┘
    触摸屏进
    D

      X007
483 ──┤├──┤>    D1      K0     ├────────────────────────────────(Y004    )
    放A手动   A秤质量                                               放A料阀
         │
      M7 │
       ┤├┘
    触摸屏进
    A
```

图 4-66　自动配料监控系统 PLC 梯形图程序（续 7）

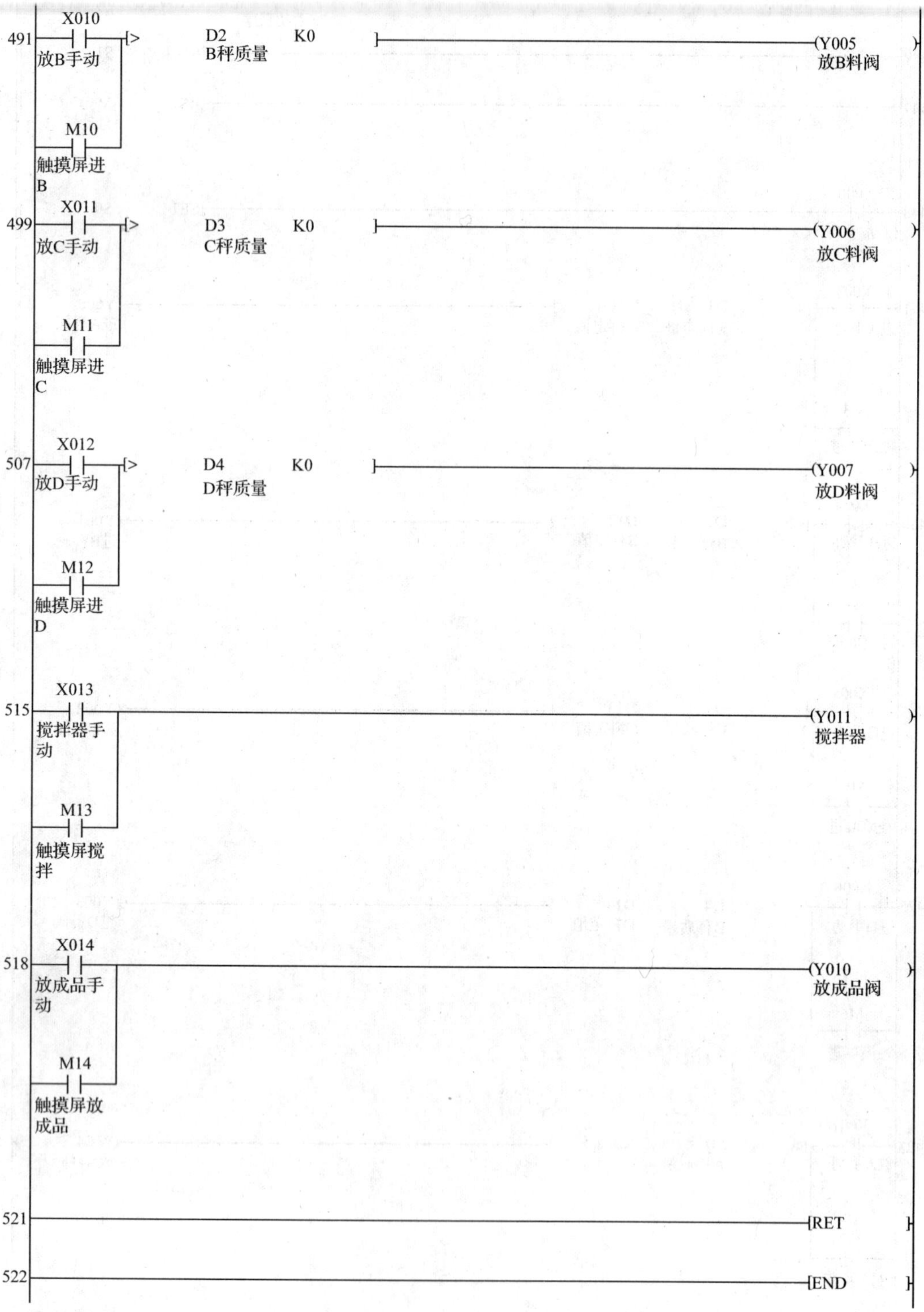

491 X010
     放B手动 ──┤ ├──┤> D2   K0 ├─────────────────────(Y005)
                    B秤质量   放B料阀

     M10
     触摸屏进 ──┤ ├──
     B

499 X011
     放C手动 ──┤ ├──┤> D3   K0 ├─────────────────────(Y006)
                    C秤质量   放C料阀

     M11
     触摸屏进 ──┤ ├──
     C

507 X012
     放D手动 ──┤ ├──┤> D4   K0 ├─────────────────────(Y007)
                    D秤质量   放D料阀

     M12
     触摸屏进 ──┤ ├──
     D

515 X013
     搅拌器手 ──┤ ├──────────────────────────────────────(Y011)
     动   搅拌器

     M13
     触摸屏搅 ──┤ ├──
     拌

518 X014
     放成品手 ──┤ ├──────────────────────────────────────(Y010)
     动   放成品阀

     M14
     触摸屏放 ──┤ ├──
     成品

521 ──[RET]

522 ──[END]

图 4-66　自动配料监控系统 PLC 梯形图程序(续 8)

4.4　MCGS 设备组态与连机调试

4.4.1　设备组态

（1）打开"自动配料监控系统"工程，在工作台中激活"设备窗口"，双击 ![设备窗口] 进入设备组态画面，弹出设备组态窗口，窗口内已有之前添加的"通用串口父设备"和"三菱_FX 系列编程口"。

（2）在设备组态窗口中双击已添加的"通用串口父设备 0－［通用串口父设备］"，弹出"通用串口设备属性编辑"对话框。在"基本属性"选项卡中对通信端口和通信参数进行设置。

（3）双击"设备 0－［三菱_FX 系列编程口］"，弹出"设备编辑窗口"对话框。在"设备编辑窗口"对话框中，已有之前根据信息采集生成而连接好的通道读写 DWUB0011～读写 DWUB0016，在此基础上继续添加和连接新的通道（可将不用的通道 X0000～X0007 删除）。

（4）单击"增加设备通道"按钮，按照表 4-3 中所列的 PLC 寄存器地址，添加所需要的 PLC 通道。然后按照表 4-3 中所列的数据对象与 PLC 寄存器之间的对应关系，进行数据通道连接。本项目的设备通道连接情况如图 4-67 所示。

索引	连接变量	通道名称	通		索引	连接变量	通道名称
0000		通讯状态			0021	搅拌	读写M0013
0001	进A料阀	读写Y0000			0022	放成品	读写M0014
0002	进B料阀	读写Y0001			0023	自动	读写M0050
0003	进C料阀	读写Y0002			0024	A料重量	读写DWUB0001
0004	进D料阀	读写Y0003			0025	B料重量	读写DWUB0002
0005	放A料阀	读写Y0004			0026	C料重量	读写DWUB0003
0006	放B料阀	读写Y0005			0027	D料重量	读写DWUB0004
0007	放C料阀	读写Y0006			0028	A料累加值	读写DWUB0005
0008	放D料阀	读写Y0007			0029	B料累加值	读写DWUB0006
0009	放成品阀	读写Y0010			0030	C料累加值	读写DWUB0007
0010	搅拌器	读写Y0011			0031	D料累加值	读写DWUB0010
0011	启动	读写M0001			0032	混合仓料位	读写DWUB0010
0012	停止	读写M0002			0033	设备0_读写DWUB0011	读写DWUB0011
0013	进A料	读写M0003			0034	设备0_读写DWUB0012	读写DWUB0012
0014	进B料	读写M0004			0035	设备0_读写DWUB0013	读写DWUB0013
0015	进C料	读写M0005			0036	设备0_读写DWUB0014	读写DWUB0014
0016	进D料	读写M0006			0037	设备0_读写DWUB0015	读写DWUB0015
0017	放A料	读写M0007			0038	设备0_读写DWUB0016	读写DWUB0016
0018	放B料	读写M0010			0039	进料限时	读写DWUB0025
0019	放C料	读写M0011			0040	搅拌时间	读写TNWUB000
0020	放D料	读写M0012			0041	放成品时间	读写TNWUB001

图 4-67　MCGS 变量与 PLC 通道连接

（5）选择 PLC 类型：单击设备编辑窗口左下部的"CPU 类型"，从右边的下拉列表中选择"4-FX3UCPU"。

4.4.2　在线运行调试

1. 在线模拟调试的准备工作

（1）将"自动配料监控系统"工程下载到 MCGS 触摸屏中。

（2）将 FX3U-MR PLC 与两个 FX2N-2AD 模块连接好，并接好相关的电路。

（3）利用 GX Developer 编程软件将如图 4-66 所示程序写入 PLC 中，下载结束后将 PLC 置于"RUN"运行状态。

（4）将 MCGS 触摸屏与 FX3U-32MR PLC 用专用通信线连接好。

2. 自动运行画面的模拟调试

（1）在检测原料质量的 FX2N-2AD 模拟量模块输入端分别接一个电位器，输入 DC 0～10 V 的电压，来模拟称重过程中秤斗质量的变化。

（2）在主菜单画面单击"配方选择"按钮，进入配方操作与显示画面。在配方操作与显示画面可进行配方操作，如选择配方，进行相关参数的调整等。此时，所选择的配方及其相关参数将会显示在配方操作与显示画面中。单击"返回主菜单"按钮，则又返回到主菜单画面。

（3）单击"自动运行"按钮将切换到自动运行画面。由于系统默认的工作方式为"自动运行"模式，单击"自动运行"按钮，系统会启动自动运行，此时进料阀打开，有进料料粒动画显示。

（4）在进料阀打开时，缓慢调节称重模拟量输入电压，则相应的秤斗原料质量发生变化，当秤斗原料达到预设的进料定值（注意调试中一定要缓慢调节，当达到设定值时应立即停止调节）时，该进料阀会自动关闭。由于是人为模拟调试，而且是四个电子秤一个一个地调节，所以进料时间肯定会超过预设的缺料报警限时时间，因此，必然会出现缺料报警显示。当所有进料均达到预设的进料定量时，所有放料阀会自动打开，开始放料。

（5）当所有秤斗原料放完后，搅拌机自动打开，搅拌桨开始搅拌，搅拌一定时间后停止，开始放成品料，放完后进行下一个工作循环。

（6）单击触摸屏上的"停止运行"按钮，则系统不会马上停止，而是等到当前运行循环任务结束以后再停止。

3. 手动控制画面的模拟调试

（1）将 PLC 输入端的自动/手动开关拨到手动位置（X0 为 ON），此时，触摸屏上的"运行模式"变为"手动运行"。

（2）在主菜单画面上单击"手动控制"按钮，则切换到手动控制画面。

（3）在手动控制画面中，按住某进料按钮，则相应的进料阀打开，秤斗开始进料，松开某进料按钮，则相应的进料阀关闭，秤斗进料停止。其他设备的手动操作与此相同。

4. 配方操作与显示画面的检查

切换到配方操作与显示画面，可检查配方选择、配方编辑、缺料报警限时调节、搅拌时间调整及其显示等功能是否符合设计要求。

5. 报警显示画面的检查

切换到报警显示画面，可观察到实时报警记录和历史报警记录。

4.5　自主项目——液体混合监控系统设计

4.5.1　项目描述

某液体混合系统示意图如图 4-68 所示，其任务是将四种不同的液体按照要求进行混合，生成一种混合溶液。混合罐底部安装有电子秤，用称重传感器测量各种液体的质量。系统的工作过程及控制要求如下：

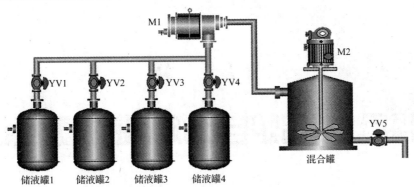

图 4-68　某液体混合系统示意图

按下"启动"按钮后，系统进入工作循环，阀门 YV1 打开，抽料电动机 M1 运转，开始抽取液体 1，同时搅拌电动机 M2 运转。当混合罐中液体 1 达到设定的质量时，阀门 YV1 关闭，阀门 YV2 打开，开始抽取液体 2；当液体 2 达到设定的质量时，阀门 YV2 关闭，阀门 YV3 打开，开始抽取液体 3；当液体 3 达到设定的质量时，阀门 YV3 关闭，阀门 YV4 打开，开始抽取液体 4；当液体 4 达到设定的质量时，阀门 YV4 关闭，同时抽料电动机 M1 停止。当阀门 YV4 关闭 10 s 后，搅拌电动机 M2 停止，阀门 YV5 打开，开始放成品溶液。当成品溶液放完后，完成一次混合循环任务，如此循环。中途如果按下"停止"按钮，混合工作不能立即停止，而是等本次循环结束再停止。

4.5.2　设计要求

利用 MCGS 触摸屏和 PLC 设计液体混合系统。具体要求如下：

（1）系统应具有手动和自动两种控制方式。当进入手动控制界面，系统的各生产过程完全由手动操作完成；当进入自动运行界面，各生产过程按照工艺要求自动完成。

（2）系统应具有工艺流程、配方操作与显示、报警显示、数据报表、趋势曲线等显示画面，各画面可通过菜单进行切换显示。

（3）系统要有必要的工程安全设置。

项目 5　锅炉自动加药监控系统设计

✍学习目标

通过本项目的学习,应达到以下目标:

(1)学习使用 MCGS 设计工程的新方法和新技巧;

(2)学习封面窗口的设置方法;

(3)进一步提高 MCGS 综合应用能力;

(4)会使用 MCGS 与 PLC 设计锅炉自动加药监控系统。

 # 5.1 项目描述及设计要求

5.1.1 项目描述

锅炉作为提供热动力的系统设备,被广泛地用于各行各业的生产、生活中。对于工作压力和工作温度高的锅炉来说,水质的好坏直接影响着整个锅炉系统的安全性、经济性、可靠性和稳定性。为了防止锅炉的受热面产生水垢,通常,锅炉的用水必须经过过滤、软化等处理,以除去悬浮杂质和大部分钙、镁等盐类物质。同时,为了保证锅炉的安全运行,还必须辅以炉内加药处理,控制炉内水中杂质使之呈分散、松软状态,不让其黏附在受热金属表面形成二次水垢,并可由排污系统排出。

某锅炉自动加药系统示意图如图 5-1 所示,由基础平台、搅拌装置、泵药装置、各种气动阀、过滤器、安全阀、物位传感器、液位传感器及不锈钢连接管道等组成。其中各气动阀由电磁阀来控制,所以加药系统还应配有气动控制回路。

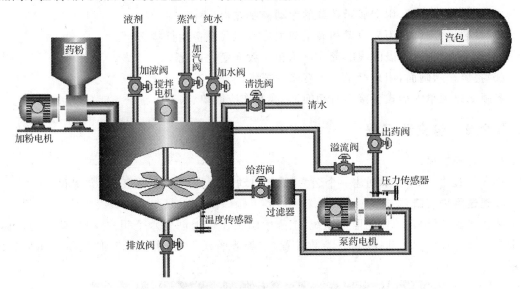

图 5-1 某锅炉自动加药系统示意图

控制要求:

(1)整个系统设自动、手动两种可选择的操作方法。在自动操作时,能分别实现自动加药及自动清洗工作。

(2)在自动加药时,能自动完成配药、加药工作,使炉内水时刻保持一定的药液浓度,保证炉内的各项水质指标基本平稳。

(3)在自动清洗时,能自动完成清洗、排放工作,保证配药装置清洁、干净、无杂质。

(4)在自动加药时,各药液加注所需时间和药液温度可根据实际情况进行现场设定,操作简单、安全、可靠。

(5)在手动操作时,可根据实际情况进行人工配药、人工加药、人工清洗和人工排放。

5.1.2 设计要求

利用 MCGS 触摸屏与 PLC 设计锅炉自动加药监控系统。具体要求如下：
（1）整个系统的操作完全由触摸屏实现，设触摸屏手动和触摸屏自动两种方式。
（2）系统能实现整个工作过程、设备状态、报警记录、数据显示的实时监控。
（3）系统要有必要的工程安全设置。

5.2 系统监控画面设计

5.2.1 工程框架

根据系统工艺过程及设计要求，锅炉自动加药监控系统需要设置下列画面：
（1）封面窗口，显示欢迎界面。
（2）自动控制画面，用来显示系统的自动控制过程，也称为主画面。
（3）手动控制画面，用来显示系统的手动控制过程。
（4）参数设置画面，用来设置和显示相关参数以及设备运行状态。
（5）趋势曲线画面，以曲线的形式显示相关数据变化情况。
（6）报警显示画面，用来显示各种变量的报警记录。
各画面以菜单的形式直接进行切换，切换操作应简单、快速。

5.2.2 建立新工程

1. 建立新工程
在 MCGS 组态环境中创建一个名为"锅炉自动加药监控系统"的工程，并保存。
2. 创建用户窗口
在新建的"锅炉自动加药监控系统"工程中的工作台上创建六个用户窗口，窗口的名称分别为"自动控制"、"手动控制"、"参数设置"、"趋势曲线"、"报警显示"和"封面"，如图 5-2 所示。

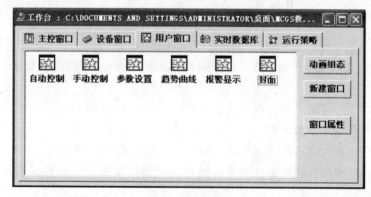

图 5-2 创建用户窗口

5.2.3　创建实时数据库

根据设计要求,锅炉自动加药监控系统所需的数据对象共 85 个,见表 5-1。

表 5-1　　　　　　　　锅炉自动加药监控系统数据对象(变量)

序　号	变量名称	类　型	初　值	序　号	变量名称	类　型	初　值
1	加粉	开关型	0	31	排放时间	数值型	0
2	加液	开关型	0	32	排放时间设置	数值型	0
3	加汽	开关型	0	33	排放时间设置_ms	数值型	0
4	加水	开关型	0	34	药液温度	数值型	0
5	给药	开关型	0	35	药液温度设定	数值型	0
6	泵药	开关型	0	36	物位	数值型	0
7	出药	开关型	0	37	液位	数值型	0
8	搅拌	开关型	0	38	数据组	组对象	/
9	清洗	开关型	0	39	运行方式	字符型	0
10	排放	开关型	0	40	自动方式	开关型	0
11	安全阀	开关型	0	41	手动方式	开关型	0
12	加粉时间	数值型	0	42	自动加药	开关型	0
13	加粉时间设置	数值型	0	43	自动清洗	开关型	0
14	加粉时间设置_ms	数值型	0	44	自动加药启动	开关型	0
15	加液时间	数值型	0	45	自动加药停止	开关型	0
16	加液时间设置	数值型	0	46	自动清洗启动	开关型	0
17	加液时间设置_ms	数值型	0	47	自动清洗停止	开关型	0
18	加水时间	数值型	0	48	手动加粉	开关型	0
19	加水时间设置	数值型	0	49	手动加粉启动	开关型	0
20	加水时间设置_ms	数值型	0	50	手动加粉停止	开关型	0
21	搅拌时间	数值型	0	51	手动加液	开关型	0
22	搅拌时间设置	数值型	0	52	手动加液启动	开关型	0
23	搅拌时间设置_ms	数值型	0	53	手动加液停止	开关型	0
24	泵药时间	数值型	0	54	手动加汽	开关型	0
25	泵药时间设置	数值型	0	55	手动加汽启动	开关型	0
26	泵药时间设置_ms	数值型	0	56	手动加汽停止	开关型	0
27	泵药压力	数值型	0	57	手动加水	开关型	0
28	清洗时间	数值型	0	58	手动加水启动	开关型	0
29	清洗时间设置	数值型	0	59	手动加水停止	开关型	0
30	清洗时间设置_ms	数值型	0	60	手动搅拌	开关型	0

序　号	变量名称	类　型	初　值	序　号	变量名称	类　型	初　值
61	手动搅拌启动	开关型	0	74	手动清洗停止	开关型	0
62	手动搅拌停止	开关型	0	75	手动排放	开关型	0
63	手动出药	开关型	0	76	手动排放启动	开关型	0
64	手动出药启动	开关型	0	77	手动排放停止	开关型	0
65	手动出药停止	开关型	0	78	低物位	开关型	0
66	手动给药	开关型	0	79	中物位	开关型	0
67	手动给药启动	开关型	0	80	高物位	开关型	0
68	手动给药停止	开关型	0	81	低液位	开关型	0
69	手动泵药	开关型	0	82	中液位	开关型	0
70	手动泵药启动	开关型	0	83	高液位	开关型	0
71	手动泵药停止	开关型	0	84	搅拌浆	开关型	0
72	手动清洗	开关型	0	85	角度	数值型	0
73	手动清洗启动	开关型	0				

按照表 5-1,在工作台的实时数据库中创建各个变量(数据对象)。其中,"物位"、"液位"、"药液温度"和"泵药压力"需要报警显示,所以在创建实时数据库时,这四个变量需要进行报警属性和存盘属性设置。"数据组"是为了绘制相关数据历史曲线时用的组对象,它的组对象成员设置和存盘属性设置分别如图 5-3、图 5-4 所示。

图 5-3　"数据组"组对象成员设置

图 5-4　"数据组"存盘属性设置

5.2.4　自动控制画面设计

自动控制画面是系统运行的初始画面,其主要作用是显示锅炉自动加药和自动清洗的工作过程,整体效果如图 5-5 所示。其中:画面顶部为工作方式显示、工程的标题文字以及日期显示;右部为控制按钮和显示部分,按钮除了操作功能之外,还具有相应的显示功能;左部为系统工艺流程图。下面介绍各部分的制作及动画连接。

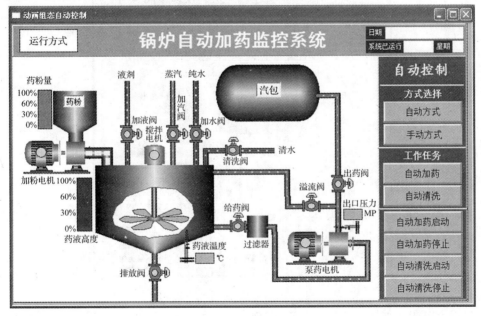

图 5-5　自动控制画面

1."运行方式"显示设置

在工作台的"用户窗口"选项卡中双击"自动控制"窗口,打开自动控制组态窗口。

(1)利用绘图工具箱中的"标签"工具绘制一个适当大小的显示框。

(2)双击后,在"属性设置"选项卡中,将"填充颜色"设为白色,"边线颜色"设为黑色,"颜色动画连接"中选择"填充颜色"和"字符颜色","输入输出连接"中选择"显示输出"。

（3）在"扩展属性"选项卡中，在"文本"中输入"运行方式"。

（4）在"填充颜色"选项卡中，将"表达式"设为"自动方式"，"填充颜色连接"中分段点 0"对应颜色"设为红色，分段点 1"对应颜色"设为绿色。

（5）在"字符颜色"选项卡中，将"表达式"设为"自动方式"，"填充颜色连接"中分段点 0"对应颜色"设为黄色，分段点 1"对应颜色"设为黑色。

（6）在"显示输出"选项卡中，将"表达式"设为"运行方式"，"输出值类型"选择"字符串输出"。

2. 日期、已运行时间、星期显示设置

（1）利用绘图工具箱中的"标签"工具，分别输入文字"日期"、"系统已运行"、"星期"，如图 5-5 所示。将所有标签的"填充颜色"设为深蓝色，"字符颜色"设为白色，"字符字体"设为"宋体"、"小五号"。

（2）再利用"标签"工具，分别在"日期"、"系统已运行"、"星期"文字的右边绘制大小适当的矩形框，分别作为日期、运行时间和星期的显示框，框的背景颜色均设为白色，如图 5-5 所示。

（3）双击日期显示框，在"属性设置"选项卡中选择"显示输出"，在"显示输出"选项卡中，在"表达式"中输入"＄Date＋" "＋＄time"（注：双引号表示 Date 与 time 之间的空格，双引号之间的空格越大，Date 与 time 之间的空格越大），"输出值类型"选择"字符串输出"，如图 5-6 所示。

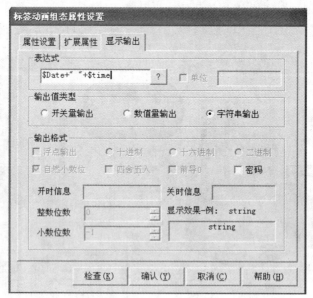

图 5-6　日期显示框显示输出属性设置

（4）双击时间显示框，在"属性设置"选项卡中选择"显示输出"，在"显示输出"选项卡中，在"表达式"中输入"＄RunTime"，"输出值类型"选择"数值量输出"，如图 5-7 所示。

（5）双击星期显示框，在"属性设置"选项卡中选择"显示输出"，在"显示输出"选项卡中，在"表达式"中输入"＄Week"，"输出值类型"选择"数值量输出"，如图 5-8 所示。

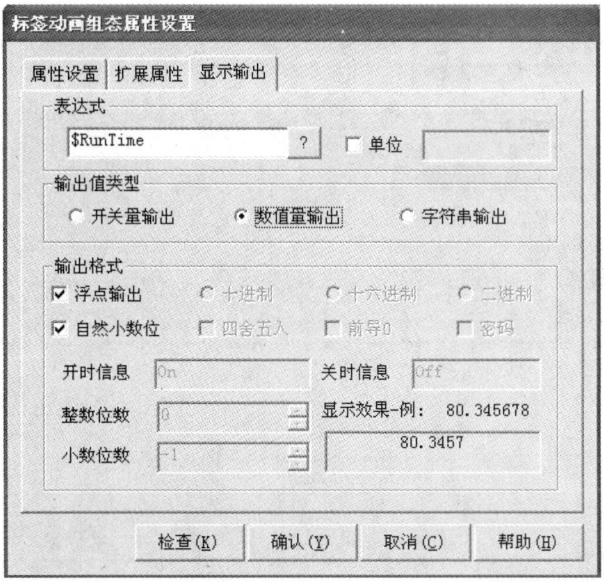

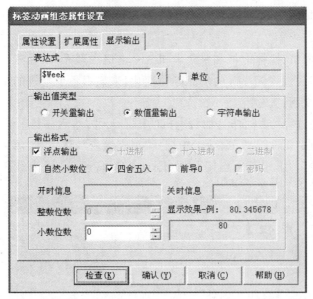

图 5-7　已运行时间显示框显示输出属性设置

图 5-8　星期显示框显示输出属性设置

3. 气动阀的设置

画面中共有八个气动阀,分别用来显示各气动阀的工作状态。下面以加液阀的设置为例说明:

(1)从元件库中选择"阀 116"作为加液阀的图形元件。

(2)双击,在"数据对象"选项卡中选择"填充颜色",然后将"数据对象连接"设为"加液",如图 5-9 所示。

(3)其他阀的设置与此相同,只是"数据对象"选项卡中"填充颜色"的"数据对象连接"不同,分别为:加汽阀为"加汽";加水阀为"加水";清洗阀为"清洗";给药阀为"给药";出药阀为

图 5-9　加液阀数据对象属性设置

"出药"；排放阀为"排放"：溢流阀为"安全阀"。

4. 电机的设置

画面中有加粉电机、搅拌电机和泵药电机三个电机图形元件，在三个电机图形元件上各绘制一个小圆，然后通过设置小圆的填充颜色变化，来显示各个电机的工作状态。下面以加粉电机的设置为例说明：

（1）从元件库中选择"泵 8"作为加粉电机的图形元件，然后在其上绘制一个小圆。

（2）双击小圆，在"属性设置"选项卡中选择"填充颜色"，然后在"填充颜色"选项卡中，将"表达式"设为"加粉"，"填充颜色连接"中分段点 0"对应颜色"设为红色，分段点 1"对应颜色"设为绿色，如图 5-10 所示。

图 5-10　加粉电机中小圆填充颜色属性设置

（3）搅拌电机和泵药电机中小圆的制作和设置通过复制、修改较为简便。即复制加粉电机中小圆后,将其"填充颜色"选项卡中的"表达式"分别改为"搅拌"、"泵药"即可。

5. 管道及流动块的设置

（1）利用"常用图符"工具箱中的"横管道"、"竖管道"和"管道接头"工具绘制出所有的连接管道。

（2）利用绘图工具箱中的"流动块"工具在管道上绘制出适当宽度的流动块（覆盖到管道上）,如图 5-5 所示,然后将它们的颜色根据原料的不同而设为不同的颜色。

（3）双击各流动块,分别对各管道上流动块的流动属性和可见度作如下设置:

①与加粉电机相连的流动块:

在"流动属性"选项卡中,将"表达式"设为"加粉","当表达式非零时"选择"流动块开始流动";

在"可见度属性"选项卡中,将"表达式"设为"加粉","当表达式非零时"选择"流动块构件可见"。

②与加液阀相连的流动块:

在"流动属性"选项卡中,将表达式设为"加液","当表达式非零时"选择"流动块开始流动";

在"可见度属性"选项卡中,将"表达式"设为"加液","当表达式非零时"选择"流动块构件可见"。

③与加汽阀相连的流动块:

在"流动属性"选项卡中,将"表达式"设为"加汽","当表达式非零时"选择"流动块开始流动";

在"可见度属性"选项卡中,将"表达式"设为"加汽","当表达式非零时"选择"流动块构件可见"。

④与加水阀相连的流动块:

在"流动属性"选项卡中,将"表达式"设为"加水","当表达式非零时"选择"流动块开始流动";

在"可见度属性"选项卡中,将"表达式"设为"加水","当表达式非零时"选择"流动块构件可见"。

⑤与清洗阀相连的流动块:

在"流动属性"选项卡中,将"表达式"设为"清洗","当表达式非零时"选择"流动块开始流动";

在"可见度属性"选项卡中,将"表达式"设为"清洗","当表达式非零时"选择"流动块构件可见"。

⑥与给药阀相连的流动块:

在"流动属性"选项卡中,将"表达式"设为"给药＝1 AND 泵药＝1","当表达式非零时"选择"流动块开始流动";

在"可见度属性"选项卡中,将"表达式"设为"给药＝1 AND 泵药＝1","当表达式非零时"选择"流动块构件可见"。

⑦与泵药电机相连的流动块:

在"流动属性"选项卡中,将"表达式"设为"给药＝1 AND 泵药＝1","当表达式非零时"

选择"流动块开始流动";

在"可见度属性"选项卡中,将"表达式"设为"给药=1 AND 泵药=1","当表达式非零时"选择"流动块构件可见"。

⑧与出药阀相连的流动块:

在"流动属性"选项卡中,将"表达式"设为"出药=1 AND 泵药=1","当表达式非零时"选择"流动块开始流动";

在"可见度属性"选项卡中,将"表达式"设为"出药=1 AND 泵药=1","当表达式非零时"选择"流动块构件可见"。

⑨与溢流阀相连的流动块:

在"流动属性"选项卡中,将"表达式"设为"安全阀","当表达式非零时"选择"流动块开始流动";

在"可见度属性"选项卡中,将"表达式"设为"安全阀","当表达式非零时"选择"流动块构件可见"。

⑩与排放阀相连的流动块:

在"流动属性"选项卡中,将"表达式"设为"排放","当表达式非零时"选择"流动块开始流动";

在"可见度属性"选项卡中,将"表达式"设为"排放","当表达式非零时"选择"流动块构件可见"。

6. 药粉和药液高度显示的设置

药粉和药液高度的显示是利用矩形块的大小变化来实现的。

(1)利用绘图工具箱中的"矩形"工具绘制一个适当大小、适当高度的矩形块,作为药粉高度显示的图形元件。双击,在"属性设置"选项卡中,将"填充颜色"设为紫色,"边线颜色"设为"没有边线",选择"大小变化"。在"大小变化"选项卡中,表达式设为"物位",其他设置如图 5-11 所示。

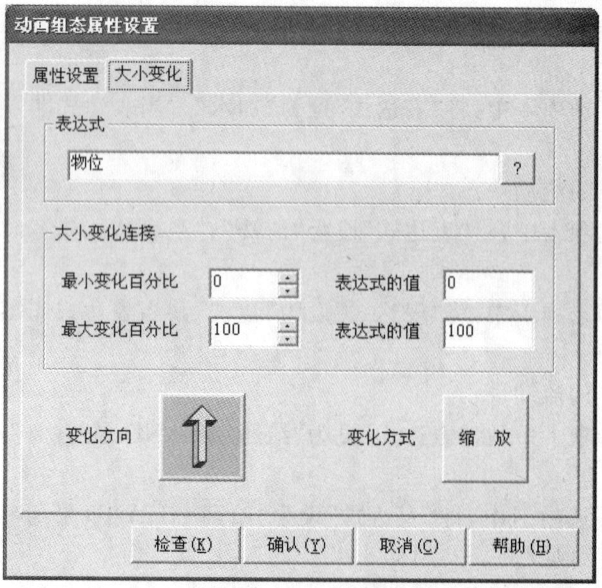

图 5-11　药粉高度显示大小变化属性设置 1

（2）药液高度显示可用复制、修改的方法，复制后，将"属性设置"选项卡中的"填充颜色"改为蓝色，"大小变化"选项卡中的"表达式"改为"液位"即可，如图 5-12 所示。

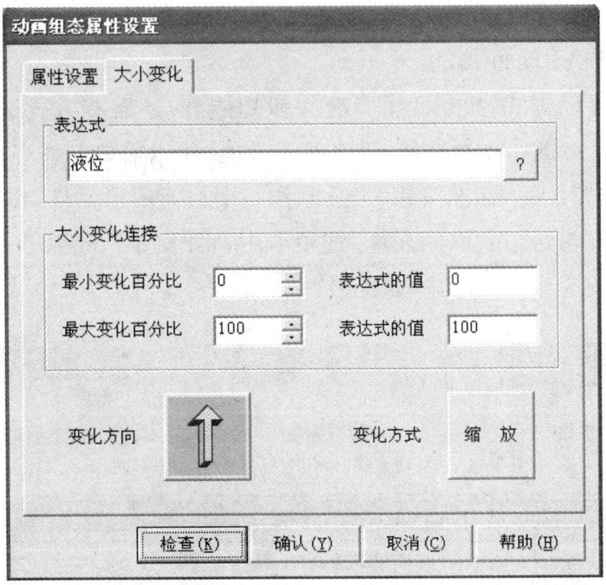

图 5-12　药液高度显示大小变化属性设置 2

7. 药液温度和出口压力显示的设置

药液温度和出口压力的显示是利用标签的显示输出来实现的。

（1）利用绘图工具箱中的"标签"工具绘制一个适当大小的矩形框，作为药液温度显示的图形元件。双击，在"属性设置"选项卡中选择"显示输出"。在"显示输出"选项卡中，将"表达式"设为"药液温度"，"输出值类型"选择"数值量输出"，其他设置如图 5-13 所示。

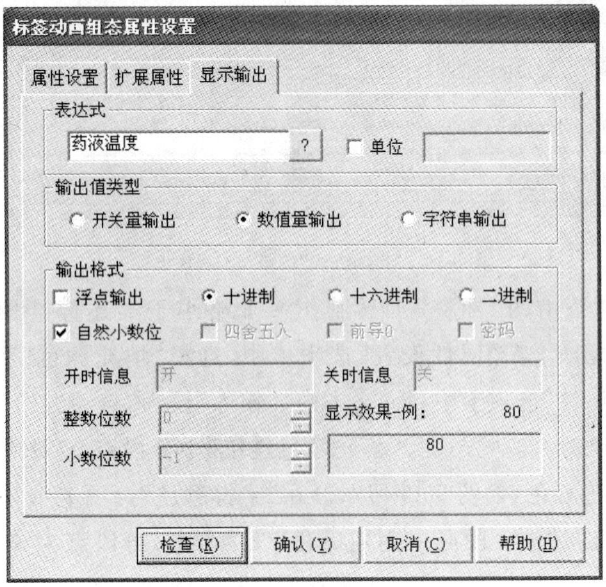

图 5-13　药液温度显示显示输出属性设置

（2）出口压力显示可用复制、修改的方法，复制后，只将"大小变化"选项卡中的"表达式"改为"泵药压力"即可。

8. 控制按钮的设置

（1）"自动方式"和"手动方式"按钮

"自动方式"和"手动方式"按钮除了具有按钮功能外，还兼有方式选中的显示功能。因为 MCGS 标准按钮只有操作控制功能，没有显示功能，所以需要制作一个复合图形元件。

①利用绘图工具箱中的"标准按钮"工具制作一个按钮图形元件，作为"自动方式"按钮，如图 5-14（a）所示。双击后，在"基本属性"选项卡中，将"文本"设为"自动方式"，在"脚本程序"选项卡中输入如图 5-15 所示的脚本程序。

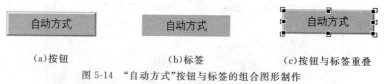

（a）按钮　　　　　　　（b）标签　　　　　　（c）按钮与标签重叠

图 5-14　"自动方式"按钮与标签的组合图形制作

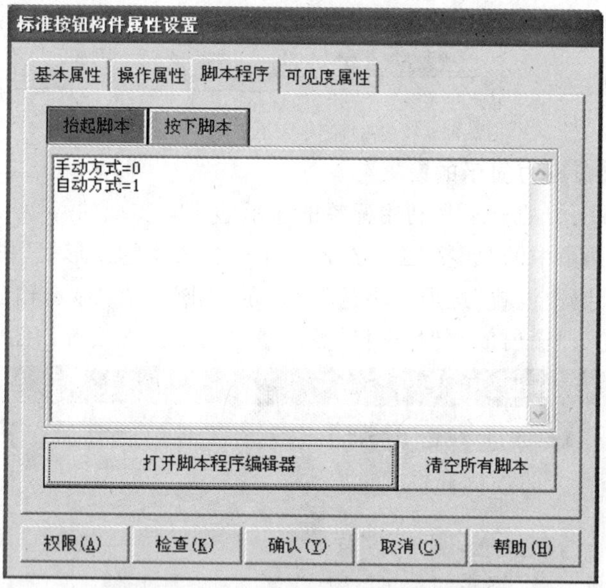

图 5-15　"自动方式"按钮脚本程序设置

②利用绘图工具箱中的"标签"工具制作一个略小于上述标准按钮的标签图形，如图 5-14（b）所示。双击后，在"属性设置"选项卡中，选择"填充颜色"和"字符颜色"，如图 5-16 所示。在"扩展属性"选项卡中，将"文本内容输入"设为"自动方式"。在"填充颜色"选项卡中，将"表达式"设为"自动方式"，"填充颜色连接"中分段点 0"对应颜色"设为灰色，分段点 1"对应颜色"设为红色，如图 5-17 所示。在"字符颜色"选项卡中，将"表达式"设为"自动方式"，"字符颜色连接"中分段点 0"对应颜色"设为黑色，分段点 1"对应颜色"设为黄色，如图 5-18 所示。

③将上述制作的按钮和标签图形重叠（按钮在后面，标签在前面），如图 5-14（c）所示。最后利用"排列"菜单中的"合并单元"选项，将它们组合在一起。

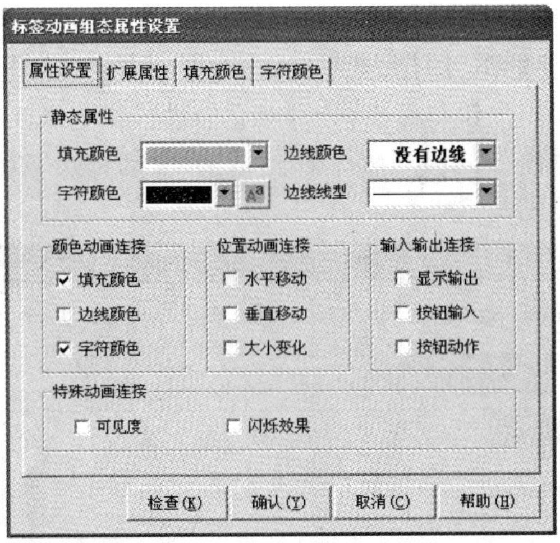

图 5-16　"自动方式"标签属性设置

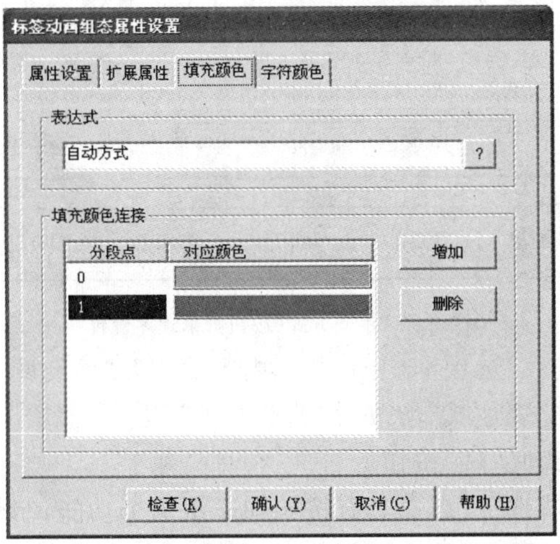

图 5-17　"自动方式"标签填充颜色属性设置

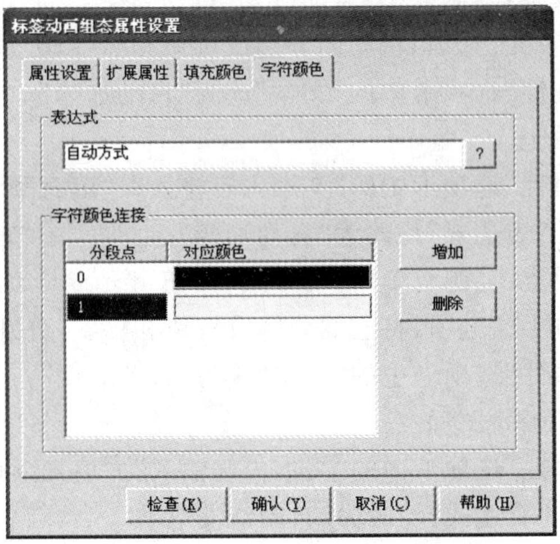

图 5-18　"自动方式"标签字符颜色属性设置

　　④"手动方式"按钮可通过复制、修改的方法制作:复制一个刚刚制作的"自动方式"按钮,放置在"自动方式"按钮的下方,作为"手动方式"按钮图形,然后利用"排列"菜单中的"分解单元"选项,将它们分解成按钮和标签,分别对它们进行如下修改:

　　对于按钮:将"基本属性"选项卡中的"文本"改为"手动方式",在"脚本程序"选项卡中输入如图 5-19 所示的脚本程序。

图 5-19　"手动方式"按钮脚本程序设置

　　对于标签:将"扩展属性"选项卡中的"文本内容输入"、"填充颜色"选项卡中的"表达式"及"字符颜色"选项卡中的"表达式"均改为"手动方式"。

　　(2)"自动加药"和"自动清洗"按钮

　　"自动加药"和"自动清洗"按钮也具有按钮和显示两个功能,制作过程与上述过程相似,采用复制上述按钮再修改的方法较为简便。

　　①"自动加药"按钮设置:复制一个"自动方式"按钮,作为"自动加药"按钮图形,然后利用"排列"菜单中的"分解单元"选项,将它们分解成按钮和标签,分别对它们进行如下修改:

　　对于按钮:将"基本属性"选项卡中的"文本"改为"自动加药",在"脚本程序"选项卡中输入如图 5-20 所示的脚本程序。

　　对于标签:将"扩展属性"选项卡中的"文本内容输入"、"填充颜色"选项卡中的"表达式"及"字符颜色"选项卡中的"表达式"均改为"自动加药"。

　　②"自动清洗"按钮设置:复制一个"自动方式"按钮,作为"自动清洗"按钮图形,然后利用"排列"菜单中的"分解单元"选项,将它们分解成按钮和标签,分别对它们进行如下修改:

　　对于按钮:将"基本属性"选项卡中的"文本"改为"自动清洗",在"脚本程序"选项卡中输入如图 5-21 所示的脚本程序。

　　对于标签:将"扩展属性"选项卡中的"文本内容输入"、"填充颜色"选项卡中的"表达式"及"字符颜色"选项卡中的"表达式"均改为"自动清洗"。

图 5-20 "自动加药"按钮脚本程序设置

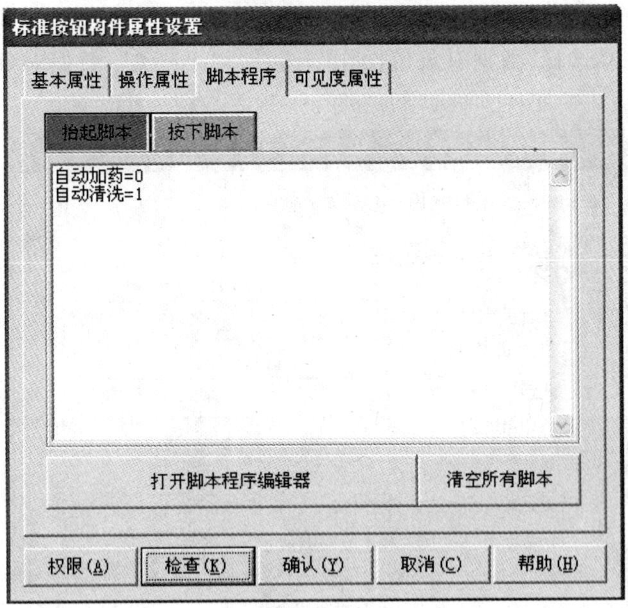

图 5-21 "自动清洗"按钮脚本程序设置

（3）"自动加药启动"、"自动加药停止"、"自动清洗启动"、"自动清洗停止"按钮

利用绘图工具箱中的"标准按钮"工具制作四个大小相同的按钮，分别作为"自动加药启动"、"自动加药停止"、"自动清洗启动"、"自动清洗停止"按钮的图形元件。对它们分别作如下设置：

①"自动加药启动"按钮：在"基本属性"选项卡中，将"文本"设为"自动加药启动"。在"操作属性"选项卡中，选择"数据对象值操作"，选择"按1松0"，数据对象选择"自动加药启动"，如图 5-22 所示。

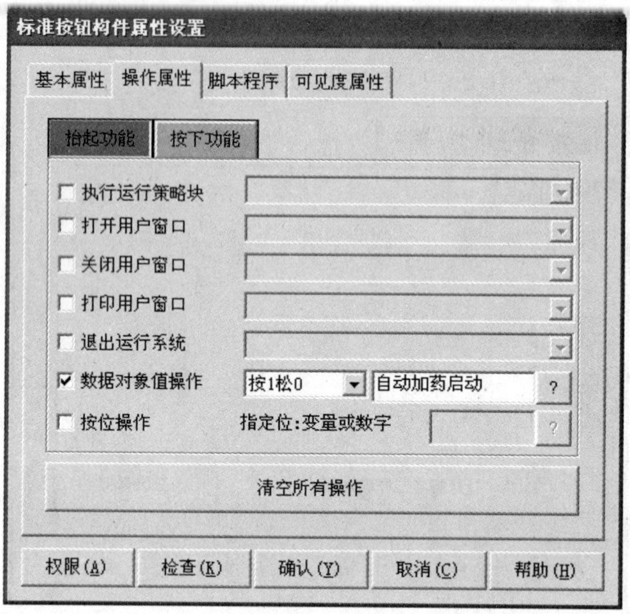

图 5-22 "自动加药启动"按钮操作属性设置

②"自动加药停止"按钮：在"基本属性"选项卡中，将"文本"设为"自动加药停止"。在"操作属性"选项卡中，选择"数据对象值操作"，选择"按 1 松 0"，数据对象选择"自动加药停止"，如图 5-23 所示。

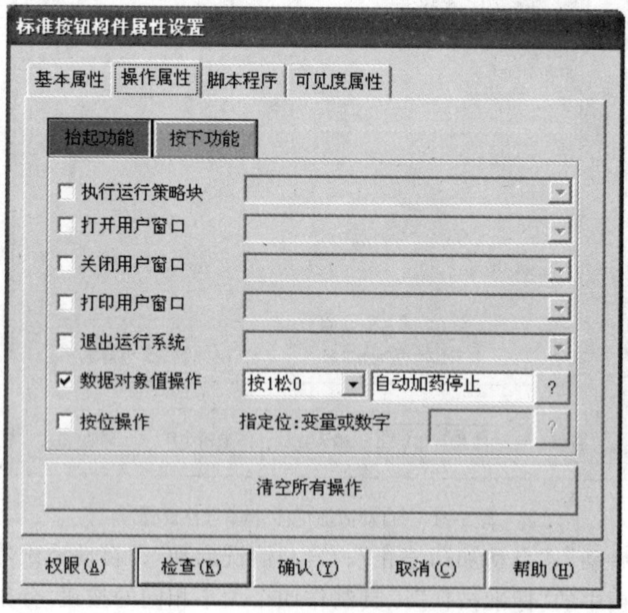

图 5-23 "自动加药停止"按钮操作属性设置

③"自动清洗启动"按钮：在"基本属性"选项卡中，将"文本"设为"自动清洗启动"。在"操作属性"选项卡中，选择"数据对象值操作"，选择"按 1 松 0"，数据对象选择"自动清洗启动"，如图 5-24 所示。

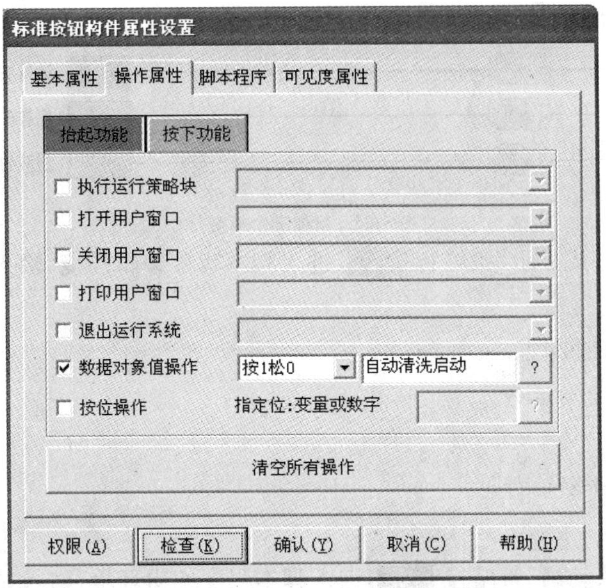

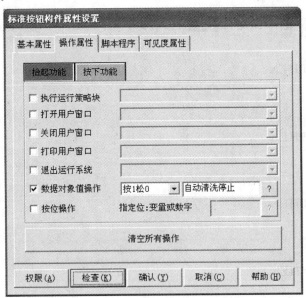

图 5-24　"自动清洗启动"按钮操作属性设置

④"自动清洗停止"按钮：在"基本属性"选项卡中，将"文本"设为"自动清洗停止"。在"操作属性"选项卡中，选择"数据对象值操作"，选择"按 1 松 0"，数据对象选择"自动清洗停止"，如图 5-25 所示。

图 5-25　"自动清洗停止"按钮操作属性设置

9. 动画显示策略设计

(1)在工作台的"运行策略"选项卡中，新建一个循环策略，在"策略属性设置"对话框中将"策略名称"设为"动画显示"，定时循环周期设为"100" ms。

(2)双击"运行策略"，新增三个策略行，添加"脚本程序"构件，分别命名为"运行方式显示"、"搅拌浆动画"和"物液位显示"，如图 5-26 所示。

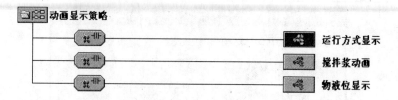

图 5-26 新增三个策略行

（3）双击"运行方式显示"策略行 ，进入脚本程序编辑环境，输入如下运行方式显示脚本程序：

    IF 自动＝1 THEN
      运行模式＝"自动运行"
    ELSE
      运行模式＝"手动运行"
    ENDIF

（4）双击"搅拌浆动画"策略行 ，进入脚本程序编辑环境，输入如下搅拌浆动画脚本程序：

    IF 搅拌＝1 THEN
      搅拌浆＝1－搅拌浆
    ENDIF

（5）双击"物液位显示"策略行 ，进入脚本程序编辑环境，输入如下物液位显示脚本程序：

    IF 低物位＝0 THEN
      物位＝0
    ENDIF
    IF 低物位＝1 THEN
      物位＝30
    ENDIF
    IF 中物位＝1 THEN
      物位＝60
    ENDIF
    IF 高物位＝1 THEN
      物位＝100
    ENDIF
    IF 低液位＝0 THEN
      液位＝0
    ENDIF
    IF 低液位＝1 THEN
      液位＝30

ENDIF

IF 中液位＝1 THEN

　液位＝60

ENDIF

IF 高液位＝1 THEN

　液位＝100

ENDIF

5.2.5　手动控制画面设计

手动控制画面主要是显示手动控制及其动作结果的画面,整体效果如图 5-27 所示。画面顶部和工艺流程部分与自动控制画面基本相同,直接复制过来再修改即可。所不同的是右边操作控制部分,下面主要介绍这一部分的制作及动画连接。

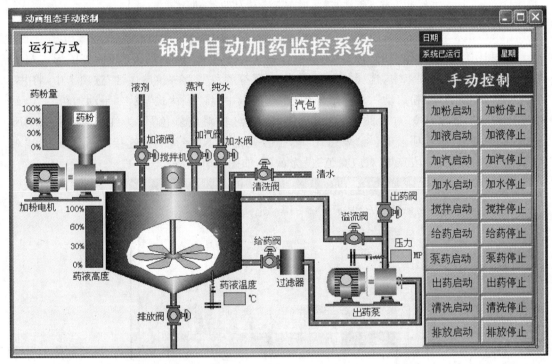

图 5-27　手动控制画面

1. 启动按钮的设置

画面中共有十个启动按钮,它们均有两个作用:一是作为手动操作的按钮,二是能够显示相应的操作结果。可以采用标准按钮和标签组成的组合图形来实现这两种功能。下面说明其制作过程:

(1)利用绘图工具箱中的"标准按钮"工具制作一个按钮图形元件,作为"加粉启动"按钮图形。双击后,在"基本属性"选项卡中,将"文本"中的内容删除。在"操作属性"选项卡中,选择"数据对象值操作",选择"按 1 松 0",数据对象选择"手动加粉启动",如图 5-28 所示。

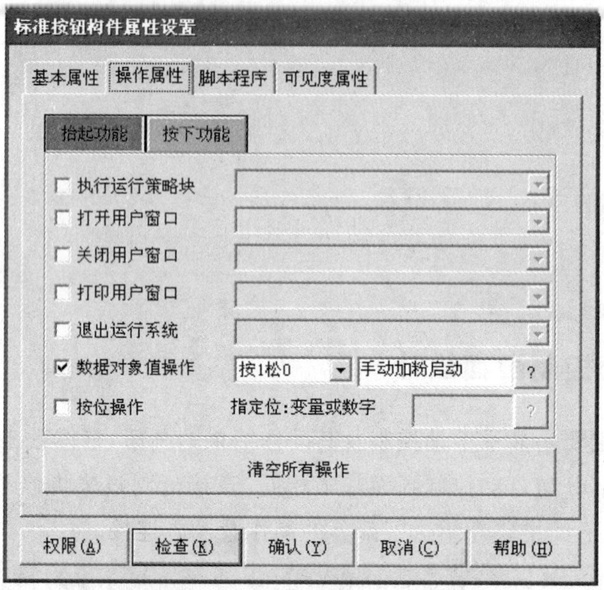

图 5-28 "加粉启动"按钮操作属性设置

(2)利用绘图工具箱中的"标签"工具制作一个略小于上述标准按钮的标签图形。双击后,在"属性设置"选项卡中,选择"填充颜色"和"字符颜色"。在"扩展属性"选项卡中,将"文本内容输入"设为"加粉启动"。在"填充颜色"选项卡中,将"表达式"设为"手动加粉","填充颜色连接"中,分段点 0"对应颜色"设为灰色,分段点 1"对应颜色"设为红色,如图 5-29 所示。在"字符颜色"选项卡中,将"表达式"设为"手动加粉","字符颜色连接"中,分段点 0"对应颜色"设为黑色,分段点 1"对应颜色"设为黄色,如图 5-30 所示。

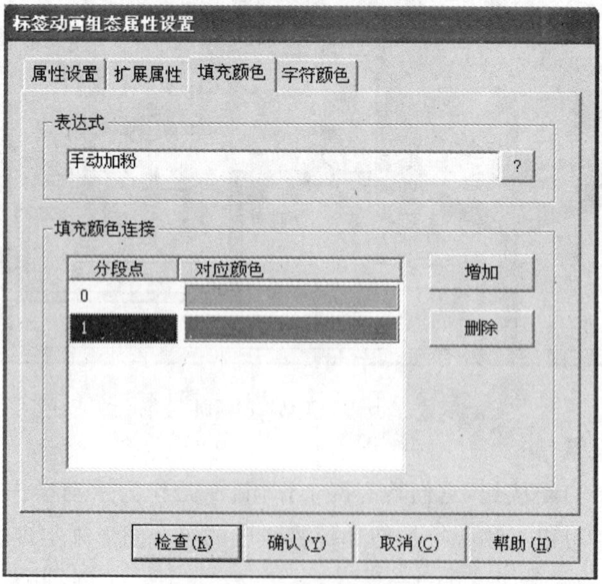

图 5-29 "加粉启动"标签填充颜色属性设置

(3)将上述制作的按钮和标签图形重叠(按钮在后面,标签在前面)。然后利用"排列"菜单中的"合并单元"选项,将它们组合在一起,即"加粉启动"按钮组合图形。

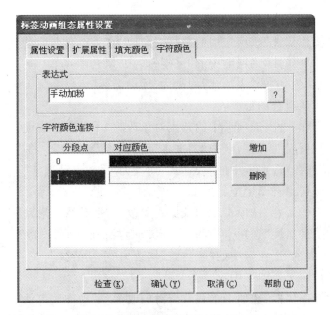

图 5-30　"加粉启动"标签字符颜色属性设置

（4）将上述"加粉启动"按钮组合图形再复制九个，分别作为"加液启动"按钮、"加汽启动"按钮、"加水启动"按钮、"搅拌启动"按钮、"给药启动"按钮、"泵药启动"按钮、"出药启动"按钮、"清洗启动"按钮、"排放启动"按钮图形。将它们依次垂直排列并分解，分别进行如下修改：

①"加液启动"按钮组合图形中：

对于按钮：将"操作属性"选项卡中的数据对象改为"手动加液启动"。

对于标签：将"扩展属性"选项卡中的"文本"改为"加液启动"。将"填充颜色"选项卡中的"表达式"和"字符颜色"选项卡中的"表达式"均改为"手动加液"。

②"加汽启动"按钮组合图形中：

对于按钮：将"操作属性"选项卡中的数据对象改为"手动加汽启动"。

对于标签：将"扩展属性"选项卡中的"文本"改为"加汽启动"。将"填充颜色"选项卡中的"表达式"和"字符颜色"选项卡中的"表达式"均改为"手动加汽"。

③"加水启动"按钮组合图形中：

对于按钮：将"操作属性"选项卡中的数据对象改为"手动加水启动"。

对于标签：将"扩展属性"选项卡中的"文本"改为"加水启动"。将"填充颜色"选项卡中的"表达式"和"字符颜色"选项卡中的"表达式"均改为"手动加水"。

④"搅拌启动"按钮组合图形中：

对于按钮：将"操作属性"选项卡中的数据对象改为"手动搅拌启动"。

对于标签：将"扩展属性"选项卡中的"文本"改为"搅拌启动"。将"填充颜色"选项卡中的"表达式"和"字符颜色"中的"表达式"均改为"手动搅拌"。

⑤"给药启动"按钮组合图形中：

对于按钮：将"操作属性"选项卡中的数据对象改为"手动给药启动"。

对于标签：将"扩展属性"选项卡中的"文本"改为"给药启动"。将"填充颜色"选项卡中的"表达式"和"字符颜色"中的"表达式"均改为"手动给药"。

⑥"泵药启动"按钮组合图形中：

对于按钮：将"操作属性"选项卡中的数据对象改为"手动泵药启动"。

对于标签：将"扩展属性"选项卡中的"文本"改为"泵药启动"。将"填充颜色"选项卡中的"表达式"和"字符颜色"中的"表达式"均改为"手动泵药"。

⑦"出药启动"按钮组合图形中：

对于按钮：将"操作属性"选项卡中的数据对象改为"手动出药启动"。

对于标签：将"扩展属性"选项卡中的"文本"改为"出药启动"。将"填充颜色"选项卡中的"表达式"和"字符颜色"选项卡中的"表达式"均改为"手动出药"。

⑧"清洗启动"按钮组合图形中：

对于按钮：将"操作属性"选项卡中的数据对象改为"手动清洗启动"。

对于标签：将"扩展属性"选项卡中的"文本"改为"清洗启动"。将"填充颜色"选项卡中的"表达式"和"字符颜色"选项卡中的"表达式"均改为"手动清洗"。

⑨"排放启动"按钮组合图形中：

对于按钮：将"操作属性"选项卡中的数据对象改为"手动排放启动"。

对于标签：将"扩展属性"选项卡中的"文本"改为"排放启动"。将"填充颜色"选项卡中的"表达式"和"字符颜色"选项卡中的"表达式"均改为"手动排放"。

2. 停止按钮的设置

手动控制画面中还有十个分别与启动按钮相对应的停止按钮,它们的功能只有一个,就是按钮功能,采用标准按钮即可实现。

(1)利用绘图工具箱的"标准按钮"工具制作一个按钮图形元件,作为"加粉停止"按钮图形。双击后,在"基本属性"选项卡中,将"文本"设为"加粉停止"。在"操作属性"选项卡中,选择"数据对象值操作",选择"按 1 松 0",数据对象选择"手动加粉停止",如图 5-31 所示。

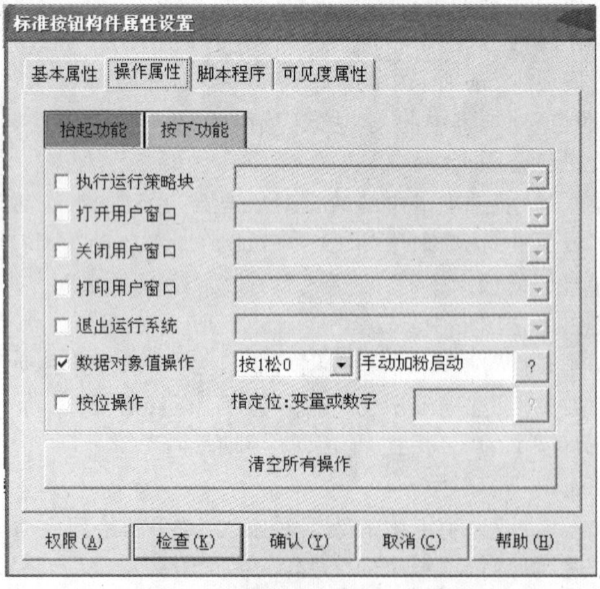

图 5-31 "加粉停止"按钮操作属性设置

(2)将上述"加粉停止"按钮图形再复制九个,分别作为"加液停止"按钮、"加汽停止"按钮、"加水停止"按钮、"搅拌停止"按钮、"给药停止"按钮、"泵药停止"按钮、"出药停止"按钮、"清洗停止"按钮、"排放停止"按钮图形。将它们依次垂直排列,分别进行如下修改:

①"加液停止"按钮中:将"基本属性"选项卡中的"文本"改为"加液停止"。将"操作属性"选项卡中的数据对象改为"手动加液停止"。

②"加汽停止"按钮中:将"基本属性"选项卡中的"文本"改为"加汽停止"。将"操作属性"选项卡中的数据对象改为"手动加汽停止"。

③"加水停止"按钮中:将"基本属性"选项卡中的"文本"改为"加水停止"。将"操作属性"选项卡中的数据对象改为"手动加水停止"。

④"搅拌停止"按钮中:将"基本属性"选项卡中的"文本"改为"搅拌停止"。将"操作属性"选项卡中的数据对象改为"手动搅拌停止"。

⑤"给药停止"按钮中:将"基本属性"选项卡中的"文本"改为"给药停止"。将"操作属性"选项卡中的数据对象改为"手动给药停止"。

⑥"泵药停止"按钮中:将"基本属性"选项卡中的"文本"改为"泵药停止"。将"操作属性"选项卡中的数据对象改为"手动泵药停止"。

⑦"出药停止"按钮中:将"基本属性"选项卡中的"文本"改为"出药停止"。将"操作属性"选项卡中的数据对象改为"手动出药停止"。

⑧"清洗停止"按钮中:将"基本属性"选项卡中的"文本"改为"清洗停止"。将"操作属性"选项卡中的数据对象改为"手动清洗停止"。

⑨"排放停止"按钮中:将"基本属性"选项卡中的"文本"改为"排放停止"。将"操作属性"选项卡中的数据对象改为"手动排放停止"。

5.2.6　参数设置画面设计

参数设置画面整体效果如图 5-32 所示。画面主要包括参数设置与显示和设备状态显示两部分。下面分别介绍其制作过程。

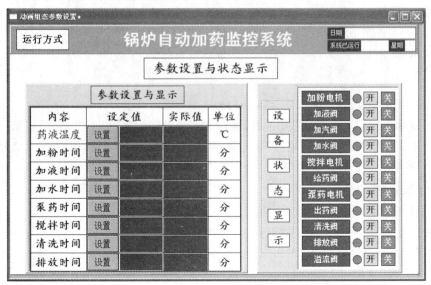

图 5-32　参数设置画面

1. 参数设置自由表格的绘制

利用绘图工具箱中的"自由表格"工具绘制一个9行4列的自由表格,在表格的第一行、第一列及第四列相应的单元格内输入如图5-32所示的表头文字。

2. 参数设置按钮及其设定值显示图形设置

(1)药液温度设置按钮及其设定值显示图形制作

参数设置按钮及其设定值显示是由两个标签和一个按钮构成的组合图形,如图5-33所示。

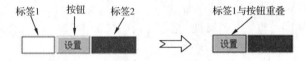

图5-33 参数设置按钮及其设定值显示图形构成

①对于标签1,其属性设置如下:

在"属性设置"选项卡中,将"填充颜色"设为"没有填充","边线颜色"设为黑色,选择"按钮输入",如图5-34所示。

图5-34 标签1属性设置

在"按钮输入"选项卡中,将"对应数据对象的名称"设为"药液温度设定","输入值类型"选择"数值量输入","提示信息"输入"请输入药液温度设定值","输入最小值"设为"0","输入最大值"设为"100",如图5-35所示。

②对于按钮,将其"基本属性"选项卡中的"文本"设为"设置"即可。

③对于标签2,其属性设置如下:

在"属性设置"选项卡中,将"填充颜色"设为黑色,"边线颜色"设为"没有边线","字符颜色"设为白色,"字符字体"设为"宋体"、"小四号",选择"显示输出",如图5-36所示。

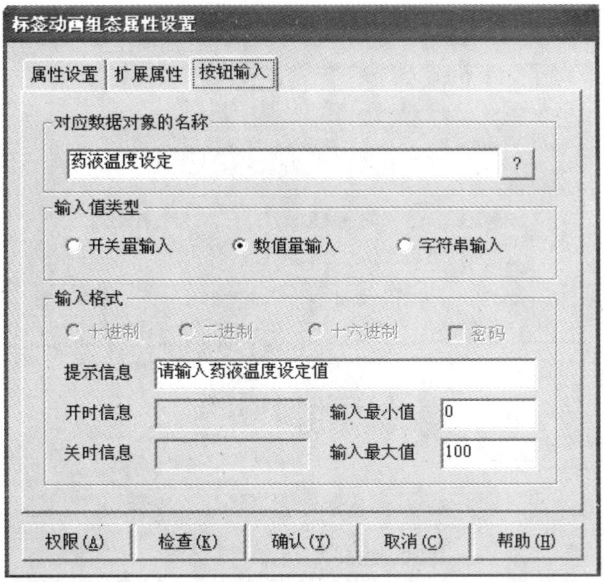

图 5-35　标签 1 按钮输入属性设置

图 5-36　标签 2 属性设置

在"显示输出"选项卡中,将"表达式"设为"药液温度设定","输出值类型"选择"数值量输出","输出格式"选择"十进制","小数位数"设为"1",如图 5-37 所示。

④将标签 1 与按钮重叠,最后将标签 1、按钮、标签 2 合并起来,组成一个单元图形。

(2)其他参数设置按钮及其设定值显示图形设置

将刚刚制作的药液温度设置按钮及其设定值显示组合图形再复制七个,按照图 5-32 所示垂直排列,依次作为各参数对应的设置按钮及其参数显示图形。然后分别对它们的属性设置进行修改,修改说明如下。

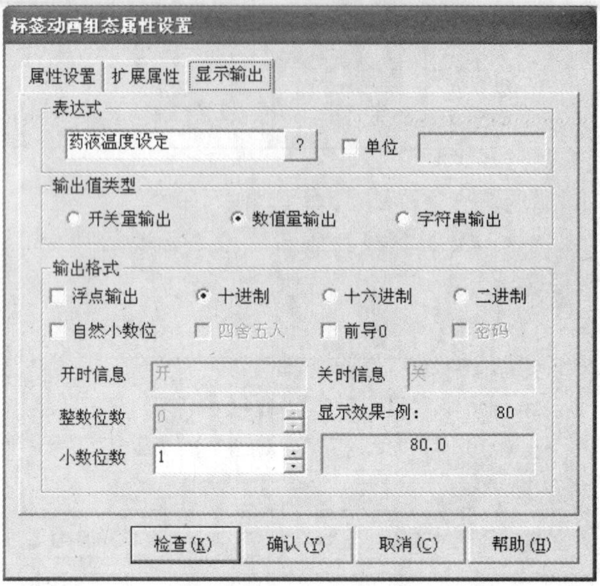

图 5-37　标签 2 显示输出属性设置

①加粉时间设置按钮属性修改：

双击加粉时间设置按钮图形，在"动画连接"选项卡中，单击"标签"，将"连接表达式"改为"加粉时间设置"，如图 5-38 所示。

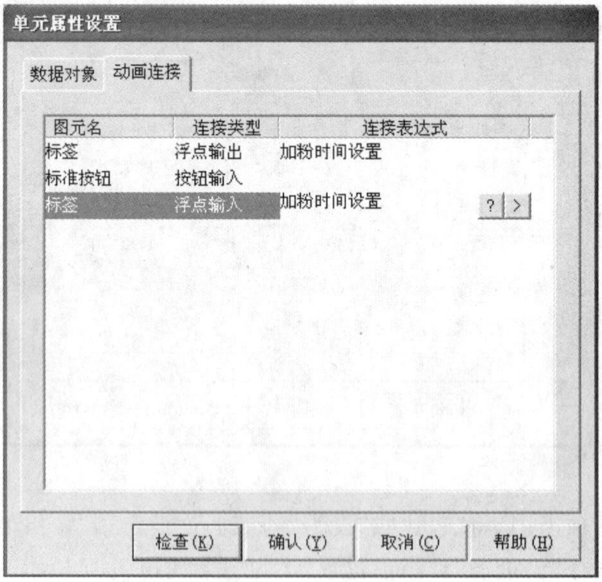

图 5-38　加粉时间设置按钮动画连接属性设置

再次选择"标签"，单击右边的 > 按钮，在弹出的"标签动画组态属性设置"对话框中，将"按钮输入"选项卡中的"提示信息"改为"请输入加粉时间设定值"，"输入最大值"改为"30"，如图 5-39 所示。

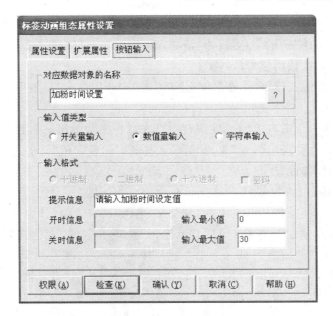

图 5-39　加粉时间设置按钮按钮输入属性设置

②加液时间设置按钮属性修改：

双击加液时间设置按钮图形，在"动画连接"选项卡中，单击"标签"，将"连接表达式"改为"加液时间设置"。

再次选择"标签"，单击右边的 > 按钮，在弹出的"标签动画组态属性设置"对话框中，将"按钮输入"选项卡中的"提示信息"改为"请输入加液时间设定值"，"输入最大值"改为"30"。

③加水时间设置按钮属性修改：

双击加水时间设置按钮图形，在"动画连接"选项卡中，单击"标签"，将"连接表达式"改为"加水时间设置"。

再次选择"标签"，单击右边的 > 按钮，在弹出的"标签动画组态属性设置"对话框中，将"按钮输入"选项卡中的"提示信息"改为"请输入加水时间设定值"，"输入最大值"改为"50"。

④泵药时间设置按钮属性修改：

双击泵药时间设置按钮图形，在"动画连接"选项卡中，单击"标签"，将"连接表达式"改为"泵药时间设置"。

再次选择"标签"，单击右边的 > 按钮，在弹出的"标签动画组态属性设置"对话框中，将"按钮输入"选项卡中的"提示信息"改为"请输入泵药时间设定值"，"输入最大值"改为"30"。

⑤搅拌时间设置按钮属性修改：

双击搅拌时间设置按钮图形，在"动画连接"选项卡中，单击"标签"，将"连接表达式"改为"搅拌时间设置"。

再次选择"标签"，单击右边的 > 按钮，在弹出的"标签动画组态属性设置"对话框中，将"按钮输入"选项卡中的"提示信息"改为"请输入搅拌时间设定值"，"输入最大值"改为"50"。

⑥清洗时间设置按钮属性修改：

双击清洗时间设置按钮图形，在"动画连接"选项卡中，单击"标签"，将"连接表达式"改为"清洗时间设置"。

再次选择"标签",单击右边的 > 按钮,在弹出的"标签动画组态属性设置"对话框中,将"按钮输入"选项卡中的"提示信息"改为"请输入清洗时间设定值","输入最大值"改为"50"。

⑦排放时间设置按钮属性修改:

双击清洗时间设置按钮图形,在"动画连接"选项卡中,单击"标签",将"连接表达式"改为"排放时间设置"。

再次选择"标签",单击右边的 > 按钮,在弹出的"标签动画组态属性设置"对话框中,将"按钮输入"选项卡中的"提示信息"改为"请输入排放时间设定值","输入最大值"改为 50。

3. 实际值显示标签设置

利用绘图工具箱中的"标签"工具绘制八个大小相同的显示标签(先绘制一个后,再复制、粘贴较为简便),将它们的"填充颜色"均设为"黑色","字符颜色"均设为白色,"输入输出连接"中均选择"显示输出",并将它们"显示输出"选项卡中的"表达式"分别设为"药液温度"、"加粉时间/600"、"加液时间/600"、"加水时间/600"、"泵药时间/600"、"搅拌时间/600"、"清洗时间/600"、"排放时间/600","输出值类型"均选"数值量输出"。(注:因为 PLC 程序中所用的是 100 ms 定时器,所以,上述设置中除以 600 是为了将 PLC 定时器时间转换为分来显示。)

4. 状态显示设置

状态显示主要是为了集中显示加粉电机、加液阀、加汽阀、加水阀、搅拌电机、给药阀、泵药电机、出药阀、清洗阀、排放阀和溢流阀的工作和停止状态。每个设备的状态显示均由小圆、"开"和"关"文字标签三个元件构成。当某个设备工作时,对应的小圆变为绿色,同时"开"字可见、"关"字不可见;而当设备停止时,对应的小圆变为红色,同时"关"字可见、"开"字不可见。下面说明其制作过程(以加粉电机状态显示设置为例):

(1)绘制一个小圆图形。双击小圆,在"属性设置"选项卡中,选择"颜色动画连接"中的"填充颜色"。在"填充颜色"选项卡中,将"表达式"设为"加粉",分段点 0"对应颜色"设为灰色,分段点 1"对应颜色"设为红色,如图 5-40 所示。

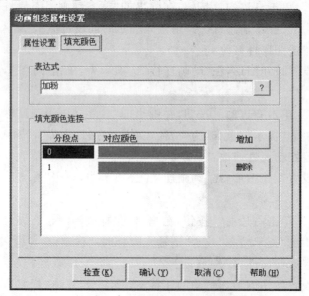

图 5-40 小圆填充颜色属性设置

(2)绘制一个方形小标签,在标签中输入文字"开"。双击"开"字标签,在"属性设置"选项卡中,将"填充颜色"设为绿色,"字符颜色"设为蓝色,选择"特殊动画连接"中的"可见度"。在"可见度"选项卡中,将"表达式"设为"加粉","当表达式非零时"选择"对应图符可见",如图 5-41 所示。

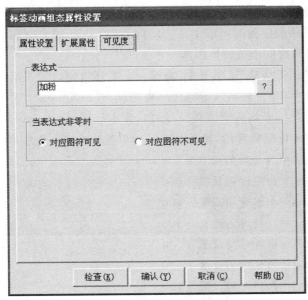

图 5-41   "开"字标签可见度属性设置

(3)再绘制一个方形小标签(与"开"字标签大小相同),在标签中输入文字"关"。双击"关"字标签,在"属性设置"选项卡中,将"填充颜色"设为红色,"字符颜色"设为黄色,选择"特殊动画连接"中的"可见度"。在"可见度"选项卡中,将"表达式"设为"加粉","当表达式非零时"选择"对应图符不可见",如图 5-42 所示。

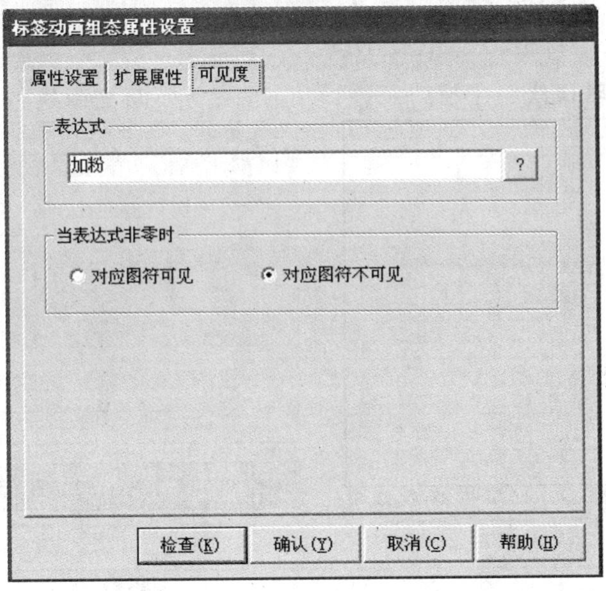

图 5-42   "关"字标签可见度属性设置

其他设备状态显示元件用复制、修改的方法非常简便。即复制上述状态显示图形后,将加液阀、加汽阀、加水阀、搅拌电机、给药阀、泵药电机、出药阀、清洗阀、排放阀和溢流阀的状态显示图形中可见度属性"表达式"分别改为"加液"、"加汽"、"加水"、"搅拌"、"给药"、"泵药"、"出药"、"清洗"、"排放"、"安全阀"。

5. 时间单位转换策略

因参数设置画面中设定的时间单位是"分",而三菱 PLC 中定时器(如 T0)的时间单位为 100 ms,所以要编写时间单位转换脚本程序。

(1)在工作台的"运行策略"选项卡中,新建一个循环策略,在"策略属性设置"对话框中将"策略名称"设为"时间单位转换",定时循环周期设为"100" ms。

(2)双击"运行策略",新增一个策略行,添加"脚本程序"构件。双击"运行方式显示"策略行 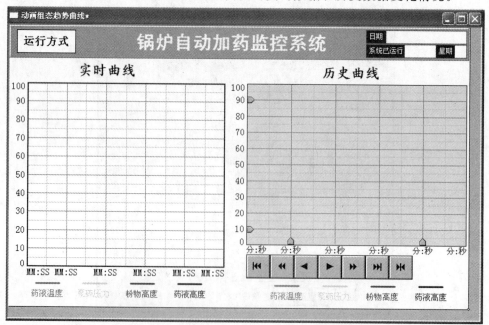,进入脚本程序编辑环境,输入如下时间单位转换脚本程序:

加粉时间设置_ms＝加粉时间设置 * 600

加液时间设置_ms＝加液时间设置 * 600

加水时间设置_ms＝加水时间设置 * 600

搅拌时间设置_ms＝搅拌时间设置 * 600

清洗时间设置_ms＝清洗时间设置 * 600

排放时间设置_ms＝排放时间设置 * 600

泵药时间设置_ms＝泵药时间设置 * 600

5.2.7 趋势曲线画面设计

趋势曲线画面整体效果如图 5-43 所示,由实时曲线和历史曲线两部分构成。主要用来显示药液温度、泵药压力、粉物高度和药液高度的实时数据和历史数据变化情况。

图 5-43 趋势曲线画面

1. 实时曲线设置

实时曲线采用绘图工具箱中的"实时曲线"工具绘制,其属性具体设置如下:

(1)基本属性:"X 主划线数目"设为"5","Y 主划线数目"设为"10","曲线类型"选择"绝对时钟趋势曲线",如图 5-44 所示。

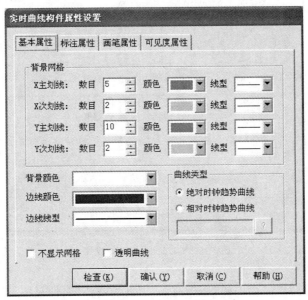

图 5-44　实时曲线基本属性设置

(2)标注属性:"时间格式"选择"MM:SS","时间单位"选择"秒钟","最大值"设为"100.0",如图 5-45 所示。

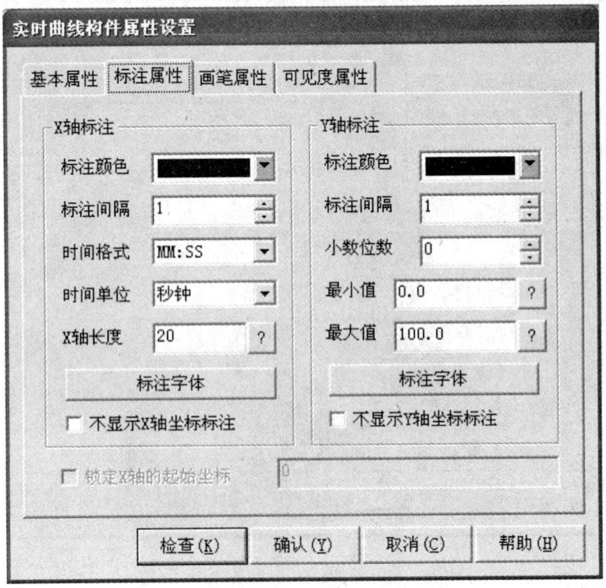

图 5-45　实时曲线标注属性设置

(3)画笔属性:"曲线 1"设为"药液温度","颜色"设为红色;"曲线 2"设为"泵药压力","颜色"设为绿色;"曲线 3"设为"物位","颜色"设为深紫色;"曲线 4"设为"液位","颜色"设为深蓝色。如图 5-46 所示。

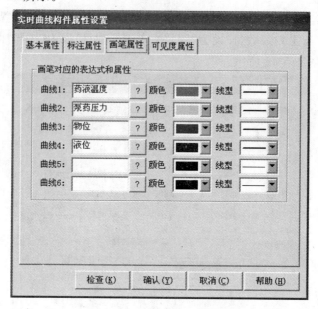

图 5-46 实时曲线画笔属性设置

2. 历史曲线设置

历史曲线采用绘图工具箱中的"历史曲线"工具绘制,其属性具体设置如下:

(1)基本属性:"X 主划线数目"设为"5","Y 主划线数目"设为"10",其他为默认。

(2)存盘数据:"组对象对应的存盘数据"选择"数据组",如图 5-47 所示。

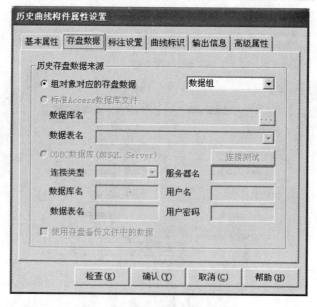

图 5-47 历史曲线存盘数据属性设置

(3)标注设置:"时间单位"选择"分","时间格式"选择"时:分",其他为默认,如图 5-48 所示。

(4)画笔属性:"曲线 1"设为"药液温度","颜色"设为红色;"曲线 2"设为"泵药压力",

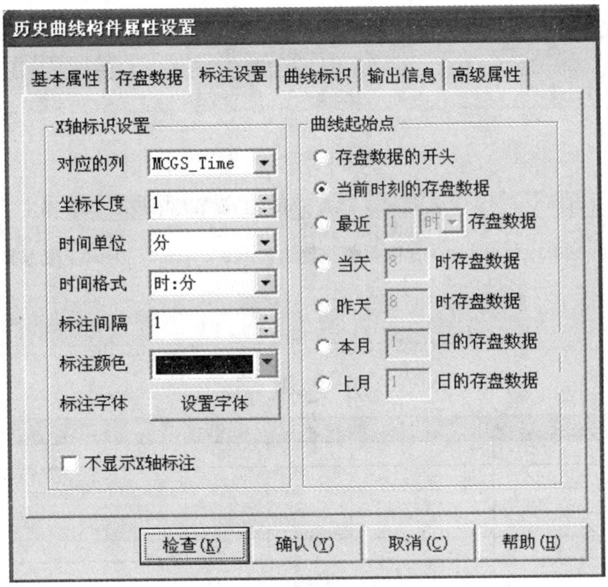

图 5-48　历史曲线标注设置属性设置

"颜色"设为绿色；"曲线 3"设为"物位"，"颜色"设为深紫色；"曲线 4"设为"液位"，"颜色"设为深蓝色。如图 5-49 所示。

图 5-49　历史曲线曲线标识属性设置

5.2.8　报警显示画面设计

报警显示画面整体效果如图 5-50 所示，由实时报警显示和历史报警显示两部分构成。主要用来显示药液温度、泵药压力、粉物高度和药液高度的实时报警信息和历史报警记录。

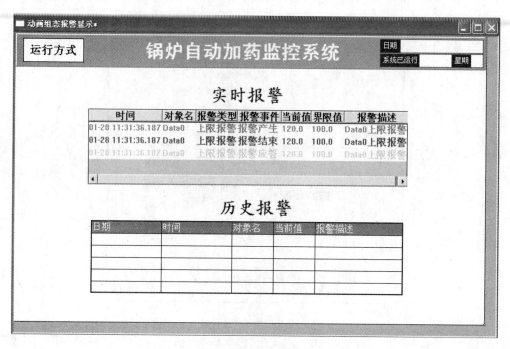

图 5-50 报警显示画面

1. 实时报警显示

实时报警显示采用绘图工具箱中的"报警显示"工具绘制,其基本属性设置如下:

"对应的数据对象的名称"选择"数据组","最大记录次数"设为"10",如图 5-51 所示。

图 5-51 实时报警显示基本属性设置

2. 历史报警显示

历史报警显示采用绘图工具箱中的"报警浏览"工具绘制,其基本属性设置如下:

"显示模式"选择"历史报警数据""全部","基本显示"中"行数"设为"5",如图 5-52 所示。

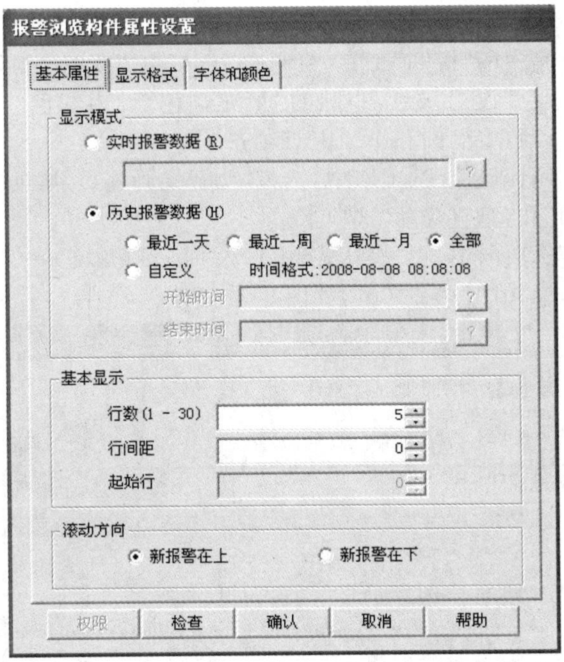

图 5-52　历史报警显示基本属性设置

5.2.9　封面画面设计

本项目工程的封面画面整体效果如图 5-53 所示,是一个欢迎界面,其中"欢迎光临"字符是闪烁的。系统运行时,首先运行封面画面,10 s 后,自动进入系统主画面(自动控制画面)运行。

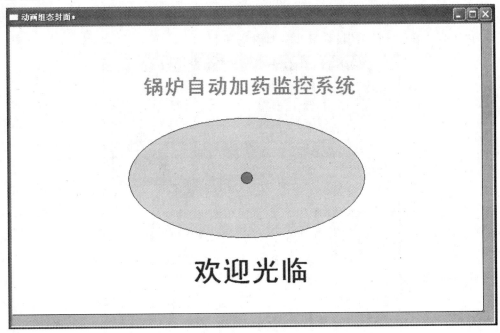

图 5-53　封面画面

1. 小圆图形绘制及设置

(1)利用绘图工具箱中的"椭圆"工具,绘制一个 400×200 的椭圆和一个直径为 20 的小圆,其中椭圆的"填充颜色"设为绿色,小圆的"填充颜色"设为红色。利用"排列"菜单中的"对齐"→"中心对中"选项,将椭圆和小圆中心对齐。

(2)双击小圆,在"属性设置"选项卡中,选择"位置动画连接"中的"水平移动"和"垂直移动",则出现"水平移动"和"垂直移动"选项卡。

(3)在"水平移动"选项卡中,在"表达式"中输入"！cos(角度)＊200",将"最大移动偏移量"设为"100","表达式的值"设为"100",如图 5-54 所示。

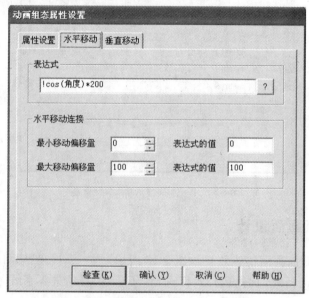

图 5-54　小圆水平移动属性设置

(4)在"垂直移动"选项卡,在"表达式"中输入"！sin(角度)＊100",将"最大移动偏移量"设为"100","表达式的值"设为"100",如图 5-55 所示。

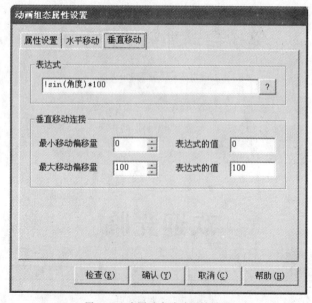

图 5-55　小圆垂直移动属性设置

2.小圆运动策略设计

（1）在工作台的"运行策略"选项卡中，新建一个循环策略，在"策略属性设置"对话框中将"策略名称"设为"封面小圆运动"，定时循环周期设为"100"ms。

（2）双击"封面小圆运动"，新增一个策略行，添加"脚本程序"构件。双击，进入脚本程序编辑环境，输入如下小圆运动脚本程序：

角度＝角度＋3.14/180

IF 角度＞＝6.28 THEN

  角度＝0

ENDIF

5.3 菜单及主控窗口设置

锅炉自动加药监控系统共有五个窗口，在运行时，要求采用菜单命令直接进行切换。系统运行时，应先进入自动控制画面，然后根据需要切换到其他画面。

5.3.1 菜单设计

为了切换五个窗口画面，系统需要设立相应的五个菜单命令，即自动控制、手动控制、参数设置、趋势曲线和报警显示。

在工作台的"主控窗口"选项卡中，如图 5-56 所示，单击"菜单组态"按钮，进入主控窗口菜单组态环境，用"新增菜单项"工具新增"操作 0"、"操作 1"、"操作 2"、"操作 3"、"操作 4"五个操作项，如图 5-57 所示。

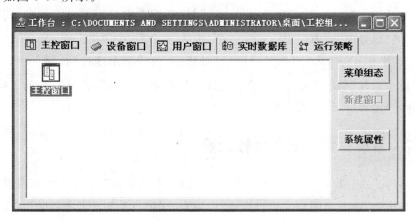

图 5-56 MCGS 主控窗口

（1）双击"操作 0"，弹出"菜单属性设置"对话框。在"菜单属性"选项卡中，将"菜单名"设为"自动控制"；在"菜单操作"选项卡中，选择"打开用户窗口"，并从右边的下拉列表中选择所要打开的"自动控制"窗口。

（2）双击"操作 1"，弹出"菜单属性设置"对话框。在"菜单属性"选项卡中，将"菜单名"

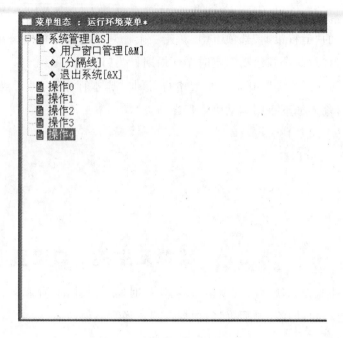

图 5-57　主控窗口菜单组态环境

设为"手动控制";在"菜单操作"选项卡中,选择"打开用户窗口",并从右边的下拉列表中选择所要打开的"手动控制"窗口。

(3)双击"操作 2",弹出"菜单属性设置"对话框。在"菜单属性"选项卡中,将"菜单名"设为"参数设置";在"菜单操作"选项卡中,选择"打开用户窗口",并从右边的下拉列表中选择所要打开的"参数设置"窗口。

(4)双击"操作 3",弹出"菜单属性设置"对话框。在"菜单属性"选项卡中,将"菜单名"设为"趋势曲线";在"菜单操作"选项卡中,选择"打开用户窗口",并从右边的下拉列表中选择所要打开的"趋势曲线"窗口。

(5)双击"操作 4",弹出"菜单属性设置"对话框。在"菜单属性"选项卡中,将"菜单名"设为"报警显示";在"菜单操作"选项卡中,选择"打开用户窗口",并从右边的下拉列表中选择所要打开的"报警显示"窗口。

5.3.2　系统主控窗口的属性设置

在工作台的"主控窗口"选项卡中,单击"系统属性"按钮,进入"主控窗口属性设置"对话框。在"基本属性"选项卡中,在"窗口标题"中输入"锅炉自动加药监控系统","菜单设置"选择"有菜单","封面窗口"选择"封面","封面显示时间"设为"10",其他参数为默认,如图 5-58 所示。在"启动属性"选项卡中,从"用户窗口列表"中选择"自动控制",单击"增加"按钮,将"自动控制"设为"自动运行窗口",如图 5-59 所示。

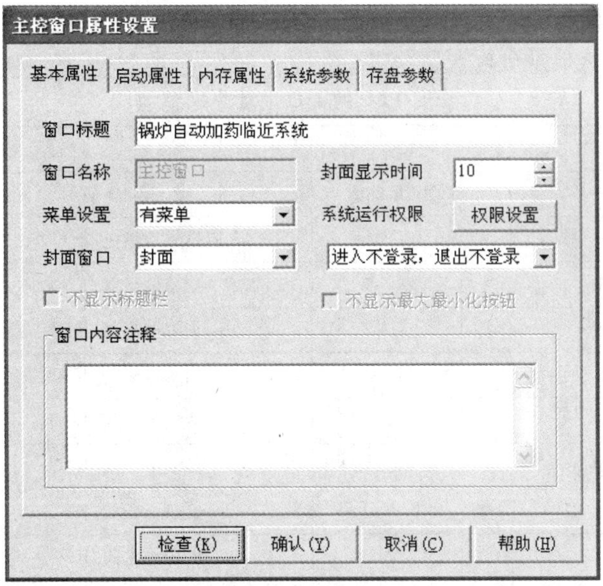

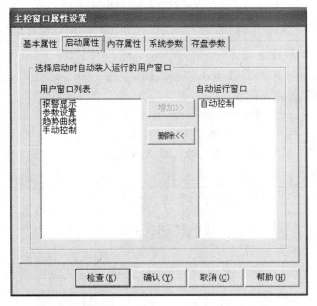

图 5-58　主控窗口基本属性设置

图 5-59　主控窗口启动属性设置

5.4　PLC 控制程序设计

5.4.1　PLC 控制 I/O 接线图

1. PLC 输入/输出地址分配

　　根据设计要求,锅炉自动加药监控系统只采用触摸屏控制,所以 PLC 输入只连接相关的物位或液位传感器,没有其他控制设备。系统共 8 个传感器输入信号,其中 6 个为开关量信号,2个为模拟量信号。输出点 11 个,选用型号为 FX3U-32MR 的小型三菱 PLC 即可满足要求。PLC 的 I/O 地址分配见表 5-2。

表 5-2   PLC 的 I/O 地址分配

输 入		输 出	
设备名称/符号	PLC 输入	设备名称/符号	PLC 输出
低物位/LW	X000	加粉驱动继电器/KM1	Y000
中物位/ZW	X001	加液电磁阀/KV1	Y001
高物位/HW	X002	加汽电磁阀/KV2	Y002
低液位/LY	X003	加水电磁阀/KV3	Y003
中液位/ZY	X004	清洗电磁阀/KV4	Y004
高液位/HY	X005	排放电磁阀/KV5	Y005
		给药电磁阀/KV6	Y006
		出药电磁阀/KV7	Y007
		搅拌电机驱动/KM2	Y010
		泵药电机驱动/KM3	Y011
		溢流电磁阀/KV8	Y012

2. PLC 控制 I/O 接线图

根据表 5-2,可绘制出 PLC 控制 I/O 接线图,如图 5-60 所示。图中 FX2N-2AD 为温度和压力传感器的模拟量输入模块。

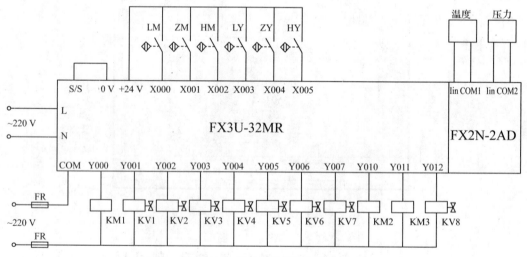

图 5-60 PLC 控制 I/O 接线图

5.4.2 PLC 控制程序

1. 触摸屏数据对象与 PLC 寄存器规划

触摸屏数据对象与 PLC 寄存器规划见表 5-3。

表 5-3　　　　　　　　　　触摸屏数据对象与 PLC 寄存器规划

序　号	触摸屏数据对象	PLC 寄存器	序　号	触摸屏数据对象	PLC 寄存器
1	低物位	X000	30	手动加汽启动	M14
2	中物位	X001	31	手动加汽停止	M15
3	高物位	X002	32	手动加水启动	M16
4	低液位	X003	33	手动加水停止	M17
5	中液位	X004	34	手动清洗启动	M18
6	高液位	X005	35	手动清洗停止	M19
7	加粉	Y000	36	手动排放启动	M20
8	加液	Y001	37	手动排放停止	M21
9	加汽	Y002	38	手动给药启动	M22
10	加水	Y003	39	手动给药停止	M23
11	清洗	Y004	40	手动出药启动	M24
12	排放	Y005	41	手动出药停止	M25
13	给药	Y006	42	手动搅拌启动	M26
14	出药	Y007	43	手动搅拌停止	M27
15	搅拌	Y010	44	手动泵药启动	M28
16	泵药	Y011	45	手动泵药停止	M29
17	安全阀	Y012	46	手动加粉	M40
18	手动方式	M0	47	手动加液	M41
19	自动方式	M1	48	手动加汽	M42
20	自动加药	M2	49	手动加水	M43
21	自动清洗	M3	50	手动清洗	M44
22	自动加药启动	M4	51	手动排放	M45
23	自动加药停止	M5	52	手动给药	M46
24	自动清洗启动	M6	53	手动出药	M47
25	自动清洗停止	M7	5	手动搅拌	M48
26	手动加粉启动	M10	55	手动泵药	M49
27	手动加粉停止	M11	56	加粉时间设置_ms	D0
28	手动加液启动	M12	57	加液时间设置_ms	D2
29	手动加液停止	M13	58	加水时间设置_ms	D4

续表

序 号	触摸屏数据对象	PLC 寄存器	序 号	触摸屏数据对象	PLC 寄存器
59	清洗时间设置_ms	D6	66	加粉时间	T0
60	排放时间设置_ms	D8	67	加液时间	T1
61	泵药时间设置_ms	D10	68	加水时间	T2
62	搅拌时间设置_ms	D12	69	清洗时间	T3
63	泵药压力	D102	70	排放时间	T4
64	药液温度	D112	71	泵药时间	T5
65	药液温度设定	D116	72	搅拌时间	T6

2. 温度和压力的计算

药液温度和泵药压力信号用模拟量输入点采集,选用 FX2N-2AD 模拟量输入模块,此模块有两个输入通道,其分辨率为 12 位。输入的模拟电压选择 0~20 mA 挡,对应的最大数字值为 4 000。

假设温度的量程为 0~200 ℃,则将 FX2N-2AD 中的数字值 N 转换为温度的公式为

$$温度值 = 200 \times N/4\,000$$

假设压力表的量程为 0~100 MPa,则将 FX2N-2AD 中的数字值 Q 转换为压力的公式为

$$压力值 = 100 \times N/4\,000$$

3. PLC 控制程序

锅炉自动加药监控系统 PLC 梯形图程序如图 5-61 所示。

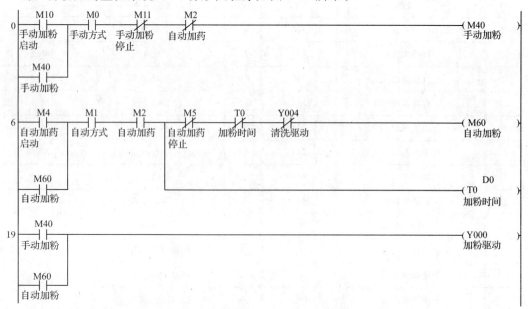

图 5-61　锅炉自动加药监控系统 PLC 梯形图程序

```
      M12        M0        M13                                          ( M41 )
22 ───┤ ├───────┤ ├───────┤/├────────────────────────────────────────( M41 )
     手动加液    手动方式   手动加液                                      手动加液
     启动                  停止

      M41
   ───┤ ├───
     手动加液

      M4        M1        M2        M5        T1        Y004           ( M61 )
27 ───┤ ├───────┤ ├───────┤ ├───────┤/├───────┤/├───────┤/├───────────( M61 )
     自动加药    自动方式   自动加药   自动加药   加药时间   清洗驱动        自动加液
     启动                          停止

      M61                                                                D2
   ───┤ ├─────────────────────────────────────────────────────────────( T1 )
     自动加液                                                            加药时间

      M41                                                              ( Y001 )
40 ───┤ ├─────────────────────────────────────────────────────────────( Y001 )
     手动加液                                                            加液驱动

      M61
   ───┤ ├───
     自动加液

      M14        M0        M15                                         ( M42 )
43 ───┤ ├───────┤ ├───────┤/├─────────────────────────────────────────( M42 )
     手动加汽    手动方式   手动加汽                                      手动加汽
     启动                  停止

      M42
   ───┤ ├───
     手动加汽

      M4        M2        M5        M1                                 ( M100 )
48 ───┤ ├───────┤ ├───────┤/├───────┤/├────────────────────────────────( M100 )
     自动加药    自动加药   自动加药   自动方式
     启动                  停止

      M100                                    D116      D112    X003   ( M62 )
   ───┤ ├──────────────────────────[ > ]─────────────────────┤/├──────( M62 )
     自动清洗                                 药液温度    药液温度  低液位   自动加汽
                                             设定

      M6        M3        M7
   ───┤ ├───────┤ ├───────┤/├───
     自动清洗    自动清洗   自动清洗
     启动                  停止

      M100
   ───┤ ├───
     自动清洗
```

图 5-61 锅炉自动加药监控系统 PLC 梯形图程序（续 1）

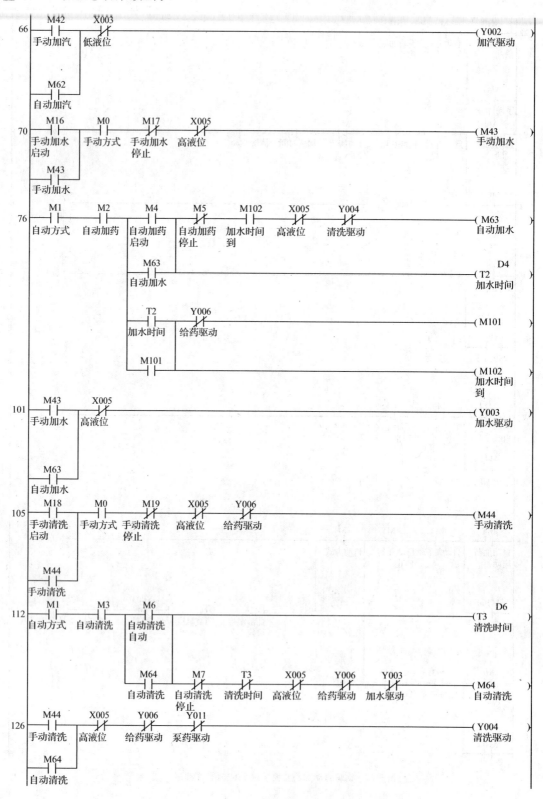

图 5-61　锅炉自动加药监控系统 PLC 梯形图程序(续 2)

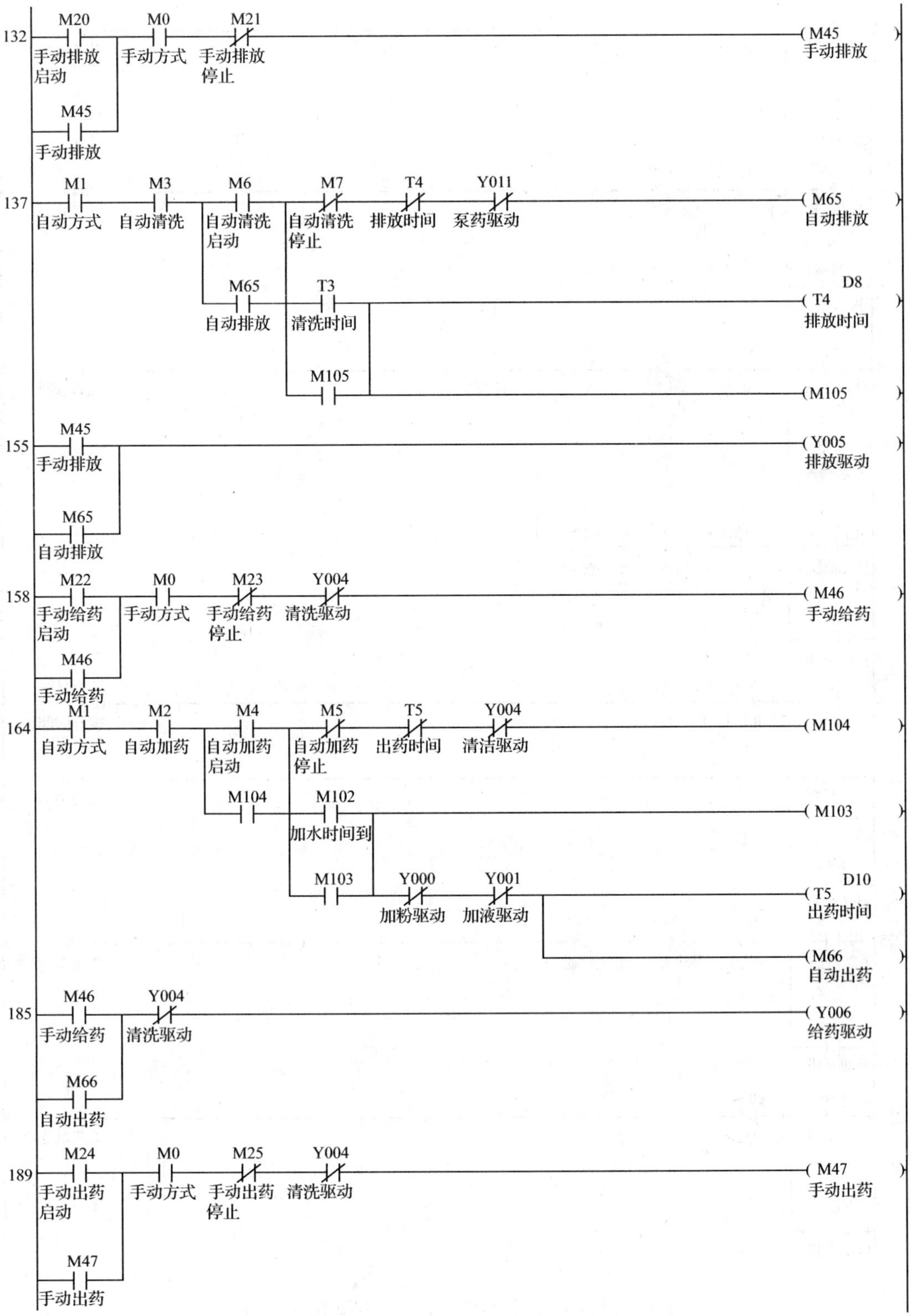

132　M20 手动排放启动　M0 手动方式　M21 手动排放停止　────（M45 手动排放）
　　　M45 手动排放

137　M1 自动方式　M3 自动清洗　M6 自动清洗启动　M7 自动清洗停止　T4 排放时间　Y011 泵药驱动　（M65 自动排放）
　　　M65 自动排放　T3 清洗时间　────（T4 D8 排放时间）
　　　M105　────（M105）

155　M45 手动排放　────（Y005 排放驱动）
　　　M65 自动排放

158　M22 手动给药启动　M0 手动方式　M23 手动给药停止　Y004 清洗驱动　（M46 手动给药）
　　　M46 手动给药

164　M1 自动方式　M2 自动加药　M4 自动加药启动　M5 自动加药停止　T5 出药时间　Y004 清洁驱动　（M104）
　　　M104　M102 加水时间到　────（M103）
　　　M103　Y000 加粉驱动　Y001 加液驱动　────（T5 D10 出药时间）
　　　────（M66 自动出药）

185　M46 手动给药　Y004 清洗驱动　────（Y006 给药驱动）
　　　M66 自动出药

189　M24 手动出药启动　M0 手动方式　M25 手动出药停止　Y004 清洗驱动　────（M47 手动出药）
　　　M47 手动出药

图 5-61　锅炉自动加药监控系统 PLC 梯形图程序（续 3）

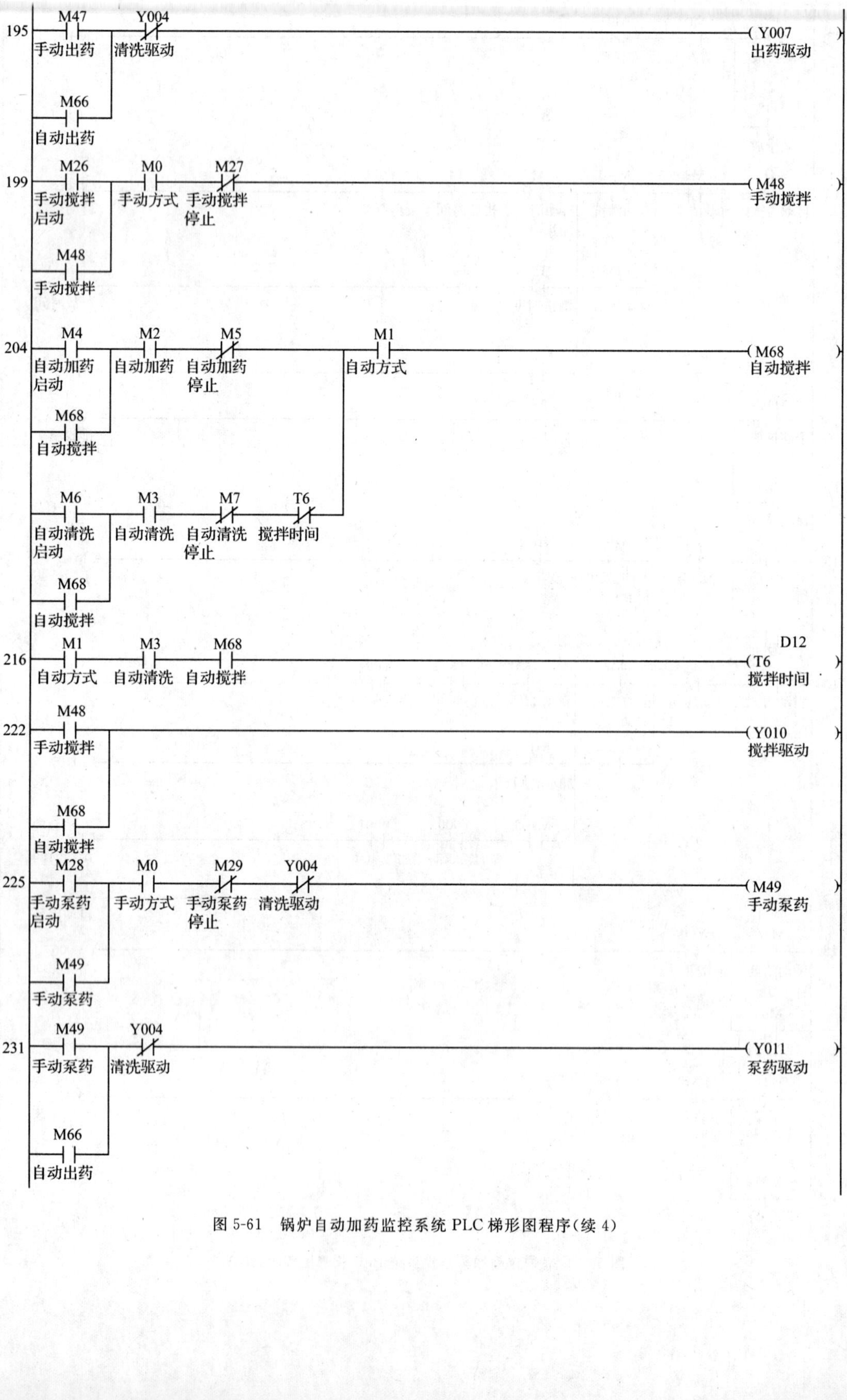

图 5-61 锅炉自动加药监控系统 PLC 梯形图程序(续 4)

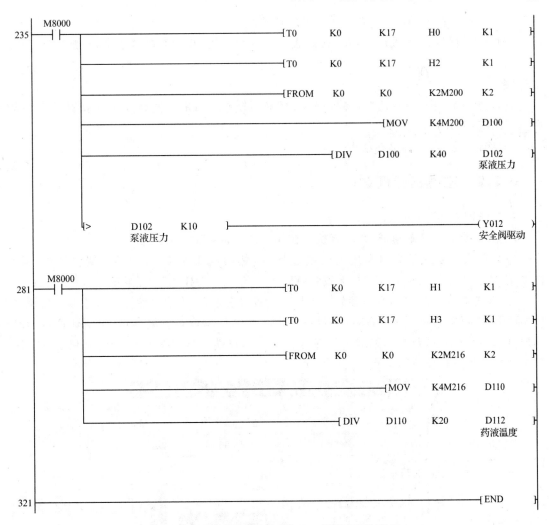

图 5-61 锅炉自动加药监控系统 PLC 梯形图程序(续 5)

5.5 MCGS 设备组态与在线调试

5.5.1 设备组态

1. 添加 PLC 设备

打开"锅炉自动加药监控系统"工程,在其设备组态窗口中添加"通用串口父设备"和"三菱_FX 系列编程口"。

2. PLC 设备属性设置及通道连接

(1)在设备组态窗口中双击已添加的"通用串口父设备 0－[通用串口父设备]",弹出"通用串口设备属性编辑"对话框。在"基本属性"选项卡中对通信端口和通信参数进行设置。

(2)双击"设备 0－[三菱_FX 系列编程口]",弹出"设备编辑窗口"对话框。单击"删除全部通道"按钮,将不用的通道 X0000～X0007 删除。

(3)单击"增加设备通道"按钮,按照表 5-3 中所列的 PLC 寄存器地址,添加所需要的 PLC 通道。然后按照表 5-3 中所列的数据对象与 PLC 寄存器之间的对应关系,进行数据通道连接。

(4)选择 PLC 类型:单击"设备编辑窗口"对话框中的"CPU 类型",从右边的下拉列表中选择"4-FX3UCPU"。

(5)确认、保存,设备组态结束。

5.5.2 在线运行调试

1.在线模拟运行调试

如果没有 MCGS 触摸屏,在计算机上在线模拟运行调试。方法如下:

(1)将 PLC 与计算机用专用通信线连接好,然后利用 GX Developer 编程软件将如图 5-61 所示程序写入到 PLC 中,下载结束后将 PLC 置于"RUN"运行状态。

(2)设置好通信端口和通信参数。即打开设备组态窗口,在设备组态窗口中双击已添加的"通用串口父设备 0－[通用串口父设备]",弹出"通用串口设备属性编辑"对话框,在"基本属性"选项卡中进行设置,如图 5-62 所示。其中串口端口号应按 PLC 与计算机之间实际连接的端口号进行设置。

图 5-62 通用串口设备属性编辑

通信参数必须设置成与 PLC 的设置一样,否则就无法通信。三菱 FX 系列 PLC 的通信参数为:通信波特率 6～9 600,数据位位数 0～7 位,停止位位数 0～1 位,数据校验方式 2-偶校验。

(3)设置好通信参数后单击"确认"按钮返回,保存后关闭设备组态窗口。

(4)按键盘中的"F5"键或单击工具条中的按钮,弹出"下载配置"对话框。

(5)选择"模拟运行",单击"工程下载"开始下载,数秒钟后下载结束。

（6）单击"启动运行"，系统会进入模拟运行环境，运行"锅炉自动加药监控系统"工程。

（7）操作相关图形元件，检查各项功能是否满足设计要求。

2. 在线连机运行调试

如果有 MCGS 触摸屏，则可进行在线连机运行调试：

（1）利用 GX Developer 编程软件将如图 5-62 所示的程序写入 PLC 中，下载结束后将 PLC 置于"RUN"运行状态。

（2）将 MCGS 触摸屏与 FX3U-32MR PLC 用专用通信线连接好。

（3）将普通的 USB 线，一端为扁平接口，插到计算机的 USB 口，一端为微型接口，插到 TPC（触摸屏）端的 USB2 口。

（4）在下载 MCGS 工程之前，一定要将"通用串口父设备"的通信端口设置为"COM1"（此为触摸屏的默认通信端口）。然后按键盘中的"F5"键或单击工具条中的 按钮，弹出"下载配置"对话框。

（5）选择"连机运行"，连接方式选择"USB 通信"，然后单击"工程下载"开始下载，数秒钟后下载结束。

（6）单击"启动运行"或用手直接单击触摸屏上的"进入运行环境"按钮，系统会自动运行"参数设置"窗口。

（7）自动方式检查：

①首先切换到参数设置画面，进行必要的参数设置。

②然后切换到自动控制画面，单击"自动方式"按钮，选择自动方式。

③若要自动加药，则按下"自动加药"按钮，然后再单击"自动加药启动"按钮，观察系统能否进行自动加药工作（注意：自动运行时，要根据情况人为改变物位高度和液位高度；同时，利用 0～10 V 可调电压，来模拟温度变换配合系统工作）。

④若要自动清洗，则应按下"自动清洗"按钮，然后再单击"自动清洗启动"按钮，观察系统能否进行自动清洗工作。

⑤单击"自动加药停止"或"自动清洗停止"按钮，观察系统能否停止当前进行的工作。

（8）手动方式检查：

①在自动控制画面中单击"手动方式"按钮，选择手动方式。

②切换到手动控制画面，单击相应的手动按钮，观察对应的设备能否工作和停止。

（9）利用菜单命令，切换到参数设置、趋势曲线和报警显示画面，检查是否满足设计要求。

5.6　自主项目——工业污水处理监控系统设计

5.6.1　项目描述

随着人们生活水平的不断提高，环境意识越来越强，政府对工业污水的处理也越来越重视。某工厂排放的污水需进行处理，其工作示意图如图 5-63 所示。

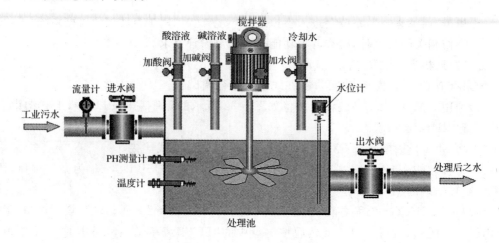

图 5-63 工业污水处理示意图

控制要求:

(1)流量控制:由流量计检测流量,并由进水阀调整流量。

①当水的流速过慢时,进水阀开大,使水的流速加快。

②当水的流速过快时,进水阀关小,使水的流速减慢。

③当水的流速适中时,进水阀保持不变。

(2)中和处理:由 PH 测量计测量污水的酸碱值,控制加酸阀、加碱阀进行中和作业。

①当水为强酸性时,报警器发出警报信号,加碱阀打开进行加碱。

②当水为强碱性时,报警器发出警报信号,加酸阀打开进行加酸。

③当水酸碱性适中时,报警器不报警,加碱阀和加酸阀均关闭。

(3)温度处理:由温度计检测水温,若水温过高,加水降温。

①当水温过高时,加水阀打开,冷却水注入。

②当水温适中时,加水阀关闭。

(4)水位控制:由水位计检测处理池水位,并由出水阀调整水位。

①当处理池水位过高时,出水阀开大。

②当处理池水位过低时,出水阀关小。

③当处理池水位适中时,出水阀保持不变。

(5)按下"启动"按钮,系统投入运行,在整个运行过程中搅拌器一直搅拌。按下"停止"按钮,系统停止工作。

5.6.2 设计要求

采用触摸屏与 PLC 实现工业污水处理监控系统。具体要求如下:

(1)整个系统的操作完全由触摸屏实现,设触摸屏手动和触摸屏自动两种方式。

(2)系统能实现整个工作过程、设备状态、报警记录、数据显示的实时监控。

(3)自动处理时,能自动完成污水处理工作,使处理后的水保持平稳适中的酸碱度。

(4)手动操作时,可根据实际情况人工调整进水阀、加酸、加碱、加冷却水和调整出水阀。

(5)系统要有必要的工程安全设置。

附 录

附录 A   MCGS 嵌入版软件系统变量

序 号	变量名称	变量意义	变量类型	读写属性
1	$ Year	读取计算机系统内部的当前时间:"年"(1111~9999)	数值型	只读
2	$ Month	读取计算机系统内部的当前时间:"月"(1~12)	数值型	只读
3	$ Day	读取计算机系统内部的当前时间:"日"(1~31)	数值型	只读
4	$ Hour	读取计算机系统内部的当前时间:"时"(1~24)	数值型	只读
5	$ Minute	读取计算机系统内部的当前时间:"分"(0~59)	数值型	只读
6	$ Second	读取当前时间:"秒"(0~59)	数值型	只读
7	$ Week	读取计算机系统内部的当前时间:"星期"(1~7)	数值型	只读
8	$ Date	读取当前时间:"日期",字符串格式为(年—月—日)	字符型	只读
9	$ Time	读取当前时间:"时刻",字符串格式为(时:分:秒)	字符型	只读
10	$ Timer	读取自午夜以来所经过的秒	数值型	只读
11	$ RunTime	读取应用系统启动后所运行的秒	数值型	只读
12	$ PageNum	表示打印时的页号。当系统打印完一个用户窗口后,$ PageNum 值自动加 1	数值型	只读
13	$ UserName	在程序运行时记录当前用户的名字。若没有用户登录或用户已退出登录,"$ UserName"为空字符串	字符型	只读

附录 B　　MCGS 嵌入版系统内部函数

1. 运行环境操作函数

函数名称	函数意义	参数说明
！ChangeLoopStgy(StateName,n)	改变循环策略的循环时间	StateName:策略名 n:数值型,以毫秒表示循环策略的循环时间
！CloseAllWindow(WndName)	关闭所有窗口,如果在字符串"WndName"中指定了一个窗口,则打开这个窗口,关闭其他窗口。如果"WndName"为空串,则关闭所有窗口	WndName:用户窗口名,字符型
！EnableStgy(StgyName,n)	打开或关闭某个策略,如报警策略或循环策略等	StateName:策略名 n:数值型,1表示打开此策略,0表示关闭此策略
！GetDeviceName(Index)	按设备顺序取到设备的名称	Index:数值型 例如:！GetDeviceName(0),取 0 号设备构件的名称
！GetDeviceState(DevName)	按设备名查询设备的状态	DevName:设备名,字符型
！GetStgyName(Index)	按运行策略的顺序获得各策略块的名字	Index:数值型 例如:！GetStgyName(0),取 0 号运行策略的名称
！GetWindowName(Index)	按用户窗口的顺序获得用户窗口的名字	Index:数值型 例如:！GetWindowName(0),取 0 号用户窗口的名称
！GetWindowState(WndName)	按名字取得用户窗口的状态	WndName,用户窗口名称,字符型
！GetDevice(DevName, DevOp,CmdStr)	按设备名称对设备进行操作	DevName:设备名,字符型 DevOp:设备操作码,数值型 CmdStr:设备命令字符串,只有当 DevOp＝6 时 CmdStr 才有意义 DevOp 取值范围及相应的含义: 1:启动设备开始工作 2:停止设备 3:测试设备的工作状态 4:启动设备工作一次 5:改变设备的工作周期,CmdStr 中包含新的工作周期,单位为 ms 6:执行指定的设备命令,CmdStr 中包含指定命令的格式
！SetStgy(StgyName)	执行一次 StgyName 指定的运行策略	StgyName:策略名,字符型
！SetWindow(WndName,Op)	按名称操作用户窗口,如打开、关闭、打印	WndName:用户窗口名,字符型 Op:操作用户窗口的方法,数值型: ＝1:打开窗口并使其可见 ＝2:打开窗口并使其不可见 ＝3:关闭窗口 ＝4:打印窗口 ＝5:刷新窗口

2. 数据对象操作函数

函数名称	函数意义	参数说明
！AnswerAlm(DatName)	应答数据对象 DatName 所产生的报警	DatName:数据对象名 例如:！AnswerAlm(电动机温度),应答数据对象"电动机温度"所产生的报警
！ChangeDataSave(Datname,n)	改变组对象 Datname 存盘的周期	Datname:数据对象名 n:数值型,以秒表示的存盘间隔时间 例如:！ChangeDataSave(温度组,5),温度组的存盘间隔时间为 5 秒
！EnableAlm(name,n)	打开/关闭数据对象的报警功能	Name:变量名 n:数值型,1 表示打开报警,0 表示关闭报警
！EnableDataSave(name,n)	打开/关闭数据对象的定时存盘功能	Name:变量名 n:数值型,1 表示打开定时存盘,0 表示关闭定时存盘
！GetAlmValue(DatName, Value,Flag)	读取数据对象 DatName 报警限值,只有在数据对象 DatName 的"允许进行报警处理"属性被选中后,本函数的操作才有意义	DatName:数据对象名 Value:DatName 的当前的报警限值,数值型 Flag:数值型,标识要读取何种限值,具体意义如下: ＝1:下下限报警值 ＝2:下限报警值 ＝3:上限报警值 ＝4:上上限报警值 ＝5:下偏差报警限值 ＝6:上偏差报警限值 ＝7:偏差报警基准值
！SaveData(DatName)	把数据对象 DatName 对应的当前值存入存盘数据库中。本函数的操作使对应的数据对象的值存盘一次。此数据对象必须具有存盘属性,且存盘时间需设为 0 秒,否则会操作失败	DatName:数据对象名
！SaveDataInit()	本操作把设置有"退出时自动保存数据对象的当前值作为初始值"属性的数据对象的当前值存入组态结果数据中作为初始值,防止突然断电而无法保存,以便 MCGS 下次启动时这些数据对象能自动恢复其值	
！SaveDataOnTime (Time,TimeMS,DataName)	使用指定时间保存数据	Time:数值型,使用时间函数转换出的时间量,时间精度到秒 TimeMS:数值型,指定存盘时间的毫秒数
！SaveSingleDataInit(Name)	本操作把数据对象的当前值设置为初始值(不管该对象是否设置有"退出时自动保存数据对象的当前值作为初始值"属性),防止突然断电而无法保存,以便 MCGS 下次启动时这些数据对象能自动恢复其值	Name:数据对象名 例如:！SaveSingleDataInit(温度),把温度的当前值设置成初始值

函数名称	函数意义	参数说明
! SetAlmValue(DatName,Value,Flag)	设置数据对象 DatName 对应的报警限值,只有在数据对象 DatName"允许进行报警处理"的属性被选中后,本函数的操作才有意义。对组对象、字符型数据对象、事件型数据对象本函数无效。对数值型数据对象,用 Flag 来标识改变何种报警限值	DatName:数据对象名 Value:新的报警值,数值型 Flag:数值型,标识要操作何种限值,具体意义如下: =1:下下限报警值 =2:下限报警值 =3:上限报警值 =4:上上限报警值 =5:下偏差报警限值 =6:上偏差报警限值 =7:偏差报警基准值

3.用户登录操作函数

函数名称	函数意义	参数说明
! ChangePassword()	弹出密码修改窗口,供当前登录的用户修改密码	
! CheckUserGroup(strUserGroup)	检查当前登录的用户是否属于 strUserGroup 用户组的成员	strUserGroup:字符型,用户组的名称 例如:! CheckUserGroup("管理员组")
! Editusers()	弹出用户管理窗口,供管理员组的操作者配置用户	
! EnableExitLogon(n)	打开/关闭退出时的权限检查	n:数值型,1 表示在退出时进行权限检查,当权限不足时,会进行提示,0 表示退出时不进行权限检查
! EnableExitPrompt(n)	打开/关闭退出时的提示信息	n:数值型,1 表示在退出时弹出提示信息对话框,0 表示退出时不出现信息对话框
! GetCurrentGroup()	读取当前登录用户的所在用户组名	
! GetCurrentUser()	读取当前登录用户的用户名	
! LogOff()	注销当前用户	
! LogOn()	弹出登录对话框	

4.字符串操作函数

函数名称	函数意义	参数说明
! Ascii2I(s)	返回字符串 s 的首字母的 Ascii 值	s:字符型
! Bin2I(s)	把二进制字符串转换为数值	s:字符型
! Format(n,str)	格式化数值型数据对象	n:数值型,要格式化的数值 str:字符型,格式化数值的格式,表示为0.00 样式。小数点后的 0 的个数表示需要格式出的小数位数;小数点前的 0 为一个时,表示小数点前根据实际数值显示;当小数点前没有 0 时,表示为.xx 式样;当小数点前的 0 不止一个时,使用 0 来填充不够的位数

函数名称	函数意义	参数说明
！Hex2I(s)	把十六进制字符串转换为数值	s:字符型
！I2Ascii(s)	返回指定 Ascii 值的字符	s:开关型
！I2Bin(s)	把数值转换为二进制字符串	s:开关型
！I2Hex(s)	把数值转换为十六进制字符串	s:开关型
！I2Oct(s)	把数值转换为八进制字符串	s:开关型
！InStr(n,str1,str2)	·查找一字符串在另一字符串中最先出现的位置	n,数值型,开始搜索的位置 str1,字符串,被搜索的字符串 str2,字符串,要搜索的字符串
！Lcase(str)	把字符型数据对象 str 的所有字符转换成小写	str,字符型
！Left(str,n)	字符型数据对象 str 左边起,取 n 个字符	str:字符型,源字符串 n:数值型,取字符个数
！Len(str)	求字符型数据对象 str 的字符串长度(字符个数)	str:字符型
！Ltrim(str)	把字符型数据对象 str 中最左边的空格剔除	str:字符型
！lVal(str)	将字符串转化为长数值型数值	str:字符型,待转换的字符串
！Mid(str,n,k)	从字符型数据对象 str 左边第 n 个字符起,取 k 个字符。数字字符时,从零开始算起	str:字符型,源字符串 n:数值型,起始位置 k:数值型,取字符数
！Oct2I(s)	把八进制字符串转换为数值。	s:字符型
！Right(str,n)	从字符型数据对象 str 右边起,取 n 个字符	str,字符型,源字符串 n:数值型,取字符个数
！Rtrim(str)	把字符型数据对象 str 中最右边的空格剔除	str:字符型
！Str(x)	将数值型数据对象 x 的值转换成字符串	x:数值型
！StrComp(str1,str2)	比较字符型数据对象 str1 和 str2 是否相等,返回值为 0 时相等,否则不相等。不区分大小写字母	str1:字符型 str2:字符型

续表

函数名称	函数意义	参数说明
！StrFormat(FormatStr,任意个数变量)	格式化字符串,可以格式化任意多个数值。使用方法为！StrFormat("％d",23),或！StrFormat("％g-％g-％g",2.3,2.1,2.2)等,类似 C 语言中的 Printf 的语法	FormatStr:字符型,格式化字符串,后面的参数可以任意多个
！Trim(str)	把字符型数据对象 str 中左右两端的空格剔除	str:字符型
！Ucase(str)	把字符型数据对象 str 的所有字符转换成大写	str:字符型
！Val(str)	把字符型数据对象 str 的值转换成数值	str:字符型

5. 定时器操作函数

函数名称	函数意义	参数说明
！TimerClearOutput(定时器号)	清除定时器的数据输出连接	
！TimerRun(定时器号)	启动定时器开始工作	
！TimerStop(定时器号)	停止定时器工作	
！TimerSkip(定时器号,步长值)	在计时器当前时间数上加/减指定值	
！TimerReset(定时器号,数值)	设置定时器的当前值,由第二个参数设定,第二个参数可以是 MCGS 变量	
！TimerValue(定时器号,0)	取定时器的当前值	
！TimerStr(定时器号,1)	以字符串的形式返回当前定时器的值	
！TimerState(定时器号)	取定时器的工作状态	
！TimerSetLimit(定时器号,上限值,参数 3)	设置定时器的最大值,即设置定时器的上限	定时器号:1～255　参数 3:1 表示运行到 60 后停止,0 表示运行到 60 后重新循环运行
！TimerSetOutput(定时器号,变量)	设置定时器的值输出连接的变量	变量:定时器的值输出连接的变量
！TimerWaitFor(定时器号,数值)	等待定时器工作到"数值"指定的值后,脚本程序才向下执行	定时器号:1～255　数值:等待定时器工作到指定的值

6. 系统操作函数

函数名称	函数意义	参数说明
! Beep()	发出嗡鸣声	
! SendKeys(string)	将一个或多个按键消息发送到活动窗口,就如同在键盘上进行输入一样	string:字符串表达式,指定要发送的按键消息 例如:! SendKeys("%{TAB}"),切换窗口
! SetLinePrinter(n)	打开/关闭行式打印输出	n:数值型,1表示打开行式打印输出,0表示关闭行式打印输出
! SetTime(n1,n2,n3,n4,n5,n6)	设置当前系统时间	n1:数值型,设定年,小于1 000和大于9 999时不变 n2:数值型,设定月,大于12和小于1时不变 n3:数值型,设定天,大于31和小于1时不变 n4:数值型,设定时,大于23和小于0时不变 n5:数值型,设定分,大于59和小于0时不变 n6:数值型,设定秒,大于59和小于0时不变
! Sleep(mTime)	在脚本程序中等待mTime毫秒,然后再执行下条语句。只能在策略中使用,否则会造成系统响应缓慢	mTime:数值型,要等待的毫秒
! WaitFor(Dat1,Dat2)	在脚本程序中等待设置的条件满足,脚本程序再向下执行。只能在策略中使用,否则造成系统响应缓慢	Dat1:数值型,条件表达式,如D=15 Dat2:数值型,等待条件满足的超时时间,单位为ms,为0表示无限等待

7. 数学函数

函数名称	函数意义	参数说明
! Atn(x)	反正切函数	x:数值型
! Cos(x)	余弦函数	x:数值型
! Sin(x)	正弦函数	x:数值型
! Tan(x)	正切函数	x:数值型
! Log(x)	对数函数	x:数值型
! Sqr(x)。	平方根函数	x:数值型
! Abs(x)	绝对值函数	x:数值型
! Sgn(x)	符号函数	x:数值型
! BitAnd(x,y)	按位与	x:开关型 y:开关型
! BitOr(x,y)	按位或	x:开关型 y:开关型
! BitXor(x,y)	按位异或	x:开关型 y:开关型

函数名称	函数意义	参数说明
! BitClear(x,y)	清除指定位,位置从 0 开始计算。	x:开关型 y:开关型
! BitSet(x,y)	设置指定位,位置从 0 开始计算	x:开关型 y:开关型
! BitNot(x)	按位取反	x:开关型
! BitTest(x,y)	检测指定位是否为一,位置从 0 开始计算	x:开关型 y:开关型
! BitLShift(x,y)	左移	x:开关型 y:开关型
! BitRShift(x)	右移	x:开关型 y:开关型
! Rand(x,y)	生成随机数,随机数的范围在 x 和 y 之间	x:数值型 y:数值型

8. 文件操作函数

函数名称	函数意义	参数说明
! FileAppend (strTarget,strSource)	将文件 strSource 中的内容添加到文件 strTarget 后面,使两文件合并为一个文件	strTarget:字符型,目标文件,需要写绝对路径 strSource:字符型,源文件,需要写绝对路径
! FileCopy(strSource,strTarget)	将源文件 strSource 复制到目标文件 strTarget,若目标文件已存在,则将目标文件覆盖	strSource:字符型,源文件 strTarget:字符型,目标文件
! FileDelete(strFilename)	将 strFilename 指定的文件删除	str1:字符型,将被删除的文件
! FileFindFirst(strFilename, objName,objSize,objAttrib)	查找第一个名字为 str-Filename 的文件或目录	strFilename:字符型,要查找的文件的文件名(文件名中可以包含文件通配符:* 和?) objName:字符型,函数调用成功后,保存查找结果的名称 objSize:数值型,函数调用成功后,保存查找结果的大小 objAttrib:数值型,函数调用成功后,保存查找结果的属性,0 表示查找结果为一个文件,1 表示查找结果为一个目录
! FileFindNext(FindHandle, objAttrib,objSize,objName)	根据 FindHandle 提供的句柄,继续查找下一个文件或目录	FindHandle:开关型,由函数! FileFindFirst 返回 objAttrib:数值型,函数调用成功后,保存查找结果的属性,0 表示查找结果为一个文件,1 表示查找结果为一个目录 objSize:数值型,函数调用成功后,保存查找结果的大小 objName:字符型,函数调用成功后,保存查找结果的名称

函数名称	函数意义	参数说明
！FileIniReadValue (strIniFilename,strSection, strItem,objResult)	从配置文件(.ini文件)中读取一个值	strIniFilename:字符型,配置文件的文件名 strSection:字符型,要读取数据所在的节的名称 strItem:字符型,要读取数据的项名 objResult:数值型、字符型,用于保存读到的数据
！FileIniWriteValue (strIniFilename,strSection, strItem,objResult)	向配置文件(.ini文件)中写入一个值	strIniFilename:字符型,配置文件的文件名 strSection:字符型,要写入数据所在的节的名称 strItem:字符型,要读写入数据的项名 objResult:数值型、字符型,用于保存写入的数据
！FileIniWriteNoFlush (strIniFilename,strSection, strItem,objResult)	此函数和！FileIni-WriteValue接口和功能基本一致,只是写完后不刷新磁盘	strIniFilename:字符型,配置文件的文件名 strSection:字符型,要写入数据所在的节的名称 strItem:字符型,要读写入数据的项名 objResult:数值型、字符型,用于保存写入的数据
！FileIniFlush(strIniFilename)	此函数将内存中的ini文件更新到磁盘上,与！FileIni-WriteFlush（strIniFilename, strSection,strItem,objResult)函数配合使用	strIniFilename:字符型,配置文件的文件名
！FileMove(strSource,strTarget)	将文件strSource移动并改名为strTarget	strSource:字符型,源文件 strTarget:字符型,目标文件
！FileReadFields(strFilename, lPosition,任意个数变量)	从strFilename指定的文件中读出CSV(逗号分隔变量)记录	strFilename:字符型,文件名 lPosition:数值型,数据开始位置
！FileReadStr(strFilename, lPosition,lLength,objResult)	从strFilename指定文件(需为.dat文件)中的lPosition位置开始,读取lLength个字节,或一整行,并将结果保存到objResult数据对象中	strFilename:字符型,文件名 lPosition:开关型,数据开始位置 lLength:开关型,要读取数据的字节数,若小于或等于0,则读取整行 objResult:字符型,用于存放结果的数据对象
！FileSplit(strSourceFile, strTargetFile,FileSize)	此函数用于把一个文件切开为几个文件	strSourceFile:字符型,准备切开的文件名 strTargetFile:字符型,切开后的文件名 FileSize:数值型,切开的文件的最大大小,单位是MB
！FileWriteFields(strFilename, lPosition,任意个数变量)	向strFilename指定的文件中写入CSV(逗号分隔变量)记录	strFilename:字符型,文件名 lPosition:开关型,数据开始位置,=0表示在文件开头,<>0表示在文件结尾
！FileWriteStr(strFilename, lPosition,str,Rn)	从指定文件strFilename中的lPosition位置开始,写入一个字符串,或一整行	strFilename:字符型,文件名 lPosition:开关型,数据开始位置,=0表示在文件开头,<>0表示在文件结尾 str:字符型,要写入的字符串 Rn:开关型,是否换行,0表示不换行,1表示换行

函数名称	函数意义	参数说明
! FileReadStrLimit(str,int, int,int,str)	把数据按照给定的长度格式化处理成固定的长度,并且读出文件	str:字符串,需要操作的文件名称。包含绝对路径和文件名。如果不包含路径,则表示在当前工程路径下;如果不包含扩展名,则扩展名为 DAT;如果字符串为空,则表示路径为当前路径,文件名为当前工程名称+File,扩展名为 Dat int:开关型,读数据的起始位置,该数据的单位是字节,从 1 开始,如果小于 1,则在程序内部应该有防错处理 int:开关型,读数据的长度,此长度的数据可能包含了若干填充符(Ascii 的 0) int:数值型,格式化方式,如果读回的数据中包含填充符,写入 MCGS 变量中时是否保留这些填充符,0 表示不保留,1 表示保留 str:字符型,存放读回来的数据的 MCGS 字符型变量
! FileWriteStrLimit(str,int,int,int, str,int,int)	把数据按照给定的长度格式化处理成固定的长度,并且写出文件	str:字符串,需要操作的文件名称,包含绝对路径和文件名。如果不包含路径,则表示在当前工程路径下;如果不包含扩展名,则扩展名为 DAT;如果字符串为空,则表示路径为当前路径,文件命为当前工程名称+File,扩展名为 Dat int:开关型,写数据的起始位置,该数据的单位是字节。任意的正数,表示从该字节的位置开始写数据,插入方式从该字节之后插入,覆盖方式就直接覆盖该部分数据。0 表示用文件头开始写记录,−1 表示从文件尾开始写记录,无论插入或覆盖方式,最后的结果都是插入数据,即不会修改原有的任何数据 int:开关型,数据写入文件后的长度,此长度的数据可能包含了若干填充符(Ascii 的 0) int:格式化方式。如果被写的数据长度大于参数 2 指定的长度,则在剪裁该数据的左边还是右边,即斩头还是去尾,0 左边(斩头),1 右边(去尾);如果反之,被写的数据长度小于参数 2 指定的长度,则固定在数据的右边(后边)添加填充符(Ascii 的 0) str:字符型,存放被写数据的 MCGS 字符型变量 int:数值型,写记录的方式,0 表示插入,1 表示覆盖 int:数值型,本次写操作是否作为结束本条记录,0 表示本条记录结束,1 表示本条记录未写完

9. 配方操作函数

函数名称	函数意义	参数说明
! RecipeLoadByDialog(strRecipe GroupName,strDialogTitle)	弹出配方选择对话框,让用户选择要装入的配方。选择后配方变量的值会输出到对应数据对象上	str:RecipeGroupName:配方组名称,字符型 strDialogTitle:对话框标题,字符型

续表

函数名称	函数意义	参数说明
！RecipeModifyByDialog（strRecipeGroupName）	通过配方编辑对话框,让用户在运行环境中编辑配方	strRecipeGroupName:配方组名称,字符型
！RecipeLoadByName(strRecipeGroupName,strRecipeName）	装载指定配方组中的指定配方。配方的参数值将复制到对应的数据对象上	strRecipeGroupName:配方组名称,字符型strRecipeName:配方名称,字符型
！RecipeLoadByNum(strRecipeGroupName,nRecipeNum）	装载指定配方组中指定编号的配方。配方的参数值将复制到对应的数据对象上	strRecipeGroupName:配方组名称,字符型nRecipeNum:配方编号,数值型
！RecipeMoveFirst（strRecipeGroupName）	设置指定配方组的当前配方为配方组中的第一个配方	strRecipeGroupName:配方组名称,字符型
！RecipeMoveLast（strRecipeGroupName）	设置指定配方组的当前配方为配方组中的最后一个配方	strRecipeGroupName:配方组名称,字符型
！RecipeMoveNext（strRecipeGroupName）	设置指定配方组的当前配方为配方组当前配方的下一个配方	strRecipeGroupName:配方组名称,字符型
！RecipeMovePrev（strRecipeGroupName）	设置指定配方组的当前配方为配方组当前配方的上一个配方	strRecipeGroupName:配方组名称,字符型
！RecipeSeekTo(strRecipeGroupName,strRecipeName）	设置指定配方组的当前配方为配方组中指定名称的配方	strRecipeGroupName:配方组名称,字符型strRecipeName:配方名称,字符型
！RecipeSeekToPosition（strRecipeGroupName,nPosition）	设置指定配方组的当前配方为配方组中指定编号的配方	strRecipeGroupName:配方组名称,字符型nPosition:配方编号,数值型
！RecipeGetCurrentPosition（strRecipeGroupName）	返回指定配方组当前配方的编号	strRecipeGroupName:配方组名称,字符型
！RecipeDelete（strRecipeGroupName）	删除指定配方组的当前配方。删除成功后当前配方会重新定位到被删除配方的下一个配方	strRecipeGroupName:配方组名称,字符型
！RecipeSetValueTo(strRecipeGroupName,GroupObject）	将指定配方组当前配方的参数值复制到组对象的成员中	strRecipeGroupName:配方组名称,字符型GroupObject:组对象
！RecipeGetValueFrom(strRecipeGroupName,GroupObject）	将组对象成员中的值复制到指定配方组的当前配方中。	strRecipeGroupName:配方组名称,字符型GroupObject:组对象
！RecipeAddNew(strRecipeGroupName,strRecipeName,GroupObject）	在指定配方组中追加一个新配方,并将组对象成员的值复制到配方中	strRecipeGroupName:配方组名称,字符型strRecipeName:配方名称,字符型GroupObject:组对象

续表

函数名称	函数意义	参数说明
！RecipeAddAt(strRecipeGroupName, strRecipeName,GroupObject)	在指定配方组当前配方的前面插入一个新配方,并将组对象成员的值复制到配方中	strRecipeGroupName:配方组名称,字符型 strRecipeName:配方名称,字符型 GroupObject:组对象
！RecipeGetName (strRecipeGroupName)	得到指定配方组当前配方的名称	strRecipeGroupName:配方组名称,字符型
！RecipeSetName(strRecipe GroupName,strRecipeName)	设置指定配方组当前配方的名称	strRecipeGroupName:配方组名称,字符型 strRecipeName:配方名称,字符型

10. 时间运算函数

函数名称	函数意义	参数说明
！TimeStr2I(strTime)	将表示时间的字符串(YYYY/MM/DD HH:MM:SS)转换为时间值	strTime:字符型,以字符串型表示的时间(YYYY/MM/DD HH:MM:SS)
！TimeI2Str(iTime,strFormat)	将时间值转换为字符串表示的时间	iTime:开关型,时间值(注意,这里只能用！TimeStr2I(strTime)转换出的时间值,否则将不能正确转换) strFormat:字符型,转换后的时间字符串的格式
！TimeGetYear(iTime)	获取时间值 iTime 中的年份	iTime:开关型,时间值
！TimeGetMonth(iTime)	获取时间值 iTime 中的月份	iTime:开关型,时间值
！TimeGetSecond(iTime)	获取时间值 iTime 中的秒数	iTime:开关型,时间值
！TimeGetSpan(iTime1,iTime2)	计算两个时间 iTime1 和 iTime2 之差	iTime1:开关型,时间值 iTime2:开关型,时间值
！TimeGetDayOfWeek(iTime)	获取时间值 iTime 中的星期	iTime:开关型,时间值
！TimeGetHour(iTime)	获取时间值 iTime 中的小时	iTime:开关型,时间值
！TimeGetMinute(iTime)	获取时间值 iTime 中的分钟	iTime:开关型,时间值
！TimeGetDay(iTime)	获取时间值 iTime 中的日期	iTime:开关型,时间值
！TimeGetCurrentTime()	获取当前时间值	
！TimeSpanGetDays (iTimeSpan)	获取时间差中的天(时间差由 TimeGetSpan 函数计算得来)	iTimeSpan:开关型,时间差
！TimeSpanGetHours (iTimeSpan)	获取时间差中的时(时间差由 TimeGetSpan 函数计算得来)	iTimeSpan:开关型,时间差
！TimeSpanGetMinutes (iTimeSpan)	获取时间差中的分钟(时间差由 TimeGetSpan 函数计算得来)	iTimeSpan:开关型,时间差
！TimeSpanGetSeconds (iTimeSpan)	获取时间差中的秒(时间差由 TimeGetSpan 函数计算得来)	iTimeSpan:开关型,时间差

续表

函数名称	函数意义	参数说明
！TimeSpanGetTotalHours (iTimeSpan)	获取时间差中的时总数（时间差由 TimeGetSpan 函数计算得来）	iTimeSpan：开关型，时间差
！TimeSpanGetTotalMinutes (iTimeSpan)	获取时间差中的分总数（时间差由 TimeGetSpan 函数计算得来）	iTimeSpan：开关型，时间差
！TimeSpanGetTotalSeconds (iTimeSpan)	获取时间差中的秒总数（时间差由 TimeGetSpan 函数计算得来）	iTimeSpan：开关型，时间差
！TimeAdd(iTime,iTimeSpan)	向时间 iTime 中加入由 iTimeSpan 指定的秒	iTime：开关型，初始时间值

11. 嵌入式系统函数

函数名称	函数意义	参数说明
！Outp(参数1,参数2)	向端口输出1个字节	参数1：开关型，端口号 参数2：开关型，输出的字节
！OutpW(参数1,参数2)	向端口输出2个字节	参数1：开关型，端口号 参数2：开关型，输出的字节
！OutpD(参数1,参数2)	向端口输出4个字节	参数1：开关型，端口号 参数2：开关型，输出的字节
！Inp(参数1)	返回从端口输入的1个字节	参数1：开关型，端口号
！InpW(参数1)	返回从端口输入的2个字节	参数1：开关型，端口号
！InpD(参数1)	返回从端口输入的4个字节	参数1：开关型，端口号
！WriteMemory(参数1,参数2)	向内存写入1个字节	参数1：开关型，内存地址，如 0xa0000，注意转换为十进制 参数2：开关型，写入的字节
！WriteMemoryW(参数1,参数2)	向内存写入2个字节	参数1：开关型，内存地址，如 0xa0000，注意转换位十进制 参数2：开关型，写入的字节
！WriteMemoryD(参数1,参数2)	向内存写入4个字节	参数1：开关型，内存地址，如 0xa0000，注意转换位十进制 参数2：开关型，写入的字节
！ReadMemory(参数1)	从内存读出1个字节	参数1：开关型，内存地址，如 0xa0000，注意转换位十进制
！ReadMemoryW(参数1)	从内存读出2个字节	参数1：开关型，内存地址，如 0xa0000，注意转换位十进制
！ReadMemoryD(参数1)	从内存读出4个字节	参数1：开关型，内存地址，如 0xa0000，注意转换位十进制

函数名称	函数意义	参数说明
！SetSerialBaud(参数 1,参数 2)	设置串口的波特率	参数 1:开关型,串口号,从 1 开始,串口 1 对应 1 参数 2:开关型,波特率
！SetSerialDataBit(参数 1,参数 2)	设置串口的数据位	参数 1:开关型,串口号,从 1 开始,串口 1 对应 1 参数 2:开关型,数据位,0x00＝bit_5;0x01＝bit_6;0x02＝bit_7;0x03＝bit_8
！SetSerialStopBit(参数 1,参数 2)	设置串口的停止位	参数 1:开关型,串口号,从 1 开始,串口 1 对应 1 参数 2:开关型,停止位,0x00＝stop_1;0x04＝stop_2
！SetSerialParityBit(参数 1,参数 2)	设置串口的校验位	参数 1:开关型,串口号,从 1 开始,串口 1 对应 1 参数 2:开关型,校验位,0x00＝none;0x08＝odd;0x18＝even;0x28＝mark;0x38＝space
！GetSerialBaud(参数 1)	读取串口的波特率	参数 1:开关型,串口号,从 1 开始,串口 1 对应 1
！GetSerialDataBit(参数 1)	读取串口的数据位	参数 1:开关型,串口号,从 1 开始,串口 1 对应 1
！GetSerialStopBit(参数 1)	读取串口的停止位	参数 1:开关型,串口号,从 1 开始,串口 1 对应 1
！GetSerialParityBit(参数 1)	读取串口的校验位	参数 1:开关型,串口号,从 1 开始,串口 1 对应 1
！WriteSerial(参数 1,参数 2)	向串口写入 1 个字节	参数 1:开关型,串口号,从 1 开始,串口 1 对应 1 参数 2:开关型,写入的字节
！ReadSerial(参数 1)	从串口读取 1 个字节	参数 1:开关型,串口号,从 1 开始,串口 1 对应 1
！WriteSerialStr(参数 1,参数 2)	向串口写一个字符串	参数 1:开关型,串口号,从 1 开始,串口 1 对应 1 参数 2:开关型,写入的字符串
！ReadSerialStr(参数 1)	从串口读取一个字符串	参数 1:开关型,串口号,从 1 开始,串口 1 对应 1
！GetSerialReadBufferSize(参数 1)	检查串口缓冲区中有多少个字符	参数 1:开关型,串口号,从 1 开始,串口 1 对应 1
！GetFreeMemorySpace()	读取空余内存空间	
！GetFreeDiskSpace()	读取空余存盘空间	
！SetRealTimeStgy(策略号)	设置指定的策略为实时策略	
！BufferCreate(缓冲区号,缓冲区长度)	创建一个用户指定代号、指定长度的缓冲区,用户可以操作这个缓冲区	参数 1:数值型:缓冲区号,从 0 开始 参数 2:数值型:缓冲区长度

函数名称	函数意义	参数说明
! BufferGetAt(缓冲区号,数据位置)	获取指定缓冲区指定位置的数据	参数1:数值型:缓冲区号,从0开始,是用户自己创建的 参数2:数值型:数据在缓冲区中的位置
! BufferSetAt(缓冲区号,数据位置,数值)	设置指定缓冲区指定位置的数据	参数1:数值型:缓冲区号,从0开始,是用户自己创建的 参数2:数值型:数据在缓冲区中的位置 参数3:数值型:数据的值
! BufferStoreToFile(缓冲区号,文件名)	将指定缓冲区的数据写入指定的文件中	参数1:数值型,缓冲区号,从0开始,是用户自己创建的 参数2:字符型,用户指定的文件名
! BufferLoadFromFile(缓冲区号,文件名)	从文件中读取数据读入缓冲区,如果缓冲区尚不存在,系统自动创建	参数1:数值型,缓冲区号,从0开始,是用户自己创建的 参数2:字符型,用户指定的文件名
! PrinterSetup()	调用打印设置	无

参考文献

［1］北京昆仑通态自动化软件科技有限公司.MCGS工控组态软件嵌入版用户手册.
［2］北京昆仑通态自动化软件科技有限公司.mcgsTpc中级教程.